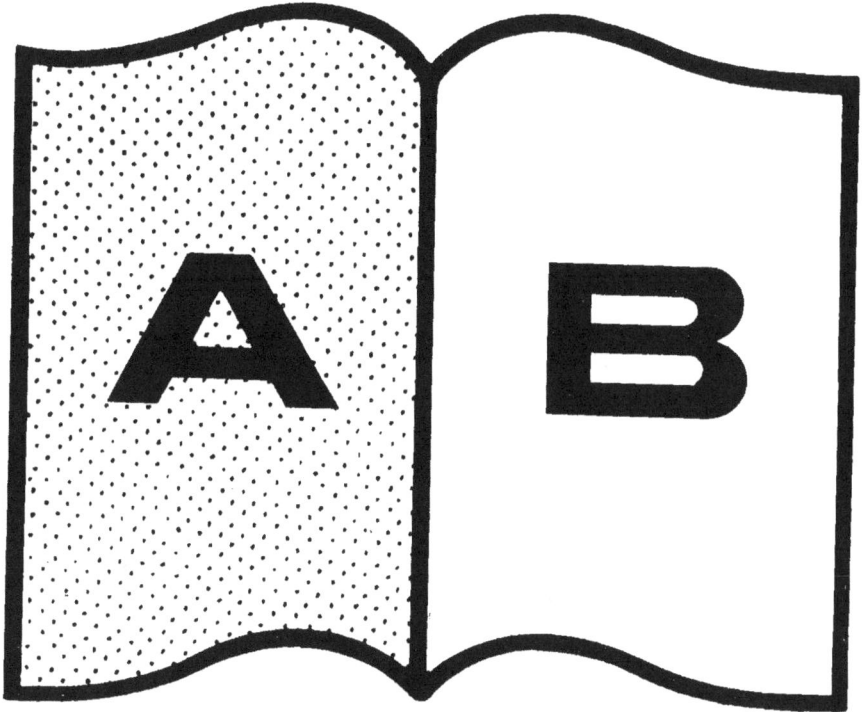

Contraste insuffisant

NF Z 43-120-14

Le tome sixième commence par numéro premier avec la nouvelle législature. Les premières pages contiennent des observations rapides sur la légitimité de cette assemblée, considérée relativement à celle de la précédente. L'auteur y prouve d'une manière précise l'illégalité de l'une & de l'autre.

Voici l'ordre des matières traitées dans ce journal.

1° Les séances de l'assemblée;

2° Les progrès du *mal français* chez les autres peuples, leurs nouvelles politiques, littéraires, & en un mot, les nouvelles étrangères.

3° Les nouvelles de province, ou, pour parler dans le sens de la révolution, celles des départemens, districts, municipalités, &c. & tout ce qui est digne de fixer l'attention ou la curiosité générale.

4° Les nouvelles de Paris, savoir ce qui concerne le Roi, la Reine, la Famille Royale, les Ministres, les Ambassadeurs, &c. la conduite des Députés au Manége, les évé-nemens remarquables dans l'ordre spirituel, ... tels que les fêtes ...

prétendus constitutionnels; la police, les mœurs, les singularités, les troubles, les emprisonnemens, jugemens intéressans des tribunaux, & généralement toute l'histoire journalière de Paris sans oublier l'analyse, ou l'annonce des bons ouvrages sur-tout de ceux relatifs à la révolution.

Un seul Dieu, un seul Roi, voilà notre devise. Elle renferme une invitation à tous les vrais amis de *l'Autel, du Trône & de la Patrie*, de coopérer à notre travail.

La Collection de cet Ouvrage est composée de huit volumes; le prix est de 24 liv. port franc.

Ce journal paroit les mardi, jeudi & samedi. On s'abonne chez *Laurens jeune*, libraire-imprimeur du Clergé de France, rue Saint-Jacques, numéro 37, à raison de 6 liv. 12 sols pour 52 numéros de 12 pages in-12 chacun, 12# pour 104 numéros & 18# pour 156 numéros, imprimés en caractère petit romain & philosophie. Port franc par la poste par tout le royaume.

Le bénéfice de ce journal est destiné aux pauvres.

On est prié d'affranchir toutes lettres de demandes & envois d'argent.

AVIS
IMPRI

INSTRUCTION

SUR

L'ART DE LA TEINTURE,

ET PARTICULIÈREMENT

SUR LA TEINTURE DES LAINES,

Par M. POERNER:

Ouvrage traduit de l'Allemand, par M. C*****.

Revu & augmenté de notes, par MM. DESMARETS & BERTHOLLET, Membres de l'Académie Royale des Sciences.

IMPRIMÉ PAR ORDRE DU GOUVERNEMENT.

A PARIS,

Chez CUCHET, Libraire, rue & hôtel Serpente.

M. DCC. XCI.

AVERTISSEMENT.

IL y a long-tems que M. Poerner s'occupe avec succès d'expériences relatives à la teinture : il publia en 1772 & 1773 un Ouvrage en 3 volumes, sous le titre d'*Essais & Observations sur l'Art de la Teinture* (a). Le but de cet Ouvrage est principalement de faire connoître la nature des substances colorantes, & la variété des nuances qu'on peut en obtenir, en les modifiant sur-tout avec les substances salines, & en donnant différentes préparations aux matieres qui sont destinées à recevoir la teinture. M. Poerner rapporte que plusieurs habiles Teinturiers desirant profiter de ses travaux, l'ont engagé à faire un précis de ses observations, & à décrire les procédés les plus avantageux qui en étoient le résultat, pour qu'ils pussent en faire usage, & se mettre

---

(a) *Chemische versuche und Bemerkungen zum nutren der faberkunst.*

a ij

eux-mêmes en état de perfeftionner leur art, en fuivant les mêmes principes.

Tel eft le motif qui a engagé M. Poerner à rédiger ce nouveau Traité, dans lequel il a fait ufage, non-feulement des expériences qu'il a décrites dans fon premier Ouvrage; mais encore de toutes celles qu'il a faites pendant l'efpace de douze années qui fe font écoulées depuis fon impreffion, & qu'il a confacrées aux mêmes recherches. Pendant tout ce tems, il a eu l'occafion de faire des obfervations dans plufieurs Atteliers de Teinture, & d'y faire exécuter en grand plufieurs opérations. L'on trouvera dans ce Traité un nombre confidérable de procédés nouveaux, & de changemens avantageux qu'on peut faire dans ceux qui font en ufage. Chaque opération eft décrite, de maniere qu'un Teinturier intelligent pourra l'exécuter en grand, en fuivant les proportions qui font toujours indiquées pour une livre d'étoffe de laine, de forte que pour employer les mêmes proportions d'ingrédiens, il faut multiplier les poids qui font prefcrits par le nombre de livres que pèfe l'étoffe que l'on a à teindre. L'Auteur eft entré, après la defcription des procédés, dans de grands détails fur chaque opération, ainfi que fur l'application phyfique des phénomènes qu'elle préfente.

L'Adminiftration du Commerce, inftruite de l'utilité dont cet Ouvrage pourroit être pour le progrès de l'art de la teinture, en a fait faire la traduction, & elle a defiré qu'elle fût revue par MM. Defmarets & Berthollet, qui y ont ajouté des notes, dans la vue de rendre l'Ouvrage plus utile.

Les Editeurs fe font contentés relativement au ftyle, de corriger les fautes les plus effentielles qui avoient échappé au Traducteur, peu habitué à la Langue Françoife ; mais pour n'apporter aucun changement au fens de l'Auteur, ils ont eu foin de comparer la traduction avec l'original Allemand ; cependant, comme l'original préfente plufieurs longueurs, qui ne feroient pas du goût des lecteurs

François, & qui ne font que délayer &
ramener fans utilité les mêmes idées, ils
fe font permis plufieurs retranchemens,
mais qui tombent rarement fur la defcription des procédés; ils ont auffi abrégé
par les mêmes raifons, plufieurs paffages
dont ils ont confervé le fens autant qu'il
leur a été poffible. C'eft fur-tout fur les
explications phyfiques que portent ces
changemens, & c'eft peut-être la partie
de l'Ouvrage dont les Phyficiens feront
le moins fatisfaits, parce que l'Auteur
cherche toujours à établir par de foibles
analogies quels font les principes des parties colorantes, & à expliquer leurs propriétés par leur compofition, & leur
compofition par les propriétés. Nous fom-
mes bien éloignés en chimie, de pouvoir
déduire les propriétés des corps de leurs
élémens : nous ne pourrions même pré-
tendre à déterminer quelles font les propriétés d'un fel dont les principes & leurs
affinités nous font bien connus ; à plus
forte raifon ne pourrions-nous nous pro-
mettre de remonter à l'explication des

propriétés d'un mixte dont les élémens ne peuvent être connus avec précifion, ni pour la qualité ni pour les proportions (*a*). Quoiqu'à cet égard on ait fuivi dans les notes une méthode différente de celle de l'Auteur, & qu'on fe foit permis de retrancher une grande partie de fes raifonnemens, on a cru cependant qu'il convenoit d'en conferver affez, pour qu'on pût juger de fa méthode & de fes idées. D'ailleurs les notes ne préfentent que des indications, parce qu'on n'a pas eu pour objet de faire un Ouvrage nouveau, mais qu'on a feulement tâché d'ajouter à l'utilité de celui qu'on préfente au Public, en fe conformant aux vues de l'Adminiftration du Commerce.

Quels moyens plus efficaces l'Adminiftration péut-elle employer pour rani-

---

(*a*) L'un des Editeurs a tâché d'établir les principes chimiques qui doivent fervir à l'explication des phénomènes que préfente la teinture dans un Ouvrage qui paroîtra inceffamment fous le titre d'*Elémens de l'Art de la Teinture.*

mer les progrès des arts, que de répandre des lumières parmi ceux qui les cultivent, de leur infpirer le defir de les perfectionner, & de rapprocher par des ouvrages utiles la claffe qui s'eft dévouée aux fciences, de celle qui cultive les arts? Inftruction, liberté, voilà les refforts puiffans qui doivent principalement développer l'induftrie d'un peuple actif & ingénieux.

M. Poerner ne s'eft livré à un fi grand nombre d'effais que par le defir de contribuer aux progrès de la teinture : il n'a point cherché à rendre fes travaux utiles à fa fortune; mais il décrit fans déguifement ce que l'expérience lui a appris. L'on ne trouvera qu'un procédé fur l'indigo, dont il fe foit réfervé la propriété, encore promet-il qu'il ne tardera pas à le dévoiler au Public, & il annonce que les momens dont l'exercice de fes emplois lui permettra de difpofer, feront encore confacrés aux recherches fur la teinture dont il s'occupe depuis fi long-tems.

INSTRUCTION

INSTRUCTION

SUR L'ART

DE LA TEINTURE,

ET particuliérement sur la Teinture des Laines.

PREMIÈRE PARTIE.

Des Couleurs primitives.

LES couleurs qui paroiffent être dues naturellement à une fubftance fimple, & qui ne
peuvent être décompofées en deux ou en
plufieurs couleurs de différentes efpèces, ou
être produites par le mêlange de deux ou de
plufieurs fubftances, peuvent feules fe nommer

A

primitives, quoiqu'il puisse résulter différentes couleurs & différentes nuances de leurs combinaisons. Il y en a quatre de ce genre, savoir, le rouge, le jaune, le bleu & le noir. Quelques-uns ne regardent pas la dernière comme telle; ils prétendent qu'elle n'est qu'une couleur bleue concentrée. Mais comme il ne résulte jamais une nuance bleue d'une couleur noire affoiblie, mais diverses nuances d'une couleur brune, on doit l'envisager comme une couleur primitive, aussi long-tems, que le contraire ne sera pas démontré; d'autres, au contraire, en admettent cinq, & y ajoutent le brun. Mais puisqu'on l'obtient du rouge & du jaune, ou du rouge & du noir, il ne doit pas être considéré comme tel; quoique dans la nature il existe des substances qui, par elles-mêmes, & sans mélange d'autres substances colorantes, communiquent une telle couleur à la laine, au coton & aux autres matières qu'on veut teindre; mais la nature les produit par la réunion des parties colorantes rouges & jaunes, ou rouges & noires, & l'on peut quelquefois opérer la séparation de ces parties; par conséquent le brun n'est pas une couleur primitive, mais une couleur mêlée. Ceux qui veulent ajouter encore d'autres espèces de couleurs aux primitives, sont encore moins fondés; on peut aifément les en convaincre par des expériences.

PREMIÈRE SECTION.

Des Couleurs rouges.

Il y a plufieurs efpèces de couleurs rouges : la plus grande partie peut fe diftinguer en trois claffes. Quelques-unes font parfaitement rouges, telles que l'écarlate, & le rouge commun provenant de la garance ; d'autres tirent fur le jaune, comme le rouge de brique, & le rouge de feu ; d'autres enfin fur le bleu, comme le cramoifi, la couleur de fleurs de pêcher, le lilas, la couleur de rofe, & celle de chair. Quoiqu'il foit inconteftable qu'il y a encore plufieurs couleurs qu'on pourroit comprendre dans les couleurs rouges, quoiqu'elles ne foient pas du nombre des précédentes, parce qu'elles ne font ni parfaitement rouges, ni rouges jaunâtres, ni rouges bleuâtres, mais qu'elles tirent fur d'autres efpèces de couleurs ; plufieurs fortes de bruns foncés & clairs font de ce genre ; mais quand on les examine attentivement, ils ne peuvent être mis au nombre des rouges, c'eft pour cela qu'ils ne feront placés qu'au nombre des couleurs brunes. Il ne fera donc queftion dans cette fection que des couleurs

parfaitement rouges, des rouges jaunâtres, &
des rouges bleuâtres, dont on indiquera la
préparation.

Première Classe.

Des Couleurs parfaitement rouges.

L'écarlate & le rouge commun font fur-tout
de ce nombre. On extrait la couleur écarlate
de la cochenille, & le rouge commun de la
garance, & du bois de fernambouc ; chacune de ces matières exige un procédé particulier, comme on le verra par les préparations fuivantes.

N°. I.

Ecarlate.

On prépare le drap de la manière fuivante :
pour une livre de drap, on met dans une
chaudière d'étain, qui eſt convenablement remplie d'eau, 14 gros de crême de tartre, ou
de tartre criſtalliſé & réduit en poudre fine ;
lorſque le bain eſt en ébullition, & que le
tartre eſt bien diſſous, on y ajoute ſucceſſivement 14 gros de diſſolution d'étain, qu'on fait
bouillir enſemble pendant quelques minutes,

Alors on y met le drap, on l'y fait bouillir pendant deux heures ; après quoi on le retire, on le laiffe égoutter & refroidir.

On prépare le bain de teinture auffi dans une chaudière d'étain , comme il fuit : on la remplit d'eau proportionnellement à la quantité du drap ; on y met 2 gros de tartre criftallifé & pulvérifé pour chaque livre de drap. Quand le bain commence à bouillir , on y met 1 once de cochenille réduite en poudre fine ; on remue bien le tout avec un bâton de bois de fapin , & on le laiffe bouillir pendant quelques minutes. Enfuite on verfe fucceffivement 1 once de diffolution d'étain , on remue de rechef avec un bâton femblable ; enfin on defcend le drap dans le bain le plus promptement poffible , par le moyen d'un tour , qu'on continue de tourner très-vîte pendant quelques minutes , afin d'égalifer la teinture fur toute l'étendue de la pièce de drap. On tourne après cela moins vîte , & on y fait bouillir le drap pendant une heure : on le remonte enfuite fur le tour , on l'y laiffe égoutter & refroidir. On le lave enfin avec foin , & on le laiffe fécher dans un endroit fombre & aéré. La couleur qu'il a prife eft un beau rouge écarlate.

Observation.

La couleur écarlate doit se faire dans une chaudière d'étain, puisqu'on sait par expérience que le drap teint dans un vaisseau de cuivre, en sort taché, ou qu'il ne prend presque pas la couleur écarlate, comme je l'ai vu par moi-même. La raison en est que les sels acides, sur-tout la dissolution d'étain, attaquent & dissolvent le cuivre pendant l'ébullition, & que les parties dissoutes s'unissent tant au bain de mordant, qu'à celui de teinture ; néanmoins on peut se servir avec succès d'une chaudière de cuivre bien étamée ; mais vu que l'étamage n'est pas de longue durée, & qu'il peut d'ailleurs arriver qu'il ne soit pas suffisant dans quelques parties pour résister pendant l'ébullition, il vaut mieux n'employer que des vases d'étain pour les opérations dans lesquelles on fait usage de la dissolution d'étain.

Pour teindre du drap en bonne & vive couleur d'écarlate, il faut le préparer par le mordant du tartre, & de la composition d'étain. Le tartre ordinaire n'est pas propre à cet usage, parce qu'il contient beaucoup d'impuretés & de parties terreuses qui nuisent à la couleur ; c'est pour cela qu'on se sert ordinairement de

tartre criſtalliſé, ou de crême de tartre, qui
dans le fond ſont la même choſe. Juſqu'à préſent j'ai trouvé, que parties égales de tartre
& de compoſition d'étain étoient la proportion la plus convenable pour préparer le bain
de mordant ; je ne dis cependant pas, qu'un
peu moins de tartre, que de diſſolution d'é-
tain ſoit nuiſible ; d'un autre côté, on doit
éviter une trop grande proportion de tartre,
qui donne une écarlate pâle & ſans vivacité,
conſéquemment beaucoup moins agréable à
la vue.

La diſſolution d'étain eſt un ingrédient in-
diſpenſable, ſans lequel on ne ſauroit faire une
véritable & bonne écarlate. Pour la faire, c'eſt
la méthode ſuivante que je trouve la meilleure :
on mêle une livre d'eau forte, avec un poids
égal d'eau bien claire ; on y ajoute $1\frac{1}{2}$ once
de ſel ammoniac. Lorſqu'il eſt diſſous, on remue bien le mêlange, & on y met petit-à-petit
2 onces d'étain très-pur, réduit en rubans
minces par le moyen d'un tour : le mieux eſt
d'en mettre ſucceſſivement $\frac{1}{2}$ gros, & de le
bien laiſſer diſſoudre chaque fois, avant que
d'en remettre du nouveau ; quand la totalité
eſt diſſoute, on agite bien le tout enſemble,
& on le laiſſe repoſer 24 heures, après quoi
on peut en faire uſage. Plus lentement l'étain

se dissout, plus la dissolution est savorable pour teindre en écarlate.

Moins il sort de vapeurs, plus la dissolution d'étain a de vertu, & plus la couleur est vive & agréable. Le vase, dans lequel on conserve cette dissolution, doit être bien bouché avec un bouchon de verre, de cette manière on la conserve long tems avec toute sa force; j'ai remarqué qu'elle se conservoit une année sans s'affoiblir.

On ne peut teindre en écarlate qu'avec la dissolution d'étain & la cochenille en observant les autres conditions du procédé; la dissolution d'autres métaux, tels que l'argent, le mercure, le bismuth & le zinc, n'a point cette vertu; je conviens cependant qu'on peut aussi s'en servir pour des autres espèces de couleurs, comme on en trouve plusieurs exemples dans le deuxième & troisième volume de mes Essais & Remarques sur l'art de la Teinture.

Le drap préparé avec le tartre & la dissolution d'étain, peut être introduit dans le bain de teinture aussi-tôt qu'il est refroidi; mais je me suis apperçu, que lorsqu'on le laissoit reposer pendant 24 & même 48 heures dans le bain de mordant, devenu froid, cela bien loin d'être préjudiciable étoit avantageux, puisque la couleur écarlate en devient non-seulement plus vive, mais aussi plus solide.

J'ai prescrit de mettre 2 gros de tartre, 1 once de cochenille & 1 once de dissolution d'étain dans le bain de teinture, parce que je sais par expérience, que cette proportion d'ingrédiens est suffisante pour faire une belle écarlate. En mettant un peu plus de tartre, elle devient également belle, mais pas tout-à-fait si vive ni si éclatante. Il faut broyer la cochenille très-fine dans un mortier de bois, peu avant qu'on s'en serve; quelques-uns prescrivent de la broyer avec des cristaux de tartre, cela n'est pas indifférent; puisque ses parties teignantes s'ouvrent davantage, & que le bain étant en ébullition les saisit plus facilement, & devient par-là plus actif.

Quand le bain, qui contient le tartre & la cochenille, bout, on y mêle la dissolution d'étain, & on y fait entrer le drap préparé. Ici il faut avoir grande attention, parce que si on mettoit la dissolution d'étain en même-tems que le tartre, & la cochenille seulement après, l'écarlate ne seroit pas si vive ni si agréable, que si la composition d'étain avoit été mise après la cochenille. Il y a encore une manière d'opérer, que j'ai trouvé bonne : on fait bouillir dans un petit vaisseau d'étain une livre

& demie d'eau, 2 gros de tartre, & 1 once
de cochenille; dès que l'ébullition commence,
on y ajoute 1 once de diffolution d'étain; on
fait bouillir le tout enfemble fort doucement
pendant $\frac{1}{4}$ d'heure, on le retire du feu, on le
laiffe refroidir, & on verfe enfin cette diffolution de cochenille dans un flacon de verre
pour la bien conferver : elle a bien des avantages, on peut l'employer utilement au bout
de 24 à 48 heures pour teindre en écarlate;
j'ai même remarqué que la cochenille, traitée
de cette manière, s'ouvroit davantage, & étoit
plus active pour pénétrer les filamens du drap,
& que le rouge étoit beaucoup plus agréable.
Voici comment on teint avec cette diffolution
de cochenille : on remplit d'eau une chaudière
d'étain, proportionnément à la quantité du
drap qu'on fait bouillir; on remue bien la diffolution de cochenille, qu'on verfe enfuite
dans l'eau bouillante. On lave le flacon avec
de l'eau tiéde, qu'on verfe auffi dans le bain.
Après quoi on y met le drap préparé avec le
tartre & la diffolution d'étain, & on procède
pour le reite conformément à ce qui eft prefcrit pour le n°. 1. — Celui qui en fera l'effai
fera convaincu que l'écarlate fera plus agréable, que lorfqu'on mêle dans la chaudière la
diffolution d'étain, les criftaux de tartre & la

cochenille, fans la préparation dont on vient de parler.

En fuivant ce procédé, on peut employer la diffolution de cochenille d'une autre façon. On peut n'en mettre d'abord que la moitié dans le bain, & teindre le drap ; après qu'il a bouilli pendant $\frac{1}{2}$ heure, on le remonte fur le tour, on met alors le refte de la diffolution de cochenille dans le bain, dans lequel on remet auffi-tôt le drap pour achever de le teindre. Si l'on veut, on partage cette dernière moitié, & on n'en met qu'une partie dans le bain, felon l'intention qu'on a de varier la nuance. Avec cette diffolution de cochenille, on obtient avec beaucoup de facilité la nuance qu'on defire, & cela même avec certitude. Au furplus elle eft très-propre à faire des mêlanges avec d'autres couleurs, par exemple, avec les bains de teinture jaune, ou avec la diffolution d'indigo, de même qu'avec les bains de garance ; en en mettant plus ou moins, on fera des nuances diverfifiées, & tout-à-fait particulières, fuivant la préparation différente du drap, ainfi qu'on le verra dans la fuite.

Comme il faut éviter avec foin tout ce qui pourroit altérer la couleur de l'écarlate, j'ai prefcrit de fe fervir d'un bâton de fapin pour remuer le bain du n°. 1. : les autres bois con-

tiennent des fubflances qui pourroient nuire
à fa beauté.

J'ai encore fait obferver une circonflance
importante pour teindre en écarlate , que
j'ai prefcrite pour le n°. 1 , & qu'on ne
doit pas négliger à l'égard des autres couleurs : c'eft de faire entrer dans le bain le
drap ou l'étoffe de laine le plus preftement
qu'il eft poffible, & de tourner très-vîte dans
le commencement , afin que les parties teignantes pénètrent également dans toute l'étendue de la pièce. Ceux qui n'y feront pas attention auront des pièces de drap ou d'étoffes
teintes inégalement ; on s'appercevra vifiblement , que le bout placé le premier dans le
bain eft beaucoup plus foncé que l'autre. Après
8 à 9 minutes on peut tourner plus lentement,
& cela jufqu'à ce que l'on veuille remonter
le drap , parce que l'ébullition qu'on a prefcrite pendant une heure , ne fert qu'à faturer
les pores de la laine , & à confolider la couleur. En faifant ufage de la diffolution de
cochenille , dont on a parlé ci-deffus, on peut
parvenir avec plus de certitude à obtenir exactement la nuance qu'on defire : on ne met
d'abord que la moitié de cette diffolution dans
le bain ; on y paffe rapidement le drap comme
il a été dit ; on le remonte de même avec

promptitude fur le tour ; on verfe l'autre moitié de la compofition dans le bain ; on y remet le drap par l'extrêmité par laquelle on avoit fini la première fois : par ce moyen toute l'étendue de la pièce fera teinte d'une couleur égale.

Après que le drap a bouilli 1 heure , on le retire & on l'évente promptement. Il faut le laver dans une eau très-propre, autrement la couleur en fouffre , & cela occafionne quelquefois des taches. En obfervant exactement le tout , on ne peut manquer de faire une belle écarlate , d'après la recette prefcrite au n°. 1 (a).

(a) Ce qui diftingue principalement le procédé qui vient d'être décrit , de celui qui eft en ufage dans les atteliers de teinture , c'eft que l'on n'y met point de cochenille dans le premier bain, qu'on appelle ordinairement *le bouillon*, au lieu qu'on met ordinairement une partie de la cochenille dans ce premier bain, & le refte dans le bain de teinture, qu'on nomme *la rougie*.

La chaux ou l'oxide d'étain a finguliérement la propriété de fe combiner avec la plupart des molécules colorantes , qui l'enlèvent à l'acide qui la tenoit en diffolution ; c'eft cette combinaifon des molécules colorantes de la cochenille avec l'oxide d'étain , qui étant peu foluble dans l'eau , fe précipite prefqu'en entier,

N°. I I.

Ecarlate.

On fait une autre efpèce d'écarlate, de la ma‐
nière fuivante : on prépare le drap comme

& forme ce qu'on appelle une laque ; mais cette com‐
binaifon a de l'affinité avec les fubftances animales ;
d'où vient qu'elle fe fixe fur la laine qu'on lui pré‐
fente, pendant qu'elle eft très-divifée & fufpendue dans
la liqueur.

La diffolution d'étain, qu'on appelle *compofition*,
demande une attention particulière, fi l'on veut obtenir
des réfultats conftans ; car fi l'on s'eft fervi d'un acide
concentré, & qu'on n'ait pas proportionné le fel am‐
‐moniac & l'étain à fa force, il réagira fur l'écarlate,
& rendra fa couleur plus claire, plus orangée & plus
foible ; fi, au contraire, on a employé un acide trop
foible, la couleur fera plus foncée & moins vive qu'elle
ne doit être.

Il feroit donc convenable de déterminer par le pèfe-
liqueur la force de l'acide qu'on emploie ; on devroit
auffi avoir foin de fe procurer un étain pur ; car l'étain
ordinaire contient quelquefois une quantité confidérable
de plomb, qui peut être très-préjudiciable à la beauté
de la couleur.

Il faut conferver la diffolution dans des vaiffeaux de
verre bien bouchés, parce que par le contact de l'air
l'étain fe fature du principe qui le réduit en chaux

pour le N°. 1 ; on compofe le bain de teinture
de 1 once de cochenille broyée fine , & de 2

---

ou en oxide , de forte qu'il fe précipite ; c'eſt ce que
les teinturiers expriment, lorſqu'ils difent que *la compoſition a tourné.* Le même accident a lieu par l'action de la chaleur , qui favorife la décompoſition de
l'acide nitrique ; de-là vient qu'il faut n'ajouter l'étain
que par petites parties, pour que la diffolution fe faffe
lentement , & fans exciter beaucoup de chaleur ; &
de-là vient que la compoſition *tourne* plus facilement
en été qu'en hiver. L'on peut facilement être trompé
fur la concentration de l'eau forte par l'acide fulfurique ou vitriolique qui s'y trouve fouvent mêlé en
quantité conſidérable , foit parce qu'il en paffe un peu
dans le procédé dont on fe fert le plus ordinairement
pour l'extraire du nitre , foit parce qu'on en ajoute
pour augmenter fa pefanteur. On reconnoît facilement
la préfence de l'acide fulfurique , & même fa quantité,
par le moyen d'une diffolution nitreufe ou acéteufe de
baryte , qui forme un précipité avec cet acide , pendant qu'elle ne trouble point l'acide nitrique qui n'en
contient pas.

Il eſt important d'employer pour l'écarlate, ainſi que
pour les autres couleurs qui ont de l'éclat , des eaux
qui ne foient pas dures : l'on entend par *eaux dures*
celles dans lefquelles le favon fe caille : il n'eſt pas
inutile de donner une idée jufte de cette propriété.
Les eaux font dures , parce qu'elles contiennent des
fels à bafe terreufe , dont la terre s'unit à l'huile du
favon , pendant que l'alkali du favon fe combine avec

onces de diffolution d'étain fans tartre, également pour une livre de drap : on obferve tout

---

l'acide de ces fels : il réfulte de cet échange des favons à bafe terreufe, qui ne fe diffolvant pas dans l'eau, y forment des caillots, & finiffent par fe précipiter. Les fels à bafe terreufe foncent la couleur de l'écarlate, & lui ôtent fa vivacité : on verra plus bas que M. Poërner a cherché à tirer avantage de cette propriété en fe fervant du plâtre, qui n'eft autre chofe qu'un fel à bafe terreufe.

Lorfqu'on eft obligé d'employer des eaux dures, on les corrige en mettant dans le bain un peu d'amidon, ou en y faifant bouillir des plantes mucilagineufes ou du fon, qu'on enferme dans un fac, ou bien avec une certaine quantité d'eau fûre. Il feroit difficile de rendre raifon de la manière dont ces fubftances empêchent les effets des eaux dures.

Quelques précautions que l'on prenne, l'on ne peut s'attendre à obtenir toujours exactement la couleur que l'on defire, puifque dans ce cas particulier, la qualité de la cochenille peut apporter une différence confidérable dans les réfultats ; mais fi l'on trouve que l'écarlate n'a pas affez de feu, on peut lui donner cet éclat en ajoutant au bain dont il faut la retirer auparavant, un peu de compofition qu'on mêle bien avant de remettre le drap ; fi, au contraire, on trouve l'écarlate trop orangée, il n'y a qu'à la paffer dans un bain d'eau chaude, & fi cela ne fuffit pas, il faut y ajouter un peu d'alun.

La qualité du drap influe auffi fur les proportions
ce

ce qui est prescrit au n°. 4, tant pour ce qui regarde la façon de préparer le bain, que pour la manière de teindre le drap, qui prendra une belle couleur rouge écarlate.

Observation.

Ce rouge écarlate est un peu plus clair, & en même-tems plus mat, que celui du n°. 1. — Comme les uns préfèrent une écarlate claire, & que les autres la veulent plus foncée, il convient de savoir en faire de diverses nuances.

Lorsqu'on saisit la juste proportion du tartre & de la dissolution d'étain, on fait toujours une belle couleur écarlate foncée. Un peu moins de tartre que de dissolution d'étain relève davantage le rouge ; au contraire, quand on met parties égales, la couleur est plus foncée. Cependant cela dépend aussi de la quantité de la cochenille ; lorsqu'on

---

des ingrédiens ; car selon sa finesse ou selon son épaisseur, il a plus ou moins de tranche, c'est-à-dire, que l'intérieur où ne pénètre pas la cochenille, a plus ou moins d'étendue ; de sorte qu'il faut acquérir de l'habitude pour déterminer les proportions les plus convenables pour les espèces de draps que l'on teint.

B

en met moins que de tartre & de diffolution
d'étain, la couleur eft toujours plus claire &
plus pâle, relativement à la quantité de tartre
& de diffolution d'étain, excédant celle de
la cochenille; & fi la cochenille furpaffe le
tartre & la diffolution d'étain dans la quantité,
la couleur eft alors plus foncée. Par exemple,
une livre de drap bouilli dans un bain, compofé de 1 once de cochenille, 1 once de tartre, & 1 once de diffolution d'étain, prend
une bonne couleur rouge écarlate foncée. Une
livre de drap bouilli dans un bain, compofé
de 1 once de cochenille, 2 onces de tartre,
& 2 onces de diffolution d'étain, prend une
femblable couleur, mais plus claire. La couleur qui provient d'un bain de teinture, préparé
avec 1 once de cochenille, 1 once de diffolution d'étain, & 2 onces de tartre, eft encore
un peu plus claire. Mais fi le bain eft compofé
de 1 once de cochenille, 1 once de tartre,
& 2 onces de diffolution d'étain, la couleur
fera encore un peu plus claire que la précédente. Il eft prouvé par-là que plus le poids
du tartre & de la diffolution d'étain excèdent
celui de la cochenille, plus la couleur devient
claire. Il faut cependant remarquer que la couleur qui réfulte de 1 once de cochenille, 2
onces de tartre, & de 2 onces de diffolution

d'étain, eſt un peu plus foncée que celle qui provient de 1 once de cochenille, 1 once de diſſolution d'étain, & de 2 onces de tartre, dans le bain de laquelle il entre néanmoins la moitié moins de diſſolution d'étain. Mais la moins foncée, & en même-tems la plus mate de ces quatre couleurs indiquées, c'eſt celle pour laquelle on a employé plus de diſſolution d'é-tain que de tartre ; ſavoir 1 once de tartre, & 2 onces de diſſolution d'étain. Conſéquem-ment l'expérience prouve, qu'il ne faut pas trop mettre de diſſolution d'étain dans un bain d'écarlate, & que le plus avantageux eſt d'en mettre en égale proportion avec le tartre, en faiſant toutefois attention que les deux en-ſemble n'excèdent pas trop la proportion de la cochenille, puiſqu'autrement les couleurs feroient trop peu foncées, & en même-tems mattes, ſur-tout lorſqu'on met trop de diſſo-lution d'étain, laquelle attaque de plus les fila-mens de la laine, & affoiblit conſéquemment la force du drap. Mais ſi l'on veut faire un rouge d'écarlate clair, il vaut mieux augmenter la quantité du tartre, puiſqu'il rend la couleur plus claire, ſans préjudicier au drap, & qu'il la conſolide en même-tems un peu.

Pour préparer un bain d'écarlate outre le tartre, on peut employer d'autres ingrédiens,

tels que le fel marin & le fel ammoniac, lefquels, quoique moins favorables que le tartre,
peuvent être quelquefois utiles pour faire des
nuances particulières d'écarlate, comme on le
verra par les recettes fuivantes.

N°. III.

Ecarlate.

Le drap en même quantité, & préparé comme
pour le n°. 1, bouilli dans un bain de teinture, compofé de 2 gros de tartre, 1 once
de cochenille, 1 once de diffolution d'étain,
& 2 onces de fel marin, & traité d'ailleurs,
comme il a été prefcrit pour le n°. 1, prend
un rouge d'écarlate, qui tire fur le rouge de
brique.

Obfervation.

Le fel marin rend la couleur un peu plus
claire & plus pâle, de forte que par fon moyen
on fait une couleur écarlate particulière, qui
peut être d'ufage. Le drap eft même mieux
pénétré que lorfqu'on n'en met pas, de forte
qu'il eft moins blanc à la coupe. Si au lieu
de fel marin, on met du fel ammoniac, le
rouge fera encore plus pâle & plus mate, &
fera inférieur au précédent.

Si on fait bouillir une livre de drap dans un bain compofé de 1 once de cochenille & 5 onces de vinaigre, fans y ajouter de diffo-lution d'étain, il prendra une couleur rouge qui fera de la claffe des couleurs d'écarlate fon-cées.

Avec le fucre on peut encore faire une jolie couleur particulière de rouge écarlate. Quoique jufqu'ici on n'ait pas fait ufage de cette addition, elle peut cependant être avantageufe. On fait bouillir une livre de drap préparé, comme pour le n°. 1, dans un bain compofé de 1 once de cochenille, 2 onces de diffolution d'é-tain, & de 4 à 5 onces de fucre, en fe con-formant d'ailleurs en toute chofe au pro-cédé qui a été prefcrit. On fera de cette ma-nière une belle couleur d'écarlate, qui fera un peu plus pâle que celle du n°. 1, & plus agréable que celle du n°. 2.

Il eft clairement prouvé, par les différentes préparations de bains d'écarlate, tant avec le fel marin, le fel ammoniac, le vinaigre & le fucre, ci-deffus mentionnés, qu'on peut faire diverfes nuances d'écarlate, qui peu-vent fervir fuivant les divers ingrédiens qui entrent dans la préparation du bain de tein-ture. Le fel marin eft un ingrédient utile avec lequel on fait une efpèce particulière d'écarlate.

Il est cependant indispensablement nécessaire de trouver la juste proportion des autres matières qui doivent entrer dans le bain. Dans la préparation qui a été faite avec 2 onces de sel marin, il est entré 2 gros de tartre, 1 once de cochenille & 1 once de dissolution d'étain. C'est-là la plus forte dose qu'on puisse mettre relativement à la proportion des autres ingrédiens pour faire une couleur écarlate particulière qui puisse être d'usage. Si on ne met que 1 once de sel marin ou encore moins, le rouge d'écarlate sera encore plus agréable; il sera cependant toujours plus clair que la couleur du n°. 1, mais il ne sera pas si pâle que celui pour lequel on a employé 2 onces de sel marin.

N°. IV.

La préparation suivante d'un bain d'écarlate est très-avantageuse.

A. On met dans une chaudière d'étain remplie d'eau, $2\frac{1}{2}$ onces de tartre pulvérisé; lorsque ce bain est prêt à bouillir, on y met $2\frac{1}{2}$ onces de cochenille bien broyée, on remue le tout & le fait bouillir; on y verse ensuite 5 onces de dissolution d'étain, on remue derechef, & on le fait bouillir pendant quelques minutes. On y met alors une livre de drap préparé comme pour le n°. 1, & on l'y fait bouillir jufqu'à la réduction de la moitié du bain à-peu-près ; on le remonte fur le tour, on le laiffe égoutter fur la chaudière, & on le traite pour le refte comme il a été indiqué.

B. On met 4 gros de garance dans le reftant du bain, l'on remplit avec de l'eau chaude, & l'on fait bouillir le bain. On met demi-livre de drap préparé comme pour le n°. 1 dans ce bain bouillant ; on continue de faire bouillir jufqu'à réduction d'environ moitié. On en re-tire enfuite le drap & on le traite à l'ordinaire. De cette manière on fait une demi-écarlate d'une belle nuance.

C. On met encore une livre de garance dans le reftant du bain, qu'on remplit encore con-venablement avec de l'eau chaude, en fe con-formant à ce qui eft prefcrit pour la couleur *B* ; on peut encore y teindre 8 à 9 onces de drap, il y prendra une couleur rouge agréable qui tirera fur le jaunâtre, & qui fera prefque de la couleur du rouge de feu.

Obfervation.

On peut teindre par ce procédé, quoique non ufité. Celui qui, en s'y conformant, teindra 3 pièces de drap, la première du poids de 16

livres & chacune des deux autres de 8 à 9
livres, n'aura qu'à augmenter les ingrédiens néceffaires pour les bains de teinture, proportionnément à ce qui eft prefcrit pour le poids d'une
livre de drap ; il réuffira à faire les couleurs
indiquées. Quoique ces bains paroiffent coû-
teux, on a l'avantage de faire de cette façon un
rouge d'écarlate très-faturé & très-folide. Si on
jette les trois quarts de tous les débourfés pour
la teinture de trois pièces fur la première pièce
de drap teinte en rouge d'écarlate, & le quatrième quart fur les deux autres pièces, on fera
abondamment dédommagé de fes peines. Si
l'on veut faire un rouge d'écarlate faturé & folide, on peut y parvenir de cette manière,
parce que les filamens du drap feront imprég-
nés d'une fuffifante quantité de cochenille ;
c'eft pour cela qu'un drap teint de cette manière n'eft prefque pas blanc fous la coupe, ce
qui prouve que la couleur écarlate a fuffifamment pénétré le drap. On penfe communément
que le véritable drap teint en rouge d'écarlate
doit paroître blanc fous la coupe, & on regarde cela comme une preuve certaine d'une
véritable couleur écarlate. Mais la raifon en
eft fouvent qu'on n'a pas employé la quantité
convenable de matières teignantes, ce qui fait

que le drap n'est pas entièrement pénétré. On
ne sauroit cependant nier que le tartre & la
dissolution d'étain, unis aux parties teignantes
de la cochenille, n'acquièrent la propriété de
s'attacher subitement aux filamens du drap, &
d'empêcher que les parties teignantes de la cochenille puissent aisément pénétrer jusqu'au milieu du drap. Mais on doit naturellement attribuer la raison pour laquelle le drap teint en
rouge d'écarlate ou d'une autre couleur paroît
blanc sous la coupe, à ce qu'on n'a pas préparé
le bain de teinture avec la quantité convenable
de substances colorantes; par la même raison
on fait diverses nuances plus claires ou plus
foncées proportionnellement au plus ou au moins
de matières teignantes qu'on emploie dans les
bains; ce qui occasionne en même tems une
différence notable relativement à la solidité des
couleurs.

On peut, en ajoutant une petite quantité
de garance au reste du bain, suivant le procédé qui vient d'être décrit, faire une demi-
écarlate qui aura une couleur solide: il faut
avoir soin de préparer le drap avec le tartre
& la dissolution d'étain, l'abattre dans le bain
dès qu'il entre en ébullition, & ne pas le
laisser bouillir au-delà d'une demi-heure, parce

que la couleur tireroit fur le brunâtre ou le jaunâtre (*a*).

(*a*) Ce que dit l'auteur fur les couleurs qui pénè-trent le plus le drap ne paroit pas fondé, comme il s'en apperçoit lui-même ; ce qui fe fixe fur le drap eſt une combinaiſon d'oxide d'étain & de parties colorantès, qui ne peut pénétrer dans le milieu du drap ; mais lorſqu'on fait uſage de ſubſtances qui augmentent la ſolubilité des parties colorantes dans l'eau , elles pénètrent plus facilement, alors elles fe fixent d'une manière moins ſolide ; elles conſervent trop d'affinité avec l'eau. Il peut fe faire auſſi qu'elles conſervent plus d'affinité avec l'air qui les dénature par ſa combinaiſon ; mais il faut fur ces objets conſulter l'expérience, qui peut ſeule déterminer d'une manière certaine le degré de fixité & de ſolidité d'une couleur.

La coupe du drap, teint en écarlate, qui laiſſe voir du blanc dans l'intérieur, dépend auſſi en partie de la manière dont le drap a reçu l'impreſſion du foulon, & le feutrage qui en eſt la ſuite ; car plus le tiſſu du drap ſera reſſerré, plus difficilement les parties colorantes pénètrerent dans l'intérieur.

Le tartre paroît ſervir principalement à rendre la cochenille plus ſolubie dans l'eau ; car il faut une lon-gue décoction pour l'épuiſer , & même l'on en vient difficilement à bout ; mais la diſſolution s'en opère beaucoup plus promptement & plus facilement , lorſ-qu'on a ajouté du tartre : la diſſolution d'étain précipite enſuite les parties colorantes qui ſont tenues en diſſo-lution par l'eau & par le tartre ; en même-tems l'alkali

J'ai vu fuivre plufieurs méthodes dans les différens atteliers de teinture que j'ai vifités, & l'on pourroit prefque dire que chacun a adopté un procédé particulier, dont on ne m'a pas toujours fait myftère, de forte que j'ai pu en répéter plufieurs, foit en forme d'effai, foit même en grand. Je vais en donner quelques exemples.

A. On prépare 1 livre de drap avec 1 once de diffolution d'étain, 1 once de tartre blanc & 7 gros d'alun. On compofe le bain de teinture de 1 once de cochenille, 4 gros de graines d'Avignon, 1 once de tartre blanc, & de 2 onces de diffolution d'étain; ce bain communique une couleur vive d'écarlate tirant fur le jaune, laquelle n'eft pas fort folide & ne conferve pas long-tems fon éclat à l'air; elle peut cependant fervir.

B. On fait une autre écarlate de la manière fuivante : on prépare un bain de mordant pour 1 livre de drap avec 1 once d'alun, 2 gros de cochenille, 7 gros de copeaux de bois jaune, 1 once de tartre & 10 gros de diffolution d'étain; le drap y prend une couleur de feu claire

---

du tartre fe combine avec les deux acides de l'eau régale, & l'acide tartareux qui a moins d'action fur la fécule colorante eft mis en liberté.

tirant fur le jaune. On compofe le bain de
teinture de 1 once de cochenille, 2 gros de
tartre, 2 onces d'amidon & de 1 once de diffolution d'étain. On y fait bouillir le drap pendant une heure; il y prend une belle couleur
écarlate qui tire fur le jaune.

C. On fait encore une autre efpèce d'écarlate en préparant 1 livre de drap avec 1 once
de bois jaune, 1 gros de cochenille, 4 gros
de fel gemme ou minéral, 11 gros de tartre
& 1 once de diffolution d'étain. On fait bouillir
le drap pendant 5 à 6 quarts-d'heure dans ce
bain de mordant; il y prend une couleur pâle
d'orange. On forme le bain de teinture de 7
gros de cochenille & de 2 gros de diffolution
d'étain. On y fait bouillir le drap pendant 2
à 2½ heures; il y prend une couleur écarlate
un peu claire, qui tire fur le jaune.

D. Voici un procédé différent des précédens
pour la préparation du drap : pour 1 livre de
drap on met 4 onces de potaffe dans la chaudière; lorfque le bain eft chaud, on le remue
en différens fens pendant un quart-d'heure fans
faire bouillir. On l'en retire enfuite & on le
laiffe refroidir; on remet de l'eau chaude dans
la chaudière, & enfuite 6 gros de bois jaune,
4 gros d'alun, 4 gros de fel gemme, 1 once
de tartre, 1 once de diffolution d'étain & 1

gros de cochenille. On fait bouillir le drap qui a paffé dans la potaffe dans ce bain de mordant pendant 1 heure ; il y reçoit une couleur claire d'orange. On prépare le bain de teinture avec 1 once de cochenille, 2 gros de tartre & 4 gros de diffolution d'étain. On y fait bouillir le drap préparé pendant 1 heure ; il y prend une couleur rouge d'écarlate foncée.

On voit, par les procédés qu'on vient d'indiquer, qu'on peut fe fervir d'alun & de fel gemme, outre le tartre & la diffolution d'étain, pour la préparation du drap. Lorfqu'il entre de l'alun & du fel gemme dans le bain de mordant deftiné à la préparation du drap, il y éprouve un tel changement, qu'il prend un rouge d'écarlate d'une nuance particulière dans le bain de teinture. Si l'on en retranche l'alun ou le fel gemme, le drap prend une autre efpèce de couleur rouge écarlate. L'addition des fubftances teignantes jaune, telles que la graine d'Avignon & le bois jaune, occafionne auffi des changemens femblables, parce qu'elles produifent des couleurs rouges d'écarlate, qui tirent fur le jaunâtre. On voit ordinairement que ceux qui employent une fubftance jaune pour teindre en couleur écarlate, de même que pour la préparation du drap, fe fervent en même tems d'alun, parce que l'expérience démontre que

l'alun relève & rend agréables les couleurs
jaunes ; ce qui est sur-tout avantageux lorsqu'on
veut en faire usage pour teindre en couleur
écarlate. Mais je prétends que les couleurs d'é-
carlate produites avec la cochenille seule sans
mélange de jaune, sont les plus vives & en
même tems les plus solides, lorsqu'on observe
exactement les procédés convenables & la juste
proportion des ingrédiens & de la cochenille,
tant pour la préparation du bain de mordant,
que de celui de teinture. Quelques-uns employent le fénugrec ou le curcuma dans le bain
d'écarlate ; le fénugrec uni à l'alun communique
une très-belle couleur jaune de citron, qui est
solide ; mais la couleur jaune que donne le
curcuma, & qui est belle, n'est pas solide. Il
faut donc rejetter ce dernier ingrédient, mais
on peut retenir l'usage du fénugrec, en ajoutant
un peu d'alun pour la préparation du drap,
quoique l'écarlate qu'on obtient alors ne soit
pas au nombre des plus agréables.

Il y a une grande différence entre les écarlates mêmes pour lesquelles on n'a employé
que la cochenille, le tartre & la dissolution
d'étain, selon la proportion de ces ingrédiens.
Il faut, outre cela, prendre en considération
la préparation du drap faite avec le tartre & la
dissolution d'étain, lorsqu'on veut découvrir les

raisons fondamentales pour lesquelles les nuances d'écarlate sont si différentes. Pour expliquer cela distinctement, je rapporterai brièvement quelques essais que j'ai faits sur cet objet.

Drap préparé avec 1 partie de tartre, & 2 parties de dissolution d'étain.

A. 2 parties de cochenille, 1 partie de tartre & 2 parties de dissolution d'étain donnent un rouge d'écarlate beau & très-foncé.

B. 2 parties de cochenille, 1 partie de tartre, & 4 parties de dissolution d'étain, donnent un beau rouge d'écarlate un peu plus clair que celui de *A*, & qui tire presqu'imperceptiblement sur le jaunâtre.

C. 1 partie de cochenille, 1 partie de tartre, & 4 parties de dissolution d'étain, ne donnent pas un rouge d'écarlate, mais une couleur rouge jaunâtre.

D. 1 partie de cochenille, 2 parties de tartre, & 8 parties de dissolution d'étain, donnent une couleur qui s'écarte des rouges, & qui est du nombre des couleurs de feu.

Parmi ces quatre couleurs, *A* forme le rouge le meilleur & le plus parfait ; les autres font voir clairement, que la quantité de la dissolution d'étain est trop considérable, à proportion de

celle de la cochenille. *B* eſt cependant encore
une couleur rouge d'écarlate, qui peut ſervir.
On voit auſſi par-là que les parties teignantes
de la cochenille ſont trop atténuées par la
diſſolution d'étain, à l'égard des couleurs *C* &
D, de ſorte qu'elles ne peuvent alors plus
paroître rouges à la vue.

Drap préparé avec parties égales de tartre & de diſſolution d'étain.

E. Parties égales de cochenille, de tartre
& de diſſolution d'étain, donnent un beau
rouge d'écarlate foncé, mais plus clair que *A*.

F. Parties égales de cochenille & de diſſolution d'étain ſans tartre, donnent un rouge
d'écarlate un peu plus foncé que *A*.

G. Parties égales de cochenille & de tartre
ſans diſſolution d'étain, donnent un rouge d'é-
carlate plus foncé que *F*, & conſéquemment
que *A*.

H. 1 partie de cochenille, 1 partie de diſſolution d'étain & 2 parties de tartre, donnent
un rouge d'écarlate plus clair que *A*, & tirant
un peu ſur le jaunâtre.

J. 1 partie de cochenille, 1 partie de diſſolution d'étain, & 4 parties de tartre, donnent un ſemblable rouge d'écarlate que *H*, &
encore plus clair.

K.

K. 1 partie de cochenille, 1 partie de tartre, & 2 parties de diffolution d'étain, donnent un beau rouge d'écarlate plus clair que *E*, & conféquemment beaucoup plus clair que *A.*

L. 1 partie de cochenille, 1 partie de tartre, & 3 parties de diffolution d'étain, donnent un beau rouge d'écarlate, encore plus clair que *K*, conféquemment beaucoup plus clair que *E* & *A.*

Des fept couleurs mentionnées depuis *E* jufqu'à *L*, celles qui proviennent des bains, où il eft entré le moins de tartre & de diffolution d'étain, font les plus foncées. La couleur *F* n'a eu que de la diffolution d'étain, & point de tartre, & *G* feulement du tartre, & point de diffolution d'étain; les autres couleurs *E*, *H*, *J*, *K*, *L*, ont eu l'un & l'autre en mêmetems, mais en différente proportion. Comme ces dernières font plus claires que les couleurs *F* & *G*, il eft indubitable que les parties teignantes de la cochenille ont été mieux développées & plus relevées, & que cela rend conféquemment les couleurs plus claires que celles de *F* & *G*. — Mais il s'agit de favoir pourquoi *G* eft plus foncé que *F*, on ne peut l'attribuer qu'à la nature différente du tartre & de la diffolution d'étain, & l'on peut, en va-

C

riant simplement les proportions de ces deux substances, se procurer des écarlates de nuances différentes, comme on le voit dans les exemples qu'on vient de donner.

Drap préparé avec le tartre seul.

M. 1 partie de cochenille, 1 partie de tartre, & 2 parties de dissolution d'étain, donnent un très-beau rouge d'écarlate, plus clair que K.

N. 1 partie de cochenille, & 2 parties de dissolution d'étain, donnent un rouge d'écarlate foncé comme la couleur M.

O. 1 partie de cochenille, & 1 partie de dissolution d'étain, donnent un rouge d'écarlate encore un peu plus foncé que N, par conséquent beaucoup plus foncé que M, mais un peu plus clair que F.

Ces trois couleurs, notamment M, font voir qu'on peut teindre le drap en rouge d'écarlate, quoiqu'on n'emploie pas de dissolution d'étain pour le préparer, mais uniquement du tartre. Cependant cette espèce de préparation produit une différence dans la nuance de l'écarlate, cela est prouvé par les couleurs M & K, lesquelles ont été faites dans un bain de teinture absolument égal, & qui diffèrent néanmoins tellement, que K est un rouge plus parfait & plus foncé que M. — Il en est de même des couleurs O & F, qui quoique faites dans un bain de teinture égale, sont différentes, car la couleur F est un rouge plus parfait que la couleur O, qui tire beaucoup sur le brun.

Drap préparé avec la dissolution d'étain seule.

P. 1 partie de cochenille, 1 partie de tartre, & 2 parties de dissolution d'étain, donnent un rouge d'écarlate plus clair que la couleur K, & tirant aussi sur le jaunâtre.

Q. 1 partie de cochenille, & 2 parties de dissolution d'étain, donnent une couleur qui s'éloigne entièrement du rouge d'écarlate, & qui approche de la couleur d'orange, ou plutôt de celle de feu.

R. 1 partie de cochenille, & 2 parties de tartre, donnent une couleur rouge brunâtre, qui s'éloigne aussi tout-à-fait de l'écarlate.

Il résulte encore de ces diverses méthodes de préparer le drap, que les parties teignantes de la cochenille, quoiqu'elles soient de la même manière dans les bains de teinture, ne communiquent pas la même couleur rouge aux filamens du drap, lorsqu'il a été différemment préparé. Les couleurs P & Q prouvent aussi

que la diſſolution d'étain relève conſidérablement les parties teignantes de la cochenille,
& qu'elle les fait tendre vers le jaune, proportionnellement à la quantité qu'on en emploie
pour teindre ; la couleur R, pour laquelle on
a uniquement employé du tartre, prouve également qu'il change tellement les parties teignantes de la cochenille, que la couleur tire
ſur le brun.

Ces différentes préparations du drap, de
même que les diverſes proportions de tartre,
de diſſolution d'étain & de cochenille pour la
préparation des bains de teinture, ne permet-
tent preſque pas de douter que de toutes les
différentes préparations du drap pour teindre
en écarlate, ce ſont celles où il eſt entré parties égales de tartre & de diſſolution d'étain
pour la préparation du bain de mordant, qui
ſont les meilleures ; de même que le bain de
teinture le plus avantageux eſt celui qui a été
préparé avec 1 partie de cochenille, 1 partie
de tartre, & 2 parties de diſſolution d'étain ;
on ne ſauroit cependant nier que trois parties
de diſſolution d'étain procurent auſſi une très-
belle couleur rouge écarlate. Néanmoins on
peut faire diverſes variations, en conſéquence
des eſſais précédens, au moyen deſquels on
ſera également des couleurs rouges d'écarlate

qui pourront fervir. Par exemple , on peut
préparer le drap avec 2 parties de tartre , &
1 partie de diffolution d'étain , & compofer le
bain de teinture de parties égales de cochenille , de tartre & de diffolution d'étain , ou
de 1 partie de cochenille , 1 partie de tartre,
& 2 parties de diffolution d'étain , & on fera
une belle qualité d'écarlate , fur-tout en mettant 1 partie de plus de diffolution d'étain ,
que des autres ingrédiens , dans le bain de
teinture (a).

(a) Il paroît difficile de fe paffer d'une fubftance
jaune pour donner la couleur de feu que l'on defire
dans l'écarlate ; parce que fi l'on augmente trop la proportion de la diffolution d'étain, le drap devient rude
au toucher. Les teinturiers du Languedoc fe fervent
principalement du fuftet, dont la couleur orangée n'a
à la vérité point de folidité, mais qui s'efface fans altérer la couleur avec laquelle il fe trouve mêlé. On le
fait bouillir dans un fac environ une heure & demie,
& on le retire avant de mettre les autres ingrédiens
dans le bain ; quelques-uns ajoutent encore un peu de
fuftet dans la rougie, en prenant toujours la précaution
de le retirer avant d'introduire les autres ingrédiens.

Comme le prix de la cochenille eft devenu fort
confidérable, on a cherché les moyens d'en diminuer
la quantité ; l'on trouve au fond des ballots de cochenille, des débris de cet infecte mêlé avec de la terre ;
autrefois on rejettoit cette fubftance ; mais à préfent

C iij

N°. V.

Rouge commun avec la garance.

Pour la préparation d'une livre de drap, on forme un bain dans une chaudière convenablement remplie d'eau, en y faisant bouillir 1 ¼ once d'alun, & 4 gros de tartre. Quand ces sels sont bien diffous, on met le drap dans ce bain, & on l'y fait bouillir pendant 1 heure, & même 2 heures lorsque la pièce

---

l'on fépare par le tamis la partie la plus pure, & on la vend fous le nom de *garbeau*; le réfidu eft encore riche en couleur, & fe vend fous le nom de *granile*. Lorfque la granile fe trouve de bonne qualité, elle peut remplacer la cochenille, fur-tout pour les couleurs vineufes, une livre ½ remplace une livre de cochenille.

On a auffi fait de l'écarlate avec la lacque : elle n'a pas l'éclat de l'écarlate ordinaire ; mais elle a un peu plus de folidité. On peut obtenir une bonne couleur en la mêlant avec la cochenille. Il faut obferver qu'avant de mettre la lacque dans le bain, il faut bien le rafraîchir, parce que la lacque exige une chaleur très-modérée pour qu'il ne fe diffolve que le moins poffible de fes parties réfineufes : elle demande plus de diffolution d'étain que la cochenille : les draps doivent être lavés au fortir du bain ; autrement les parties réfineufes fe fixent fur le drap, & on a enfuite de la peine à les détacher.

de drap est considérable. On le remonte ensuite sur le tour ; on le laisse refroidir & reposer pendant 3 à 4 jours.

Pour 1 livre de drap, on prépare un bain
de teinture avec 4 onces de garance de première qualité, & on la remue pendant envi-
ron $\frac{1}{2}$ heure dans le bain chaud, sans le faire
bouillir ; on y met le drap préparé, qu'on
remue sans discontinuer & sans faire bouillir
le bain. Après 1 heure, on augmente le feu,
& on fait bouillir le drap seulement pendant
quelques minutes. On le remonte ensuite sur
le tour, on le laisse refroidir, & on le lave
avec soin. Le drap prend par ce procédé une
couleur rouge, qu'on nomme rouge de garance.

Observation.

Voilà le procédé ordinaire pour teindre en
rouge avec la garance, sur quoi il y a cependant différentes choses à observer, si l'on veut
bien réussir. La garance, comme on sait, est
la moëlle d'une racine ; elle est réduite en
poudre par l'action d'un moulin, & elle contient une substance colorante, unie à des parties
résino-terreuses (a), & sur-tout liée à beaucoup
plus de parties terreuses, qu'à des résineuses.

(a) Voy. le second vol. des Essais & Remarques, p. 159.

C iv

Cette fubftance colorante fe diffout dans l'eau, & devient active par l'intermède des parties réfineufes & falino-favoneufes, qui font réunies en elle, & elle eft compofée d'une partie colorante rouge, & d'une partie colorante jaunâtre; la dernière fur-tout fe trouve étroitement unie aux parties réfineufes, & la première aux parties terreufes, néanmoins d'une telle façon, que toutes les deux fe développent enfemble, & deviennent actives par le moyen des parties falines. On fait par expérience que les parties colorantes rouges de la garance, mélées dans de l'eau, fe développent plutôt que celles qui font jaunes, fur-tout lorfqu'on fait entretenir une chaleur modérée; mais malgré toute la précaution, il fe développe en même-tems quelques parties jaunes; c'eft pour cela que le rouge de garance n'approche & n'approchera jamais du luftre & de la beauté de la cochenille, parce que les parties colorantes rouges font altérées par les jaunes; & pendant qu'on ne pourra féparer entiérement les dernières des premières, on ne pourra jamais donner au drap, avec de la garance, une couleur qu'on puiffe comparer à la véritable couleur écarlate. Au furplus les parties colorantes rouges de la garance font d'une qualité toute différente de celles de la coche-

nille, avec lefquelles on fait le véritable rouge
d'écarlate. A l'égard de la cochenille, la fubftance colorante rouge fe trouve principalement
dans les parties réfino-huileufes, tandis que la
fubftance rouge de la garance fe trouve dans
les parties falino-terreufes. Outre cela, les parties falines de la garance diffèrent auffi totalement des parties falines de la cochenille ;
car les premières font un acide végétal, lié
avec des parties terreufes, tandis qu'il n'en
exifte point dans la cochenille, mais feulement
une efpèce de fubftance favoneufe, comme je
l'ai démontré dans le deuxième volume de
mes Effais & Remarques, page 271 & les
fuivantes. Ainfi quoiqu'on pourroit parfaitement
& radicalement dégager les parties rouges de
la garance des parties jaunes, on ne doit pas
efpérer qu'on faffe jamais avec la garance un
rouge, qu'on puiffe eftimer autant que le véritable rouge de cochenille.

J'ai fait plufieurs effais pour dégager & avoir
dans leur état de pureté les parties rouges de la
garance, mais aucun ne m'a jufqu'ici conduit
à mon but. Puifque quelques précautions que
j'aie pu prendre, je n'ai encore pu empécher
qu'il ne s'y mêlat quelques parties jaunes, ou
que les ingrédiens employés n'ayent alteré les
parties rouges. Comme la fubftance rouge peut

être si facilement changée, lorsqu'on veut teindre avec la garance, il faut avant toute chose
tâcher d'empêcher, le plus qu'il est possible, le
développement des parties jaunes. Pour y parvenir on a coutume de ne rendre le bain de
garance que bien tiéde, & d'y teindre la laine
ou le drap préparé d'une manière convenable,
parce qu'il est prouvé par expérience, que
lorsque le bain bout, il perd un peu de sa
propriété de teindre en rouge, & cela de plus
en plus à proportion qu'on le fait bouillir
fort & long-tems. Néanmoins on finit ordinairement par y faire bouillir le drap ou la laine
pendant quelques minutes, lorsqu'ils sont suffisamment pénétrés de parties rouges, parce
qu'on a remarqué que la couleur étoit moins
solide, lorsqu'on ne les faisoit pas bouillir du
tout ; mais il faut agir en ceci très-prudem-
ment, & faire bouillir le drap ou la laine tout
au plus cinq minutes dans le bain, puisque sans
cela ils perdent beaucoup du rouge qui deviendra rouge brunâtre, ce qui arrivera aussi
par une ébullition trop violente; l'on obtient
cependant par-là des nuances agréables selon la
préparation qu'a reçue le drap, mais elles ne
peuvent être mises au nombre des couleurs
rouges.

Outre la précaution de ne pas faire bouillir

le bain de garance pour teindre, il faut auſſi
avoir attention d'employer à la préparation du
drap, des ſels, qui conſolident ſes parties colorantes dans les filamens de la laine ſans qu'elles éprouvent elles-mêmes un changement. On
ſe ſert ordinairement de l'alun & du tartre pour
préparer la laine & le drap. Hellot conſeille de
mettre 4 parties d'alun, & 1 partie de tartre,
ce qu'on pratique ordinairement; mais on peut
y ajouter auſſi un peu de diſſolution d'étain,
cela rend le rouge encore plus vif. Par exemple, pour 1 liv. de drap on peut mettre 15
gros d'alun, 4 gros de tartre, & 2 gros de
diſſolution d'étain, & faire bouillir le drap pendant $1\frac{1}{2}$ à 2 heures dans le bain de mordant.
J'ai laiſſé le drap préparé de cette manière
dans le bain devenu froid pendant 3 à 4 jours,
& je l'ai enſuite laiſſé égoutter; après cela je
l'ai mis dans le bain de garance, & je l'y ai
traité de la manière ordinaire, de cette façon
j'ai fait une couleur vive. J'ai encore découvert une autre méthode de teindre en rouge
avec la garance; je vais la donner (a).

(a) Ce que dit l'Auteur ſur le mêlange de parties
jaunes & de parties rouges dans la garance, ainſi que
ſur la nature de cette ſubſtance colorante, n'eſt qu'une
hypothèſe. Il paroît ſimplement qu'outre les parties

N°. V I.

Rouge de garance.

Par cette méthode pour préparer **1** liv. de drap, on diffout dans de l'eau chaude **5** onces

---

rouges, elle contient, comme la plupart des autres racines, des parties qui colorent en fauve, mais qui se diffolvent moins facilement.

Lorfqu'on fait bouillir le drap avec l'alun, ce sel eft décompofé, l'alumine ou l'argile qui lui fert de bafe fe combine avec le drap, & fert enfuite de moyen d'union entre les parties colorantes & le drap ; mais comme cette décompofition eft lente, & qu'elle eft le réfultat d'affinités foibles, il eft à propos de tenir quelque tems le drap humide, pour qu'elle puiffe s'opérer peu-à-peu. On ne fait qu'indiquer ici les principes qu'on fe propofe de développer dans un autre ouvrage.

Si l'on n'employoit dans la préparation du drap que du tartre, ou tout autre fel acide, l'on n'auroit qu'une couleur de noifette ou de fauve clair, parce que les parties rouges font diffoutes par les acides, de manière que leur couleur difparoît, & qu'il ne refte que la couleur propre à toutes les racines fur laquelle les acides n'ont pas la même action.

La couleur rouge de la garance, en fe combinant avec l'oxigène, ou bafe de l'air vital, paffe au jaune, comme on s'en affure par le moyen de l'acide muriatique oxigéné ; mais lorfqu'elle eft combinée avec la

d'alun, & 1 once de tartre. Lorſque ce bain commence à bouillir on y met le drap, & on l'y fait bouillir pendant 1 à 1 ½ heure, on le laiſſe repoſer 24 heures dans le bain devenu froid.

On prépare le bain de teinture ſuivant : on met 10 onces de garance dans un vaiſſeau de bois, & on fait bouillir 5 onces de tartre dans une chaudière ſuffiſamment remplie d'eau; quand le tartre eſt diſſous, on y ajoute 5 onces de diſſolution d'étain, on remue bien le tout, & on verſe cette diſſolution par-deſſus la garance contenue dans un vaiſſeau de bois. On remue le tout pendant quelques minutes, & on y met le drap préparé, qu'on ne retire du bain de mordant que pour lui donner le tems de s'égoutter, on le paſſe dans ce bain de garance pendant ½ heure par le moyen d'un tour. On le laiſſe enſuite refroidir pendant 24 heures dans le bain de garance même. On met enſuite 5 onces de garance dans un vaiſſeau de bois ſemblable au précédent, on verſe deſ-

---

baſe de l'alun, & que par ſon moyen elle eſt fixée à une ſubſtance, elle eſt beaucoup moins diſpoſée à s'unir avec l'oxigène, & par-là elle eſt beaucoup plus ſolide.

Quelques teinturiers mêlent à la garance un peu de noix de galle, par exemple, un huitième de ſon poids.

fus de l'eau bouillante, on la remue pendant
quelques minutes & on y met la même pièce
de drap. Avant que de la fortir du premier
bain, on l'en retire & on l'y replonge quelquefois, puis on la laiffe égoutter ; on la met enfuite dans le deuxième bain chaud , dans lequel on la remue pendant $\frac{1}{2}$ heure, on la laiffe
refroidir comme dans le premier pendant 24
heures, on l'en retire enfin & on la lave avec
foin ; le drap prend une couleur rouge agréable , qui eft un peu plus clair que le rouge
ordinaire , & qui tire un peu fur le jaunâtre.

Obfervation.

Jufqu'à préfent on n'a pas fait ufage de ce
procédé pour teindre avec la garance. Celui
qui défirera de fe convaincre de l'avantage
qu'il y a de teindre de cette manière, n'a qu'à
en faire l'effai avec une pièce de drap du poids
de 5 à 6 liv., & obferver exactement tout ce
qui eft preferit, il fe perfuadera qu'on fait un
rouge plus agréable , que celui qu'on obtient
par le procédé ordinaire. Comme la garance
n'a pas befoin de bouillir par cette méthode,
j'ai preferit des vaiffeaux de bois. Il en faut
avoir deux, un contenant le premier bain
compofé de tartre, de diffolution d'étain, &

de garance ; & l'autre contenant le bain préparé avec la garance feule : ils doivent être
tous les deux de bois de fapin, & on ne doit
les faire fervir à d'autre ufage, fi l'on veut
que la teinture réuffiffe bien. Plus fouvent on
s'en fert, mieux le drap s'y teint & plus la
couleur eft agréable. Il faut avoir foin de remuer le bain auffitôt que le tartre eft diffous
dans l'eau bouillante, & qu'on y a mêlé la
diffolution d'étain, de même que quand on a
verfé ce mélange de diffolution fur la garance,
afin de faire ceffer le bouillonnement. Après
cela il n'y a plus qu'à remuer le tout pendant
quelques minutes, & à y mettre le drap. Mais
il eft néceffaire de l'y paffer pendant $\frac{1}{2}$ heure
entière, afin que la couleur le pénétre également dans toute fon étendue, & qu'il foit
expofé à l'air à mefure qu'on le paffe ; j'ai remarqué, que cela rendoit la couleur plus
vive & plus agréable. Il faut, après cela, le
laiffer fe refroidir & repofer dans le bain, par-
là les parties colorantes fe fixent plus étroitement & plus folidement dans les filamens de
la laine. Il faut obferver la même chofe à l'é-
gard du fecond bain compofé de garance
feule. Chaque fois qu'on a teint dans ces vaiffeaux de bois, il faut les bien nettoyer & les
couvrir pour les conferver propres.

N°. VII.

Rouge ordinaire avec le bois rouge, ou le fernambouc.

Pour 1 liv. de drap on prépare un bain avec 6 onces d'alun & 1 once de tartre. Lorsque le bain bout, & que les sels sont bien dissous, on y ajoute 2½ onces de dissolution d'étain, on remue bien le tout, & on y met le drap qu'on y fait bouillir pendant 1 heure. On le remonte ensuite sur le tour, on le laisse égoutter & refroidir.

Voici le bain de teinture : on fait bouillir pendant 1 heure, 10 onces de fernambouc en copeaux dans un sac de toile, & 15 onces d'alun dans une chaudière convenablement remplie d'eau. Après cela on retire le sac de copeaux, on y met le drap préparé & on l'y fait bouillir pendant 1 heure ; on le remonte ensuite, on le laisse refroidir, & on le lave exactement ; il y a pris une bonne couleur rouge foncée à-peu-près semblable au beau rouge de brique bien cuite, mais beaucoup plus agréable que le rouge de brique ordinaire.

On met une deuxième pièce de drap préparé comme pour le n°. 1. dans le restant de
ce

ce bain, qu'on remplit avec de l'eau chaude,
on l'y fait bouillir pendant 1 heure. Le drap
y prend une couleur encore plus agréable, que
la précédente, & qui tire fur le rouge d'é-
carlate.

Observation.

Le bois de Bréfil contient, comme je l'ai
fait connoître dans le deuxième volume de mes
Effais & Remarques, page 15, une fubftance femblable à la réfine, unie à des parties falines
& vifqueufes, laquelle fe diffout dans l'eau
par leur moyen, & lui communique une couleur rouge de rubis. Lorfqu'on fait bouillir dans
cette diffolution du drap non préparé, mais
fimplement humecté d'eau, il y prend une couleur rouge de cerife & foncée, que l'air change
beaucoup, & rend même brune. Si l'on met
de l'alun dans la décoction de fernambouc, le
bain devient rouge de feu ou rouge jaune,
& rouge vif fi on y met de la diffolution d'étain.
Ces variations occafionnées par l'alun & la
diffolution d'étain m'ont donné l'idée de préparer le bain indiqué au n°. 7, avec du fernambouc & de l'alun pour opérer en grand. Ordinairement on fait bouillir le fernambouc avec
de l'eau feule, & on laiffe repofer le jus qui
en provient, jufqu'à ce qu'il foit épaiffi, & qu'il

D

file comme un vin gras. Alors on y fait bouillir du drap ou de l'étoffe préparée avec de l'alun & du tartre. Mais il m'a paru qu'on parvenoit plus facilement à son but, lorsqu'on faisoit d'abord bouillir le fernambouc avec de l'alun, & qu'on teignoit ensuite le drap préparé dans ce bain. La couleur rouge, qu'on obtient de cette manière, a un aspect tout-à fait agréable, mais elle n'a ni la solidité, ni la beauté des couleurs rouges produites avec la cochenille ; on peut cependant la porter paffablement long-tems avant qu'elle perde beaucoup de fa couleur. La quantité de 10 onces de fernambouc, & de 15 onces d'alun employée pour la composition du bain de teinture, au premier abord paroît être trop confidérable. Mais comme j'ai prescrit d'y teindre une deuxième pièce de drap, elle n'eft pas trop grande. Outre cela fi on veut, on peut, après avoir teint la deuxième pièce, tirer parti du reftant du bain, qui contient encore des parties teignantes.

A l'égard du bain de teinture, & de la teinture même, j'ai dit, qu'on devoit faire bouillir avec l'alun les copeaux de fernambouc après les avoir mis dans un fac, & l'en retirer pour y teindre le drap. Mais il eft un peu plus avantageux d'y laiffer le fac de copeaux, & de le charger convenablement de poids pour qu'il ne gêne point le paffage du drap ; j'ai remarqué, que la couleur devenoit de cette manière plus faturée & même plus folide , que quand les copeaux étoient retirés du bain. Si l'on veut tirer tout l'avantage qu'un femblable bain peut procurer , on y teint en premier lieu une pièce de drap préparé avec de l'alun , du tartre & de la diffolution d'étain , enfuite une deuxième pièce fimplement préparée avec du tartre & de la diffolution d'étain ; car l'expérience m'a appris qu'on faifoit de cette façon une couleur rouge encore plus agréable , qui a même l'afpect de l'écarlate , mais qui lui cède cependant en vivacité & en beauté.

Si on prépare 1 liv. de drap avec 5 onces d'alun & 1 once de tartre en le faifant bouillir pendant 1 heure, & repofer 48 heures dans le bain de mordant devenu froid , & qu'on le faffe enfuite bouillir pendant 1 heure dans un bain de teinture compofé de 10 onces de fernambouc , & de 10 onces d'alun, il y prendra une couleur femblable à celle du n°. 7, mais elle fera un peu plus foncée. Si on fait bouillir dans le reftant du bain une deuxième pièce de drap préparé comme pour le n°. 1, il y prendra une couleur rouge , qui tirera fur une efpèce de cramoifi , & qui fera très-agréa.

D ij

ble. Ce changement de nuance eft occafionné
tant par la préparation du drap , que par la plus
petite quantité d'alun employé dans le bain;
on fera encore une autre nuance de rouge de
cette efpèce en compofant un bain parfaitement égal à celui qu'on vient d'indiquer , fi
le drap , au lieu d'être préparé avec de l'alun,
l'eft avec de la diffolution d'étain & du tartre,
& qu'on y faffe bouillir une pièce de drap d'a-
bord pendant 1 heure , & enfuite une deuxième
pièce préparée de la même façon auffi pendant 1 heure. Par ce procédé on fera de nouveau deux différentes nuances , dont la première tirera fur le rouge clair cramoifi , & l'autre fur le rouge de brique , elles feront cependant toutes les deux très-agréables , & différentes des précédentes. Si l'on veut faire encore d'autres nuances, on n'a qu'à compofer
diverfement le bain de mordant avec de l'a-
lun , du tartre & de la diffolution d'étain , &
mettre plus ou moins d'alun dans le bain
de teinture; de cette manière on fera tantôt
des couleurs rouges plus claires , tantôt de
plus foncées. Il faut cependant ne pas prodiguer le tartre , fans cela on feroit des couleurs rouges plus brunes , ou tout-à-fait brunes,
& des couleurs tirant fur la couleur orange;
au contraire en diminuant l'alun on fait tou-

jours des couleurs rouges, dont les nuances peuvent être rendues à son gré plus ou moins claires en ajoutant plus ou moins de tartre & de diffolution d'étain.

L'addition la plus favorable pour les bains de fernambouc, c'eft l'alun ; il eft de même le meilleur ingrédient pour la préparation du drap, parce que par fon moyen on fait des couleurs rouges non-feulement très-agréables, mais auffi affez folides ; au contraire les autres fels, tels que le fel marin & le fel ammoniac, occafionnent un tel changement dans les fila-mens du drap, lorfqu'on en fait ufage pour la préparation, que quoiqu'il prenne des cou-leurs rouges agréables dans les bains de tein-ture, compofés d'alun & de fernambouc, elles réfiftent peu à l'air, & elles ne fe foutiennent pas à beaucoup près fi long-tems, que celles dont le drap a été préparé avec de l'alun. Il faut auffi faire attention, en faifant ufage de la diffolution d'étain, qu'elle procure bien des couleurs agréables, mais peu folides ; cepen-dant fon ufage eft avantageux, lorfqu'on l'em-ploie avec modération pour la préparation du drap avec du tartre ou de l'alun. Il faut auffi remarquer que lorfqu'on s'en fert pour le mor-dant, la préparation réuffit mieux dans une chaudière d'étain, que dans une de cuivre, &

qu'on fait alors des couleurs rouges plus agréables. Si l'on obferve exactement le tout, & qu'on faffe de la manière prefcrite, tant la préparation des bains de mordant, que celle des bains de teinture, on fera certainement avec le fernambouc des couleurs rouges, qui ferviront avantageufement, quoiqu'elles ne foient pas très-folides.

N°. VII

Rouge avec la garance & le fernambouc.

Pour cette couleur, on peut préparer le drap avec du tartre & de la diffolution d'étain, comme pour le n°. 1, & préparer le bain de teinture pour 1 livre de drap, avec 4 onces de garance, 4 onces de copeaux de fernambouc enfermés dans un fac, & 8 onces d'alun qu'on fait bouillir enfemble ; on met enfuite dans ce bain le drap préparé ; après l'y avoir fait bouillir pendant 1 heure, on l'en retire, on le laiffe refroidir, & on le lave exactement; il y prend une couleur rouge plus foncée que celle du n°. 6.

Obfervation.

Le mélange du fernambouc avec la garance

paroît très-avantageux , parce que par ce
moyen on fait une couleur rouge encore un
peu plus folide que celle du n°. 6. — Elle
tire néanmoins un peu fur le brun , & elle
n'eſt pas ſi claire que les couleurs rouges
produites avec le fernambouc ſans garance ,
mais elle peut fervir utilement. On peut varier ce mélange de différentes manières ; par
exemple , on peut préparer le drap avec de
l'alun feul, ou avec de l'alun & du tartre, &
compoſer les bains de teinture de 2 parties
de fernambouc, & feulement 1 partie de garance. De cette manière on fera diverfes nuances de rouge aſſez agréables. Il faut feulement
faire attention de ne pas mettre plus de garance que de fernambouc, fans cela les couleurs feront plus brunes, elles pourront cependant fervir, mais on ne parviendroit pas à fon
but, ſi l'on vouloit faire des couleurs rouges
avec ce mélange. En ce cas, il ne faudroit
mettre uniquement que de l'alun dans le bain
de teinture ; les autres ingrèdiens, tels que le
tartre & la diffolution d'étain, rendent la couleur plus brune que rouge.

D iv

DEUXIÈME CLASSE.

Des Couleurs rouges jaunes, ou jaunâtres.

On met dans ce nombre les couleurs rouges de brique, & les rouges de feu. On fait ces deux espèces principalement avec la cochenille & avec la garance, ou avec le mélange des deux, quoique ces couleurs soient proprement produites par le mélange du rouge & du jaune, & qu'il ne soit question dans cette section que des couleurs primitives; cependant comme on peut se les procurer des substances qui colorent en rouge, par l'intermède de certains sels, sans le mélange des substances qui colorent en jaune, j'ai cru qu'il étoit à propos de faire connoître quelques préparations, par lesquelles on peut faire de semblables couleurs.

N°. IX.

Rouge jaunâtre avec la cochenille.

Pour cette couleur, on prépare le drap comme pour le n°. 1.

A. Pour 1 livre de drap, on compose le bain de teinture de $2\frac{1}{2}$ onces de cochenille, $2\frac{1}{2}$ onces de tartre, & de 10 onces de dissolution d'étain. Quand il bout, on y met & fait bouillir le drap préparé, pendant 1 heure, & on le traite pour le surplus, comme il est prescrit au n°. 1; il y prend une couleur rouge jaunâtre qui est agréable.

B. On remplit le bain avec de l'eau chaude, & on y fait bouillir aussi pendant 1 heure une deuxième pièce de drap, préparée de la même manière; le drap y reçoit une couleur rouge plus foible, qui tire sur le rouge de brique, & qui est agréable.

C. On remplit encore avec de l'eau chaude, & on fait bouillir pendant $1\frac{1}{2}$ à 2 heures une troisième pièce de drap de même préparation; le drap y prend une couleur semblable au bol d'Arménie.

Observation.

Si l'on compare ce bain de teinture avec celui du n°. 4, on verra qu'ils font tous les deux composés de cochenille & de tartre en même proportion, mais qu'il est entré le double de dissolution d'étain dans le bain du n°. 9, ce qui a occasionné un tel changement, que la couleur qui en résulte tire sur le jaune & approche des couleurs de feu.

Si l'on compose le bain de teinture de $2\frac{c}{7}$ onces de cochenille, 10 onces de tartre & de 5 onces de diffolution d'étain, en fe conformant au procédé prefcrit pour le n°. 9, on pourra auffi teindre 3 pièces de drap, dont la première fera d'une couleur rouge jaunâtre, qui fera encore plus vive que la couleur *A* du n°. 9. La deuxieme fera d'une couleur rouge de brique agréable, comme la couleur *B* du n°. 9, mais plus pâle. La troifième fera teinte d'une couleur très-pâle, & encore plus pâle que la couleur *C* du n°. 9, à laquelle elle reffemblera d'ailleurs. Dans ce bain il y a moins de diffolution d'étain, mais il y a beaucoup plus de tartre, qui relève davantage la couleur; cette propriété le rend utile (*a*) pour les mêlanges.

N°. X.

Couleur de feu avec la garance.

Pour cette couleur on prépare le drap comme pour le n°. 1. Pour 1 livre de drap on prépare un bain de teinture avec $2\frac{1}{2}$ onces de garance dans un vaiffeau de bois, & on fait

---

(*a*) C'eft une pratique connue de quelques teinturiers, que d'ajouter un peu de compofition au bain de garance; quelques autres font leur garançage dans une fuite de l'écarlate ou du pourpre, ou du violet, & par-là ils obtiennent une plus belle couleur.

bouillir dans une chaudière pleine d'eau 10
onces de tartre; quand il est diffous, on y
ajoute 10 onces de diffolution d'étain, on remue bien le tout & on fait bouillir pendant
quelques minutes. On verfe enfuite cette liqueur dans le vaiffeau de bois contenant la garance; on remue bien ce mélange dans le vaiffeau de bois, on y met le drap préparé, &
on le paffe dedans pendant demi-heure par le
moyen du tour; on le laiffe enfuite refroidir &
repofer pendant 24 heures dans ce même bain
de garance, après quoi on l'agite dans le bain
froid, on l'en retire & on nettoie le vaiffeau,
dans lequel on met derechef 5 onces de garance, fur laquelle on verfe uniquement de
l'eau chaude; on remue bien. On remet enfuite
la même pièce de drap dans ce bain chaud de garance, on l'y paffe encore demi-heure, comme
dans le premier; on l'y laiffe refroidir & repofer
pendant 24 heures; on la retire enfin, & on
la lave exactement. Le drap prend une couleur
rouge de feu jaunâtre.

Observation.

Ce procédé a beaucoup de rapport avec
celui dont il a été fait mention au n°. 6, mais
il en diffère en ce que la préparation du drap

pour cette couleur fe fait avec du tartre & de
la diffolution d'étain, & que celle du n°. 6 fe
fait avec de l'alun & du tartre. Outre cela il
entre beaucoup plus de tartre & de diffolution
d'étain dans le bain de garance du n°. 10, que
dans celui du n°. 6; cela relève beaucoup la
couleur, & la difpofe à recevoir des nuances
plus jaunâtres. On doit d'ailleurs obferver tout
ce qui eft prefcrit pour le n°. 6, fi ce n'eft
qu'on n'a pas befoin de deux vaiffeaux de bois
comme pour le n°. 6, mais qu'on peut faire le
deuxième bain de garance dans le même vaiffeau dans lequel le premier bain avec le tartre
& la diffolution d'étain a été préparé.

TROISIÈME CLASSE.

Des Couleurs rouges, qui tirent fur le bleuâtre.

Les couleurs qui compofent cette claffe fur-
paffent le nombre de celles qui font contenues
dans les deux claffes précédentes. Différentes
efpèces de cramoifi, fleur de pêcher, lilas
rofe & couleur de chair, peuvent être
rangées parmi les rouges qui tirent plus ou
moins fur le bleuâtre. La plus grande partie de
ces couleurs, & ce font les meilleures & les
plus folides, fe font avec la cochenille; on peut

cependant en faire quelques unes avec le fernambouc, qui ne cèdent pas à celles qui font
produites avec la cochenille, mais elles ne font
pas, à beaucoup près, fi folides; cependant
elles peuvent être employées très-utilement.

N°. X I.

Cramoifi.

Pour cette couleur, on prépare le drap en
en faifant bouillir 1 livre dans un bain compofé de 5 onces d'alun pendant une heure &
demie à deux heures; on le retire enfuite, on
le met dans un vaiffeau de bois, on verfe par-
deffus un peu de la diffolution d'alun qui étoit
dans le bain, & on le laiffe repofer 24 heures.

A. On compofe le bain de teinture de 5 on-
ces de cochenille & de $2\frac{1}{2}$ onces de tartre dans
une chaudière d'étain; lorfqu'il bout, on y
ajoute 10 onces de diffolution d'étain, on remue bien le tout; on y met & fait bouillir le
drap préparé pendant trois quarts-d'heure à 1
heure. On le remonte fur le tour, on le laiffe
égoutter dans la chaudière, & quand il eft refroidi, on le lave exactement; il a pris une belle
couleur cramoifi foncée.

B. On remplit le reftant du bain avec de l'eau

chaude, on y fait bouillir pendant une heure
une deuxième pièce de drap de même préparation, & on la traite pour le reste comme la précédente. Le drap prend une couleur rouge cramoisi presqu'encore plus foncée que la précédente, & qui tire sur le bleuâtre.

On peut encore teindre quelques pièces de
drap dans le reste du bain, les couleurs seront
différentes.

C. On remplit avec de l'eau chaude, & on
fait bouillir pendant une heure une troisième
pièce de drap de même préparation ; on la traite
comme les précédentes. Elle sera teinte d'une
belle couleur de fleur de pêcher.

D. Une quatrième pièce de même préparation, traitée comme les précédentes, prend une
couleur lilas rougeâtre.

E. Une cinquième pièce prend aussi une semblable couleur lilas, mais plus pâle que la précédente.

F. On ajoute 5 onces de tartre & 5 onces de
dissolution d'étain dans le restant du bain ; quand
il bout on y met une sixième pièce de même
préparation, on la traite d'ailleurs comme les
précédentes. Elle y prend une très-vive couleur de rose, à-peu-près semblable à la couleur
des roses rouges des haies.

G. On remplit enfin avec de l'eau chaude,

& on met une feptième pièce de drap préparée
avec $2\frac{1}{2}$ onces d'alun & 4 gros de diffolution
d'étain ; on la fait bouillir pendant une heure
& demie , & on la traite pour le furplus comme
les autres. Elle prend une belle couleur de rofe
un peu plus haute que la couleur des rofes
naturelles.

Obfervation.

Quand on veut teindre avec de la cochenille
en couleur rouge cramoifi, l'alun eft le prin-
cipal ingrédient pour remplir fon objet. Pour
le procédé du n°. 11 , le drap a été préparé avec
de l'alun feul, mais le bain de teinture a été
préparé avec de la cochenille, du tartre & de
la diffolution d'étain, en même proportion
qu'on en emploie pour compofer un bain pour
teindre en couleur écarlate. Puifqu'un pareil
bain communique une couleur écarlate au drap
préparé avec du tartre & de la diffolution d'é-
tain , & une couleur cramoifi au drap préparé
avec l'alun feul, il eft évident que l'alun produit cette différence. On peut conduire l'opération de diverfes manières , mais on fera toujours différentes nuances de cramoifi ou d'autres
nuances de cette efpèce de rouge bleuâtre. La
quantité de cochenille , de tartre & de diffolution d'étain prefcrite pour le n°. 11 , feroit

trop confidérable fi l'on ne vouloit teindre qu'une pièce de drap ; mais j'ai reconnu que la méthode de préparer un bain pour y teindre fucceffivement plufieurs pièces de drap étoit avantageufe ; j'ai prefcrit ce bain pour l'avantage de ceux qui defireroient teindre de cette manière. La première pièce fortie de ce bain eft teinte d'une belle couleur rouge cramoifi foncé, d'ailleurs très-bonne & très-folide. La deuxième pièce eft bien teinte en rouge cramoifi, mais elle diffère de la première, & tire beaucoup fur le bleuâtre ; cela provient des parties d'alun contenues dans le drap, qui fe font répandues dans le bain, & qui ont changé les parties teignantes de la cochenille, & conféquemment produit une autre nuance. La troifième pièce, qui eft d'une belle couleur de pêcher, eft dans le même cas, & elle prouve de même que la quatrième & cinquième pièce, qui font des couleurs lilas, que le bain de teinture devient toujours plus foible. Mais il faut confidérer que les troifième, quatrième & cinquième pièces préparées avec de l'alun, ont toujours communiqué de plus en plus des parties alumineufes au bain, de forte que les parties teignantes de la cochenille ont été par-là en quelque façon affoiblies ; ce qui eft prouvé par la nouvelle activité que le bain acquiert par

l'addition

l'addition du tartre & de la diſſolution d'étain, quoiqu'on y eût déjà teint 5 pièces de drap, car une ſixième pièce y prend alors une couleur beaucoup plus exaltée que celle des troiſième, quatrième & cinquième pièces. Une ſeptième prend même une couleur plus forte que celle de ces dernières.

N°. XII.

Cramoiſi.

On fait bouillir 1 livre de drap pendant une heure avec 2½ onces de ſel marin, & on le laiſſe repoſer 24 heures dans le bain devenu froid. On prépare le bain de teinture avec 1 once de cochenille, 2 gros de tartre & 2 onces de diſſolution d'étain. On y fait bouillir le drap préparé avec le ſel pendant 1 heure, & on le traite à l'ordinaire. Il prend une couleur brune rougeâtre.

Quand le drap eſt lavé, on le met dans une cuve d'eau, dans laquelle on a préalablement diſſous 6 gros de potaſſe & 6 gros de ſel ammoniac ; on y laiſſe le drap pendant 24 heures ; pendant ce tems on le retourne & remue quelquefois dans ce bain. On l'en retire enfin, & on le lave. Il prend de cette façon une couleur rouge cramoiſi, qui tire ſur le bleuâtre &

E

qui est entièrement différente des couleurs *A* & *B* du n°. 11.

Observation.

C'est un procédé usité dans la teinture de mettre quelquefois une étoffe teinte dans une cuve d'eau, dans laquelle on a dissous de la potasse. La potasse, comme on sait, est un sel alkali qui attaque vivement la laine animale, & qui la ronge & détruit tout-à-fait lorsqu'elle s'y introduit en quantité. A l'égard des couleurs, la potasse a la propriété de les rendre sombres & un peu mates ; par conséquent quand on veut mettre une pièce de drap ou d'étoffe teinte dans une dissolution de potasse, il faut faire attention de ne mettre que peu de potasse, de crainte qu'elle n'attaque & ne ronge la laine. 1 livre de potasse sur 200 à 300 livres d'eau change les couleurs sans ronger ni attaquer la laine. Plus on met d'eau, plus l'âcreté de la potasse est modérée, & moins les couleurs deviennent sombres ; mais plus il y a de potasse, plus les couleurs deviennent sombres.

Pour obtenir la couleur cramoisi du n°. 12, on a fait usage de potasse & de sel ammoniac. Le sel ammoniac est un sel neutre formé d'alkali volatil & d'acide marin. Quand on fait dissoudre dans de l'eau de la potasse mêlée avec du fel ammoniac, la potaffe s'unit avec l'acide marin contenu dans le fel ammoniac, & dégage par-là l'alkali volatil, lequel attaque alors la couleur du drap, & la change en couleur rouge cramoifi. Mais comme il fe trouve dans cette diffolution encore quelques parties de potaffe libres, elles coopèrent à l'effet, & il réfulte delà une nuance de rouge cramoifi, différente de celle qu'on auroit eu avec la potaffe feule. L'on voit combien l'on peut varier les nuances, foit en changeant les proportions de potaffe & de fel ammoniac, foit en modifiant le bain de teinture ou la préparation du drap. On en va donner quelques exemples.

N°. XIII.

Cramoifi.

On fait bouillir 1 liv. de drap préparé comme pour le n°. 1, pendant 1 heure dans un bain de teinture préparé avec 1 once de cochenille, & 5 onces de vinaigre. Il prend une couleur rouge d'écarlate, qui tire un peu fur le jaunâtre.

Si l'on met ce drap teint en rouge après l'avoir lavé, dans une diffolution froide de potaffe préparée à cet effet, & qu'on l'y laiffe

E ij

pendant 24 heures, il y prendra un belle couleur rouge cramoifi.

Obfervation.

Cette eau alkaline ou diffolution de potaffe, dont on fait ufage confifte en 20 liv. d'eau environ, & en 1 ½ once de potaffe, qui a été préalablement diffoute avec de l'eau chaude, filtrée à travers un linge, & mêlée dans une plus grande quantité d'eau froide. La couleur rouge cramoifi ainfi obtenue eft d'un afpeét agréable, & tire fur le rouge d'amaranthe. Lorfque le bain de teinture eft préparé avec du vinaigre, il en réfulte une autre nuance d'écarlate, que fi on y avoit employé du tartre & de la diffolution d'étain ; conféquemment il doit auffi en réfulter une nuance particulière de cramoifi, lorfqu'on foumet à l'action de l'eau alkaline un drap teint d'un femblable rouge d'écarlate.

N°. XIV.

Cramoifi.

1 liv. de drap qu'on fait bouillir avec 3 onces de fel marin, 3 onces d'alun, & qu'après avoir laiffé repofer 24 heures dans ce bain de mordant devenu froid, l'on fait encore bouillir

pendant 1 heure dans un bain de teinture compoſé d'une once de cochenille, 2 gros de tartre,
& 2 onces de diſſolution d'étain, prend une
couleur rouge cramoiſi, qui eſt encore toute
différente de la couleur du nᵒ. 13 , & qui eſt
un peu plus claire.

Obſervation.

On peut faire cette nuance de rouge cramoiſi ſans traiter avec de la potaſſe, le drap qui
a été teint en écarlate. Il ne s'agit que de préparer le drap avec du ſel marin & de l'alun.
Cette préparation produit un changement dans
les filamens du drap, qui ne ſeroit point ſur-
venu, ſi l'on avoit employé à ſa préparation
de l'alun ſans ſel marin , ou du ſel marin ſans
alun. Le même bain communique une couleur écarlate au drap préparé avec du tartre
& de la diſſolution d'étain. L'alun employé
dans cette préparation du drap fait principalement que la couleur devient rouge cramoiſi,
cependant le ſel marin y contribue auſſi en
quelque choſe, car ſans lui la couleur auroit
été différente.

E iij

N°. X V.

Cramoifi.

1 liv. de drap préparé comme pour le n°. 1, & bouilli dans un bain pareil à celui de teinture du n°. 1, & mis enfuite pendant 24 heures dans une diffolution de potaffe, y prend une couleur rouge cramoifi très-agréable & femblable à celle du n°. 13, mais un plus claire.

N°. X V I.

Cramoifi.

1 liv. de drap bouilli pendant une bonne heure dans un bain de mordant préparé avec $3\frac{3}{4}$ onces d'alun, & $2\frac{1}{2}$ onces de tartre, & repofé pendant 24 heures dans le bain devenu froid, & enfin bouilli pendant $1\frac{1}{2}$ heure dans un bain de teinture compofé d'une once de cochenille fans autre ingrédient, prendra une couleur rouge cramoifi clair qui fera très-agréable. Si on met ce drap pendant 24 heures dans un bain froid compofé de 20 liv. d'eau, $1\frac{1}{2}$ once de fel ammoniac, & $1\frac{1}{2}$ once de potaffe, la couleur deviendra un peu plus foncée, & par ce moyen on aura une nuance particulière de rouge cramoifi.

Observation.

La cochenille feule ne donneroit au drap qu'une couleur de fleurs de pêcher foible & peu folide, s'il n'avoit été préparé convenablement; il ne fuffit pas de compofer le bouillon avec l'alun, il faut que ce fel foit mêlé avec le tartre. On peut rendre le cramoifi plus foncé par une plus grande quantité de potaffe & de fel ammoniac, mais alors il eft plus mat & il a moins d'éclat.

Je me fuis apperçu qu'il étoit très-avantageux de laiffer repofer le drap au moins pendant 24 heures dans le bain de mordant devenu froid : il n'eft pas même nuifible de l'y laiffer pendant deux ou trois jours, & de ne l'en retirer & faire égoutter que quand on veut le mettre dans le bain de teinture : par-là les parties falines pénétrent mieux le drap & y fixent mieux les parties colorantes de la cochenille.

N°. XVII.

Cramoifi.

A. 1 liv. de drap préparé comme pour le n°. 16, bouilli pendant 1 heure dans un bain de teinture compofé d'une once de cochenille,

E iv

2 gros de tartre, & de 2 onces de diſſolution d'étain, prend une belle couleur rouge cramoiſi, plus claire que les précédentes.

B. Le drap teint de cette manière en repoſant pendant 24 heures dans un bain de diſſolution de potaſſe & de ſel ammoniac, comme il eſt preſcrit au n°. 16, prend une couleur un peu plus foncée ; elle ſera cependant plus claire que les précédentes, & elle en différera.

Obſervation.

Si le drap eut été préparé avec du tartre ſeul ou du tartre & de la diſſolution d'étain, il auroit pris une couleur écarlate ; l'alun eſt donc la cauſe qui l'a fait paſſer au cramoiſi. Si l'on n'avoit employé que l'alun pour la préparation du drap comme pour le n°. 11, on auroit encore une couleur différente. On voit donc qu'en combinant différemment ces ingrédiens on peut obtenir un grand nombre de nuances dont on peut encore augmenter la variété par le moyen de la potaſſe & du ſel ammoniac (*a*).

(*a*) On peut varier de différentes manières les procédés dont on fait uſage pour le cramoiſi, ſelon les nuances que l'on veut obtenir, & ſelon d'autres cir-

N°. XVIII.

Cramoisi avec le fernambouc.

A. 1 liv. de drap préparé comme pour le n°.
1, & bouilli pendant 1 heure dans un bain de

---

constances qui peuvent faire donner la préférence à
une méthode fur une autre également bonne.

Les fubftances alkalines, & quelques fels neutres,
principalement ceux à bafe terreufe, ont la propriété
de foncer la couleur de l'écarlate, de la *rofer*, & de
la faire paffer au cramoifi; ainfi l'on peut commencer
par teindre en écarlate, après cela on la fait paffer au
cramoifi, par le moyen d'un bain qui tienne en diffolution plus ou moins de l'une des fubftances que l'on
vient de nommer, felon la nuance que l'on defire; de
forte que pour obtenir une couleur plus rembrunie,
telle que le foupe au vin, l'on n'a qu'à augmenter la
dofe de ces ingrédiens; lorfqu'il eft arrivé quelqu'accident dans la teinture de l'écarlate, on la fait paffer
ainfi au cramoifi.

Si l'on fe fert d'un mélange de potaffe & de fel
ammoniac, la potaffe décompofe le fel ammoniac ou
muriate d'ammoniaque, & en dégage l'alkali volatil ou
ammoniaque, comme le remarque l'Auteur. Hellot
avoit obfervé cet effet, & avoit obtenu par ce moyen
des nuances de cramoifi fort belles. Il avertit que le
bain ne doit pas être trop chaud.

Le fel marin a auffi la propriété de rofer l'écarlate,

teinture compofé de 6 onces de fernambouc, & 6 onces d'alun, prend une couleur rouge tirante fur le cramoifi.

B. Le même drap tenu dans un bain froid

& l'on s'en fert depuis long-tems pour cet objet en Languedoc, felon le témoignage de Hellot.

Les eaux qui tiennent des fels terreux en diffolution, ont, en raifon de ces fels, la propriété de donner une nuance de cramoifi à l'écarlate, de forte que lorfque les eaux qu'on emploie font de cette nature, il faut diminuer la quantité des ingrédiens propres à produire le cramoifi, felon la quantité de fels terreux qu'elles contiennent.

Dans la teinture du cramoifi, on ne fe fert jamais, comme dans celle de l'écarlate, de fubftances jaunes, qui ne font deftinées qu'à donner une couleur de feu à l'écarlate.

Au lieu de faire paffer les draps teints en écarlate dans un nouveau bain, on peut commencer par les imprégner de fubftances qui donnent à la cochenille la teinte de cramoifi ; c'eft ce que l'Auteur preferit. On peut auffi mettre l'alun dans le bouillon au lieu de tartre, ou bien compofer le bouillon comme pour l'écarlate, & donner enfuite un bain avec l'alun, avant de paffer à la rougie.

Pour obtenir le foupe au vin qui ait un œil rougeâtre, tel qu'on l'aime dans le Levant, on fait la bruniture, en paffant dans un bain d'orfeille l'étoffe teinte dans un bain d'écarlate, ou dans une fuite d'écarlate.

de potaſſe, après avoir été lavé, prendra en y ſéjournant 24 heures, une belle couleur rouge cramoiſi, qui ſera un peu foncée.

Obſervation.

Quoique les couleurs rouges cramoiſi faites avec le fernambouc ne ſoient pas ſi ſolides, que celles de la cochenille, elles peuvent cependant ſervir. D'après le procédé n°. 18, on fait par l'intermède de la potaſſe une couleur rouge cramoiſi qui eſt très-agréable, quoiqu'elle ne ſoit pas du nombre des couleurs claires. On l'obtient en mettant 20 livres d'eau ſur $1\frac{1}{2}$ once de potaſſe, cette quantité eſt ſuffiſante pour procurer une pareille nuance. Si on en met davantage la nuance ſera encore plus foncée, mais elle ne ſera pas ſi agréable; au contraire ſi on en met moins, par exemple, 1 once, ou $\frac{1}{2}$ once ſeulement, elle ſera plus claire, & en même tems très-agréable.

N°. XIX.

Cramoiſi avec le fernambouc.

A. 1 livre de drap préparé avec 5 onces d'alun & 1 once de tartre, & bouilli pendant 1 heure dans un bain de teinture compofé comme celui du n°. 18, prend une couleur rouge foncée, qui tire fur le rouge de brique foncé.

B. Ce drap prend en féjournant pendant 24 heures dans un bain froid de potaffe, une très-belle couleur rouge cramoifi, qui eft un peu foncée, mais plus claire que la couleur *B* du n°. 18.

C. Le même drap *A* en féjournant 24 heures dans un bain froid de diffolution de potaffe & de fel ammoniac, prend une autre nuance de rouge cramoifi, qui eft beaucoup plus claire que celle des couleurs *B* du n°. 18, & de *B* du n°. 19.

Obfervation.

Par la préparation du drap avec l'alun & le tartre on fait de bonnes couleurs rouges avec le fernambouc, qui peuvent très-bien fervir, elles font un peu plus foncées & plus nourries que celles qu'on obtient, lorfque le drap eft préparé avec de l'alun, du tartre & de la diffolution d'étain, ou avec de la diffolution d'étain & du tartre fans alun.

On peut varier les nuances par différentes proportions des ingrédiens, & encore par l'action de la potaffe & du fel ammoniac, qu'on peut employer en différentes quantités avec le drap qui a été teint (*a*).

N°. XX.

Gris de lin avec la cochenille.

Les couleurs qu'on nomme communément gris-de-lin font des couleurs bleuâtres qui tiennent le milieu entre les couleurs cramoifi & les couleurs lilas bleuâtres. Lorfqu'on en fait la comparaifon avec les couleurs rouges cramoifi, elles tirent vifiblement fur le bleu; mais fi on les compare avec les couleurs rouges bleuâtres,

---

(*a*) Les procédés qui viennent d'être décrits ont de l'analogie avec celui par lequel on obtient une couleur qui a été fort à la mode , & qu'on nomme *prune de Monfieur* ; mais au lieu de fe fervir directement de l'acide muriatique pour diffoudre l'étain , on obtient cette diffolution en mêlant l'étain en limaille avec le fel marin , & une proportion convenable d'acide fulfurique ou vitriolique. Cette opération eft analogue à celle dont on fe fert actuellement pour former l'acide muriatique oxigéné , par le moyen du manganèfe , du fel marin & de l'acide fulfurique ; mais il y a quelques circonftances connues de peu de perfonnes dans la diffolution d'étain , opérée de cette manière , qui la rendent beaucoup plus propre à procurer de belles couleurs.

telles que font les lilas, elles tirent plus qu'elles
sur le rouge. Comme elles forment une nuance
particulière des couleurs rouges bleuâtres, on
leur a aussi donné un nom particulier, & on
les a nommées du nom françois gris-de-lin,
quoique la plus grande partie de ces couleurs
ne puisse être comparée à celle des fleurs du
lin, qui sont bleuâtres & qui n'ont rien de rouge.
On fera cette espèce de couleur en se conformant aux procédés suivans.

On prépare 1 livre de drap en le faisant bouillir pendant 1 heure dans un bain de mordant
composé de $2\frac{1}{2}$ onces de sel marin, & en le
laissant 48 heures dans le bain devenu froid.

On compose le bain de teinture de 10 gros
de cochenille & de 4 gros de sel ammoniac.
Quand le bain bout, on y met le drap préparé
avec le sel marin, on l'y fait bouillir pendant
1 à $1\frac{1}{4}$ heure. Ensuite on le retire & on le
lave proprement; il y prend une couleur bleuâtre & rougeâtre, laquelle ressemble beaucoup
aux fleurs rougeâtres & bleuâtres des girof-
fliers.

Observation.

Le sel ammoniac développe les parties de la
cochenille, comme je l'ai fait observer dans le
deuxième volume de mes *Essais & Remarques*;

p. 253, & les difpofe à fervir à la teinture, de manière que par fon intermède on peut faire diverfes couleurs rouges cramoifi très-avantageufes, même des couleurs qui tirent fur le pourpre & d'autres nuances, fuivant la préparation donnée au drap, & les proportions de la cochenille & du fel ammoniac. Le fel marin, comme je viens de l'indiquer, agit fortement fur la cochenille, de forte qu'en l'employant on peut faire des couleurs lilas rougeâtres tirant fur le bleu, qui pourront très-bien être d'ufage; elles feront cependant un peu pâles, & différentes des couleurs faites avec le fel ammoniac. Comme le drap a été préparé avec du fel marin pour la couleur du n°. 20, & que le bain de teinture a été compofé avec de la cochenille & du fel ammoniac, il en réfulte une couleur d'une nuance particulière, qui diffère des couleurs pour lefquelles le drap a été préparé avec du fel ammoniac & le bain de teinture avec du fel marin; elle paroît bleuâtre tirant fur le rouge, & elle approche de la couleur de quelque efpèce de giroflées. Si on met plus de fel ammoniac, par exemple, parties égales de cochenille & de fel ammoniac, ou 1 partie de cochenille & 2 parties de fel ammoniac, la couleur deviendra toujours plus foncée & plus rouge, de forte qu'elle ne reffemblera plus à la

couleur des giroflées, mais elle formera plutôt
une espèce de cramoisi, ou tirera tout-à-fait sur
le pourpre. On a déjà averti plus d'une fois
qu'on doit exactement observer les justes proportions entre la substance teignante & les autres ingrédiens, pour parvenir aux couleurs
qu'on se propose de faire.

N°. X X I.

Couleurs de giroflées bleuâtres, tirant sur le rouge.

On fait bouillir pendant une heure 5 onces
de plâtre ou de gyps calciné, qu'on a soin de
ne mettre dans la chaudière que lorsque l'eau
est plus que tiède; après cela on y met 1 livre
de drap, préalablement bien trempé dans l'eau
tiède, on le fait bouillir pendant une heure
dans un bain de mordant composé de plâtre,
& on l'y laisse reposer 24 heures lorsqu'il est
devenu froid.

A. On compose le bain de teinture de 1 once
de cochenille & de 4 gros de tartre; quand il
commence à bouillir, on y met & on y fait
bouillir pendant une heure le drap préparé avec
le plâtre, ensuite on le retire & on le traite à
l'ordinaire; il y prend une couleur rougeâtre
tirant

tirant fur le bleu, encore un peu plus foncée
que celle du n°. 20.

B. On fait féjourner pendant 24 heures le
drap teint *A* dans un bain froid de potaffe ; il
y prend une couleur différente de la couleur
A, encore plus foncée & plus agréable.

Obfervation.

Le plâtre eſt un fel compofé de terre cal-
caire & d'acide vitriolique. Lorſqu'on le fait
bouillir dans l'eau, il s'y diffout preſqu'entièrement, à moins qu'il n'ait été trop calciné,
ce qu'il faut éviter. Il n'a point l'âcreté & la
cauſticité qu'on doit redouter dans la chaux.

J'ai fait voir dans mes Effais & Remarques
qu'il peut non-feulement procurer des nuances
particulières de couleur, mais auffi les confolider. On ne doit pas craindre qu'il y ait du
plâtre en excès, parce que fes parties qui ne
font pas combinées avec le drap s'enlèvent facilement par le lavage, fans endommager la couleur, qui paroît même plus confolidée par cet
excédent. On peut encore foncer la couleur
par le moyen de la potaffe employée comme
on l'a expliqué plus haut.

F

N°. XXII.

Lilas bleuâtre rougeâtre.

Comme il y a deux efpèces de lilas, favoir une bleue rougeâtre, & l'autre rouge bleuâtre, on diftingue auffi deux efpèces de couleurs lilas dans la teinture, l'une fe nomme lilas bleuâtre, & l'autre lilas rougeâtre. La première, qui eft le lilas bleuâtre, peut fe faire de la manière fuivante.

On prépare 1 livre de drap avec du plâtre, comme il eft prefcrit pour le n°. 21. On compofe le bain de teinture de 1 once de cochenille, dans lequel on fait bouillir pendant une heure le drap préparé avec du plâtre; il y prend une couleur qui reffemble à celle du lilas bleuâtre.

B. Le drap *A* acquiert, en féjournant 24 heures dans un bain de diffolution de potaffe, une couleur encore plus bleuâtre, & qui reffemble plus au lilas bleuâtre.

Obfervation.

La production de cette couleur ne laiffe plus aucun doute fur l'action du plâtre; car fi on fait bouillir dans un femblable bain du drap simplement humecté d'eau, il n'y prend qu'une couleur lilas pâle rougeâtre, tandis que la couleur du n°. 22, pour laquelle le drap a été préparé avec du plâtre, prend une couleur bleue rougeâtre, qui diffère considérablement de celle dont le drap n'a été qu'humecté d'eau, parce que celle-ci périt bientôt à l'air, tandis que l'autre est passablement solide. Au surplus, si l'on met aussi un peu de plâtre dans le bain de teinture, par exemple, 1 partie sur 2 parties de cochenille, on fera non-seulement une couleur plus saturée, mais aussi plus solide. Il n'y a donc plus de doute que le plâtre n'opère & qu'il ne puisse servir utilement.

N°. XXIII.

Lilas rougeâtre.

Pour cette couleur, on prépare 1 livre de drap en le faisant bouillir pendant une heure dans un bain fait avec 4 onces de plâtre & 4 onces de sel marin, & reposer 48 heures dans le bain devenu froid.

On compose le bain de teinture avec 1 once de cochenille, on y met au commencement de l'ébullition le drap préparé avec du plâtre & du sel marin; on l'y fait bouillir pendant 1 heure, & on le traite à l'ordinaire. Il prend une couleur rougeâtre femblable aux lilas rougeâtres.

Obſervation.

Le mêlange du ſel avec le plâtre change le bain, de ſorte que les filamens laineux du drap, auquel il a ſervi de préparation, changent les parties colorantes de la cochenille, & les rendent plus claires & plus rougeâtres, à cauſe de la propriété du ſel qu'ils retiennent. Voilà la raiſon pour laquelle la couleur eſt différente de celle du n°. 22, & un peu moins bleuâtre.

N°. XXIV.

Lilas rougeâtre.

On fait bouillir pendant demi-heure 2$\frac{1}{2}$ onces de plâtre dans une chaudière convenablement pleine d'eau, on y ajoute enſuite 2$\frac{1}{2}$ onces de diſſolution d'étain; après avoir bien remué le tout, on y met 1 livre de drap, qu'on y fait bouillir pendant une heure, & repoſer 24 heures dans le bain devenu froid.

On prépare un bain de teinture avec 1 once de cochenille; lorſqu'il bout on y met le drap, & on l'y fait bouillir pendant une heure; il y prend une couleur rougeâtre, qui eſt agréable.

Observation.

Ce procédé fait connoître qu'on peut employer la diffolution d'étain avec le plâtre pour la préparation du drap, & faire par ce moyen une autre nuance d'une couleur lilas rougeâtre. Car cette couleur diffère de celle du n°. 23, en ce qu'elle eft plus claire & qu'elle tire plus fur le rouge. Si on met dans le bain de teinture de la diffolution d'étain & du tartre, on fera, à la vérité, des couleurs bleuâtres rougeâtres très-agréables & beaucoup plus faturées, mais elles ne feront plus au nombre des couleurs lilas, elles tiendront le milieu entre les lilas & les couleurs de fleurs de pêcher, & elles feront regardées comme des couleurs particulières d'une nuance très-agréable. Voici comment on les fait.

N°. XXV.

Couleurs rouges bleuâtres.

On prépare 1 livre de drap avec du plâtre, comme il eft preferit pour le n°. 21.

On compofe le bain de teinture avec 1 once de cochenille & 4 gros de tartre, dans une chaudière d'étain convenablement remplie d'eau.

Quand il commence à bouillir, on y verfe 2 onces de diffolution d'étain ; on remue bien le tout ; on met le drap préparé avec du plâtre dans ce bain, & on l'y fait bouillir pendant une heure, enfuite on le retire, on l'évente & on le lave. Il prend une couleur rougeâtre qui tire fur le bleuâtre, & qui eft très-agréable.

Obfervation.

Cette couleur n'eft ni du nombre des rouges cramoifi, ni des lilas, ni de celui des couleurs de fleurs de pêcher, mais elle forme une nuance tout-à-fait particulière & unique. Si on peut la comparer à la couleur d'une fleur des champs, connue communément fous le nom de nielle, & que les botaniftes nomment *lychnis fegetum*, ou *agroftema githago*, *Linn.*, elle lui reffemble beaucoup, mais elle paroît encore plus agréable. Comme les ingrédiens, tels que la cochenille, le tartre & la diffolution d'étain, qu'on a mis dans le bain de teinture, font dans la même proportion que pour un bain d'écarlate, il eft certain que c'eft le plâtre employé à la préparation du drap, qui a occafionné la production de cette couleur. Cependant la fubftance colorante de la cochenille, développée par le tartre & la diffolution d'étain, y a contribué en quel-

que chofe; car fi l'on compare la couleur du
n°. 25 à celle *A* du n°. 22, qui eft fortie d'un
bain de cochenille fans autre ingrédient, on ne
trouvera aucune reffemblance entr'elles.

N°. XXVI.

Couleurs rouges bleuâtres.

1 livre de drap préparé avec du plâtre & du
fel marin, comme pour le n°. 23, & bouilli dans
un bain femblable à celui du n°. 25, prend
une couleur rougeâtre, qui tire fur le bleuâtre
& qui eft agréable.

Obfervation.

Cette couleur reffemble beaucoup à celle du
n°. 25, mais elle eft beaucoup plus claire. La
raifon de cette différence vient de la différente préparation du drap, car les deux draps
fortent d'un bain de même compofition; mais
celui du n°. 25 a été préparé avec du plâtre feul,
tandis que pour le n°. 26 il a été préparé avec
du plâtre & du fel; il eft conféquemment indubitable que les parties du plâtre unies au fel
font caufe de cette variété. Les deux couleurs
font agréables, & on peut les faire avantageufement en grand.

F iv

N°. XXVII.

Couleurs de fleurs de pêcher.

On donne ce nom aux couleurs qui reſſemblent aux fleurs rouges bleuâtres du pêcher. Comme il exiſte diverſes nuances de fleurs de pêcher, & que les unes ſont plus vives, les autres au contraire plus pâles en couleur, il y a auſſi diverſes nuances des couleurs de ce nom. L'art de la teinture les imite par les procédés ſuivans :

Pour 1 livre de drap on prépare un bain de mordant avec 12 ½ onces de vinaigre & 5 onces d'alun ; quand il commence à bouillir, on y met le drap, qu'on y fait bouillir pendant 1 heure, & ſéjourner 24 heures dans le bain devenu froid.

A. On compoſe le bain de teinture de 1 once de cochenille ſeule, & on y fait bouillir le drap précédent, préparé pendant 1 heure. On le retire enſuite, on le laiſſe refroidir & on le lave ; il y prend une couleur rouge bleuâtre, ſemblable aux fleurs de pêcher.

B. Ce drap, mis dans un bain froid de potaſſe, prend une couleur plus claire, ſemblable aux rouges pâles fleurs de pêcher.

C. Mais fi on le met pendant 24 heures dans un bain froid de potaffe & de fel ammoniac, il prend une couleur moins pâle, cependant un peu plus claire que la couleur *A.*

Obſervation.

Le vinaigre atténue & diffout mieux les parties de la cochenille que l'alun, ainfi que je l'ai fait voir dans le fecond volume de mes Effais, p. 254 ; delà vient qu'elle communique des couleurs plus foncées & plus folides, & dans le cas préfent, fi le drap n'avoit été préparé qu'avec l'alun, il n'auroit pris, dans un bain compofé feulement de cochenille, qu'une couleur pâle de lilas.

Nº. XXVIII.

Couleurs de fleurs de pêcher.

1 livre de drap bouilli pendant 1 heure avec 3 onces de plâtre & 3 onces d'alun, repofé 48 heures dans le bain devenu froid, & enfin bouilli pendant 1 heure dans un bain de teinture compofé de 1 once de cochenille, prend une couleur rougeâtre *A,* qui reſſemble beaucoup aux belles fleurs de pêcher rouges.

B. Cette couleur *A*, laiffée pendant 24 heures dans un bain froid de diffolution de potaffe, comme la couleur *B* du n°. 27, deviendra plus pâle, & femblable aux fleurs de pêcher d'un rouge pâle.

Obfervation.

En préparant le drap avec du plâtre & de l'alun, on fait encore des nuances particulières de couleurs de fleurs de pêcher, différentes des couleurs *A*, *B*, *C*, du n°. 27. — Si on prépare le drap avec du fel marin & de l'alun, ou avec de l'alun & de la diffolution d'étain, & qu'on le faffe bouillir dans un bain compofé de cochenille feule, on fera encore d'autres nuances de couleurs de fleurs de pêcher, dont celles pour lefquelles le drap aura été préparé avec de l'alun & de la diffolution d'étain, feront les plus pâles, elles feront cependant tout-à-fait agréables.

N°. XXIX.

Couleurs de fleurs de pêcher.

A. On prépare 1 livre de drap comme pour le n°. 20, avec du plâtre & de l'alun, & on le fait bouillir pendant 1 heure dans un bain de teinture, composé de 1 once de cochenille, & de 4 gros de tartre ; on le traite pour le surplus à la manière ordinaire ; il prend une très jolie couleur de fleurs de pêcher.

B. Ce drap étant lavé avec soin, & ensuite tenu pendant 24 heures dans un bain froid de dissolution de potasse, conserve bien sa couleur primitive, mais elle devient un peu plus foncée.

Observation.

Le tartre développe un peu les parties colorantes de la cochenille, de sorte qu'elles se fixent plus abondamment & plus profondément dans les filamens du drap, préparé avec le plâtre & l'alun ; mais elles sont un peu changées par les parties du plâtre & de l'alun qui sont contenues dans le drap, & qui se mêlent en partie dans le bain de teinture, & y occasionnent quelque changement ; d'où résulte une couleur rouge plus claire qu'elle n'est, lorsque le drap est préparé avec du tartre, & teint dans un bain composé de cochenille & de tartre, qui lui communique une couleur plus saturée & presqu'écarlate.

En le traitant avec la potasse, comme on l'a dit plusieurs fois, la couleur *A* du n°. 29 devient un peu plus foncée que la couleur *B* du n°. 29, ce qui n'arrive pas aux couleurs *B*, *C* du n°. 27, & *B* du n°. 28, que la potasse rend plus claires & plus pâles ; mais il faut faire attention que le bain prescrit pour le n°. 29 est composé de cochenille & de tartre, tandis que ceux des n°s 27 & 28 sont préparés avec de la cochenille seule.

Toutes ces couleurs de fleurs de pêcher sont agréables, sur-tout les deux dernières, & il n'est pas douteux que l'on ne puisse encore faire plusieurs nuances de ces couleurs, en employant encore d'autres ingrédiens dans les bains de teinture ; mais il faut toujours se servir de plâtre ou d'alun pour préparer le drap. Par exemple, on peut composer un bain de teinture comme pour le n°. 1, & y teindre du drap préparé avec du plâtre & du sel marin, il prendra une belle couleur de fleurs de pêcher d'une nuance particulière.

N°. X X X.

Couleurs de rose.

On nomme ainsi les couleurs qui ressemblent aux couleurs des roses rouges naturelles. Il y a différentes nuances parmi les couleurs des roses naturelles, mais elles se réduisent

toutes à être les unes d'une couleur plus vive,
& les autres d'une couleur plus pâle. Par
exemple, une rofe ordinaire de jardin bien
ouverte, a une très-belle couleur rouge pâle
dans les feuilles extérieures de la fleur, mais
plus rouge & plus vive dans les feuilles intérieures. Parmi les rofes des haies, il y en a
quelques-unes qui ont une couleur de rouge
foncé, mais toutes les couleurs des rofes tirent
généralement un peu fur le bleuâtre, quelques-unes plus, les autres moins. Les couleurs
de rofe que reçoit le drap à la teinture, font
également de diverfes nuances ; de forte que
les unes font plus pâles, & les autres plus
vives. On peut les faire par plufieurs préparations, comme on le verra par les procédés
fuivans :

On prépare 1 livre de drap, en faifant diffoudre 6 gros d'alun & 6 gros de tartre dans
une chaudière ; quand ce bain eft bouillant,
on y verfe 4 gros de diffolution d'étain, on
remue bien le tout, & on y fait bouillir le
drap pendant 1 heure, & repofer pendant 24
heures dans le bain devenu froid.

A. On compofe le bain de teinture de 2 $\frac{1}{2}$
gros de cochenille, 1 gros de tartre, & de
2 gros de diffolution d'étain ; dès qu'il
commence à bouillir, on y met le drap

préparé; on l'y fait bouillir pendant ¼ d'heure, & on le traite à l'ordinaire ; il y prend une couleur rouge pâle de rose.

B. Si on compose le bain de teinture de 4 gros de cochenille, 2 gros de tartre, & 4 gros de dissolution d'étain, & qu'on y fasse bouillir pendant 1 heure 1 livre de drap de même préparation, il y prendra une couleur rouge de rose pâle, mais elle sera un peu plus vive que la couleur *A* du n°. 30.

C. Si le bain de teinture est composé de 5 gros de cochenille, 2 gros de tartre, & 1 gros de dissolution d'étain, & qu'on y fasse bouillir pendant 1 heure 1 livre de drap préparé de même , il y recevra une couleur encore un peu plus vive que celles de *A*, *B* du n°. 30, mais néanmoins encore rouge de rose pâle.

D. Si l'on prépare le bain de teinture avec 10 gros de cochenille , 4 gros de tartre, & 2 gros de dissolution d'étain, le drap de même préparation, bouilli dedans pendant 1 heure, prendra une couleur de rose vive, & qui ressemble à celle des feuilles intérieures d'une rose ouverte.

Observation.

Les quatre couleurs de rose indiquées proviennent bien d'une même préparation du drap,

& toutes également de bains de teinture ,
préparés avec de la cochenille , du tartre &
de la diffolution d'étain ; mais comme la proportion de ces ingrédiens eft variée à l'égard
de tous , il a néceffairement dû en réfulter
différentes nuances : le bain pour A du n°. 30
contient 2 ½ gros de cochenille ; celui pour B
du n°. 30 , 4 gros ; celui pour C du n°. 30 ,
5 gros ; & celui de D du n°. 30 , 10 gros.
On voit par-là pourquoi la première couleur
eft la plus pâle , & la dernière la plus faturée
& la plus vive. Comme les deux dernières
ont été faites avec les mêmes proportions d'ingrédiens , avec cette différence qu'elles ont été
doublées pour la dernière , on conçoit aifément pourquoi elle eft la plus haute , puifqu'elle a reçu plus de parties de teinture que
les autres.

La différente proportion du tartre & de la
diffolution d'étain eft auffi pour quelque chofe
dans la diverfité de ces nuances , comme on
peut s'en affurer en comparant les proportions
de ces fubftances qui ont été employées , &
les nuances qui ont été produites dans chaque
opération.

On peut encore faire d'autres efpèces de
rouges rofes , & des couleurs plus faturées ,
en variant les préparations du drap , de même

que les bains de teinture, & aussi en traitant
le drap déjà teint d'une façon particulière,
comme le feront connoître les préparations
suivantes.

N°. XXXI.

Rouges roses d'autres nuances.

On prépare le drap comme pour le n°. 1.

Pour 1 livre de drap, on compose un bain
de teinture de 5 gros de cochenille, 2 gros
de tartre, & 1 gros de dissolution d'étain ; le
drap bouilli dedans pendant 1 heure, prend
une couleur de rose foncée, à-peu-près semblable aux feuilles intérieures d'une rose de
jardin ouverte.

Observation.

Le bain de teinture pour cette couleur est
le même que celui de la couleur *C* du n°. 30,
qui diffère entiérement de celle-ci, & qui est
beaucoup plus pâle. Conféquemment c'est la
préparation du drap, faite avec du tartre &
de la dissolution d'étain, qui procure une couleur plus saturée.

N°.

N°. XXXII.

Couleur de rose.

1 liv. de drap qu'on prépare avec 2 ½ onces
d'alun & 2 ½ onces de diffolution d'étain, & qu'on
fait bouillir pendant ¼ d'heure dans un bain de
teinture compofé d'une once de cochenille , 2
gros de tartre , & 2 onces de diffolution d'étain ,
prend une couleur de rofe fort vive.

Observation.

Cette couleur eft encore un peu plus faturée & plus exaltée que la couleur du n°. 31 ,
& elle fort d'un bain de teinture égal à celui
de la couleur écarlate du n°. 1. C'eft donc
l'alun employé à la préparation du drap pour
la couleur du n°. 32 , qui fait qu'elle n'a pas
été rouge d'écarlate , mais d'un rofe vif &
agréable.

N°. XXXIII.

Couleurs de rose.

On prépare 1 liv. de drap en le faifant bouillir pendant 1 heure dans un bain compofé de
3 ⅞ onces d'alun , & de 2 ½ onces de tartre , &

G

féjourner pendant 48 heures dans le bain devenu froid.

A. On compofe un bain de teinture d'une
once de cochenille, de 3 onces d'alun, de 2
gros de tartre, & de 2 onces de diffolution
d'étain, le drap préparé & bouilli dans ce bain
pendant 1 heure, prend une couleur de rofe
foncée.

B. Si on met ce drap teint dans un bain d'a-
lun tiéde, & qu'on l'y laiffe pendant 24 heures,
la couleur deviendra encore plus foncée.

Obfervation.

L'alun employé tant dans le bain prépara-
toire que dans celui de teinture contribue beaucoup à la production des deux couleurs, & il
eft caufe que les nuances du rofe font plus
foncées. Le bain tiéde dans lequel on a fait
féjourner la couleur *B* du n°. 33, a été
compofé de 20 liv. d'eau, & de 1 ½ once
d'alun, & la couleur a été tellement changée
dans ce bain, qu'elle devient encore plus foncée que la couleur *A* du n°. 33 ; mais elles font
toutes deux plus foncées que la couleur du
n°. 32.

· Pour terminer la fection des couleurs rouges
il faut que je prefcrive encore une recette,

au moyen de laquelle on peut faire diverfes nuances d'un même bain, lefquelles pourront toutes être d'un ufage avantageux.

N°. XXXIV.

Couleurs rouges de diverfes nuances.

On prépare 1 liv. de drap avec du tartre & de la diffolution d'étain comme pour le n°. 1.

A. On compofe un bain de teinture avec 2 $\frac{1}{2}$ onces de cochenille, 2 $\frac{1}{2}$ onces de tartre, & 5 onces d'alun, le tout dans une chaudière d'étain convenablement remplie d'eau ; quand le bain commence à bouillir, on y verfe 10 onces de diffolution d'étain, on le remue bien, & on y fait bouillir pendant $\frac{1}{2}$ à $\frac{3}{4}$ d'heure 1 liv. de drap préparé avec du tartre & de la diffolution d'étain. Enfuite on le retire, on le laiffe égoutter, & on le lave ; il prend une couleur rouge, qui tire fur l'incarnat.

B. On remplit le bain avec de l'eau chaude, & on y fait bouillir pendant $\frac{1}{2}$ heure une deuxième pièce de même poids, & de même préparation, on la traite pour le furplus comme la première. Le drap prend une couleur beaucoup plus rouge & plus agréable que celle de *A* du n°. 34; elle tire fur le rouge cramoifi clair.

C. On remplit encore le bain avec de l'eau chaude , & on y fait bouillir une troifième pièce de même poids & de même préparation pendant ½ heure , on la traite d'ailleurs comme les précédentes ; elle prend une belle couleur de cramoifi clair.

D. Le bain étant encore rempli , on y fait bouillir pendant environ 1 heure une quatrième pièce de drap , qu'on traite comme les autres , elle en fort teinte d'un très - joli rofe vif.

E. On remplit enfin encore une fois le bain, & on y fait bouillir pendant 1 heure une cinquième pièce de drap de même poids & préparation que les précédentes, & on la traite à l'ordinaire , elle prend une belle couleur de chair.

Obfervation.

On fait par ce procédé , qui n'eft pas en ufage, quoique certainement très-avantageux , cinq couleurs, prefque différentes ; un rouge qui tire fur l'incarnat , deux diverfes nuances de rouge cramoifi clair, un très-joli rofe, & une belle couleur de chair. On doit attribuer à la quantité d'alun employé dans le bain de

teinture la caufe principale de cette diverfité
de nuances , quoique le tartre & la diffolution d'étain employés tant dans le bain de
mordant que dans celui de teinture , y contribuent auffi ; fans la proportion prefcrite des
ingrédiens pour le bain de teinture , & la
préparation du drap avec du tartre & de la
diffolution d'étain , on ne pourroit obtenir les
couleurs indiquées. Quand on fait attention
qu'il eft entré dans ce bain autant de cochenille , de tartre & de diffolution d'étain ,
que dans un bain d'écarlate , il eft clair , que
le bain a été tellement changé par l'alun, qu'on
a employé en même tems, qu'il ne peut plus
communiquer une couleur écarlate , ni aucune
autre nuance de cette couleur, comme on les
auroit obtenues en teignant plufieurs pièces de
drap dans un bain d'écarlate.

La première de ces cinq couleurs eft tout-à-
fait différente des autres , & en la comparant
avec les deux fuivantes qui font une efpèce
de cramoifi , elle paroît être plus foible en
teinture & moins nourrie, quoiqu'elle forte d'un
bain tout frais , & qui contient encore toutes les
parties teignantes de la cochenille. Mais il faut
confidérer , que le bain contient auffi encore
toute la quantité de l'alun , qui modère la
force du bain en retenant en quelque façon

les parties colorantes de la cochenille dans l'inaction, comme je l'ai déjà fait remarquer à l'égard de quelques bains compofés d'alun & de cochenille.

Il paroît auffi que la première pièce de drap enlève une quantité affez confidérable de l'alun au bain de teinture, ce qui change la nature du bain; de plus la deuxième pièce de drap y répand encore pendant l'ébullition quelques parties de tartre & de diffolution d'étain, lefquelles remplacent en quelque façon ce que la première pièce en a confommé ; les parties colorantes de la cochenille tenues dans l'inaction par l'alun fe développent & deviennent plus actives, ce qui eft caufe, que la couleur rouge qui en réfulte, eft plus faturée & plus foncée que la couleur *B* du n°. 34.

Les parties alumineufes paroiffent avoir été encore diminuées davantage par la deuxième pièce de drap, tandis que les parties teignantes de la cochenille paroiffent être devenues plus actives par le tartre & la diffolution d'étain, que leur a communiqué la troifième pièce de drap, de forte qu'elle prend une couleur rouge cramoifi claire, mais très-nourrie & agréable. Il en feroit de même des quatrième & cinquième pièces, fi la quantité des parties teignantes de la cochenille n'avoient pas été trop

affoiblies par les trois premières pièces. Malgré cela la quatrième pièce reçoit une couleur de rofe vif, qui comparée aux couleurs
B, C du n°. 34, eft plus foible qu'elles, quoique
ce foit encore une couleur riche. La cinquième
nuance qui eft une couleur de chair, eft la plus
foible de toutes, quoiqu'elle foit affez foncée
pour fon efpèce.

Ainfi il paroît par ce procédé, que la partie
colorante de la cochenille eft en quelque manière augmentée & ranimée par les parties de
fels, qui s'y mêlent fucceffivement, de forte
que par cette méthode on peut réellement teindre plus de drap que fi l'on ne teignoit qu'une
feule pièce dans un bain de teinture. De cette
manière on fait fur-tout une couleur de chair
très-agréable, qui feroit difficilement auffi naturelle par un autre procédé. Mais pour faire
ces couleurs, il faut néceffairement, que le
drap préparé avec le tartre & la diffolution
d'étain féjourne 24 heures dans le bain prépara-
toire devenu froid, & qu'on ne l'en tire que
peu avant qu'on veut le mettre dans le bain
de teinture; pour cela on le laiffe fimplement
égoutter afin de le mettre encore humide
dans le bain de teinture, puifque c'eft cette
circonftance qui y fait répandre la quantité
de tartre & de diffolution d'étain qui pro-

viennent des parties superflues adhérentes au
drap, & qui sont nécessaires pour lui communiquer une nouvelle force & lui donner de l'activité. Pour faire ces couleurs il faut aussi avoir
soin de ne pas faire bouillir les trois premiè-
mières pièces beaucoup plus de $\frac{1}{2}$ heure chacune, de crainte qu'elles ne deviennent trop
foncées, & qu'elles n'enlèvent au bain les parties colorantes nécessaires pour les couleurs
suivantes.

Celui qui exécutera ce procédé en grand,
doit avoir soin de donner la préparation avec
le tartre & la dissolution d'étain à cinq pièces
de drap chacune, par exemple, du poids de
16 livres ; je lui conseille de faire bouillir les
pièces séparément, en mettant pour chacune
$1\frac{3}{4}$ liv. de tartre & $1\frac{3}{4}$ liv. de dissolution
d'étain ; il sera très-satisfait de ce procédé qu'il
trouvera très-avantageux pour le prix & qui
lui donnera plusieurs couleurs & nuances très-
agréables.

J'observerai relativement aux couleurs de
chair qu'on a appelées ainsi par la ressemblance
qu'elles doivent avoir avec la chair d'une personne en bonne santé, qu'elles doivent être
rougeâtres & tirer un peu sur le bleu ; &
comme il y a quelques couleurs lilas rougeâtres,
qui ne diffèrent pas beaucoup de la couleur

de chair , on pourroit faire une couleur de
chair en compofant un bain de teinture un
peu plus foible que celui qui communique au
drap une couleur lilas rougeâtre. Par exemple,
le bain de teinture du n°. 23, compofé d'une
once de cochenille fans autre ingrédient, qui
communique au drap préparé avec du fel marin & du plâtre, une couleur lilas rougeâtre,
peut fervir pour faire une couleur de chair;
fi, au lieu d'une once de cochenille , on n'en
met que 4 gros dans le bain , & fi le drap qu'on
y teint eft préparé avec du fel marin & du
plâtre ; car de cette manière le drap recevra
moins de parties teignantes, & conféquemment
la couleur fera plus claire; mais ces efpèces
de couleurs pâles ne font pas des couleurs folides, c'eft pour cela qu'on les applique moins
au drap qu'à la foie , d'autant plus qu'elles réuffiffent mieux fur la foie que fur la laine. Cependant la couleur E du n°. 34 fait une belle couleur de chair fur le drap, quoiqu'on ne puiffe
pas la regarder comme une couleur bien folide. Si on défire avoir plus de nuances de la
couleur de chair , on n'a qu'à compofer les
bains de teinture de parties égales de cochenille, de tartre & de potaffe, ou de parties égales
de cochenille, d'alun & de potaffe, & y faire
bouillir du drap préparé avec du tartre & de

la diſſolution d'étain, par ce procédé on fera
diverſes nuances de couleur de chair ſur-tout
en mettant encore un peu moins de cochenille
que d'alun & de potaſſe, ou que de tartre &
de potaſſe. Dans ces bains l'âcreté de la potaſſe
n'eſt pas dangereuſe, parce qu'elle eſt changée &
modifiée par le mélange de l'alun ou du tartre;
l'alun & le tartre ſont eux-mêmes modifiés par
la potaſſe, de manière que les parties colorantes de la cochenille éprouvent elles-mêmes
un changement, & en ce nouvel état elles
communiquent ſimplement au drap des couleurs rougeâtres telles que ſont les couleurs
de chair (a).

(a) L'on va rappeler ſuccinctement les principaux
procédés qui ſont en uſage pour les couleurs dans leſquelles entrent la cochenille & la garance.

Il y a des couleurs qui ne diffèrent que par une
nuance plus foible; il y en a d'autres qui diffèrent
d'une couleur principale par une nuance étrangère qui
la modifie.

Les premières s'obtiennent, ſoit en employant les ingrédiens en moindre proportion, ſoit en ſe ſervant des
bains de teinture qui ſont déjà affoiblis par une première opération.

Ainſi l'on obtient des écarlates claires & des couleurs de feu, en diminuant un peu la proportion de
la cochenille; mais pour les fleurs de grenades, les

SECONDE SECTION.

Du jaune.

Le jaune eft la deuxième des couleurs primitives, elle mérite être de ce nombre parce

---

langouftes, les jujubes & les orangés, on ajoute encore
des quantités plus ou moins grandes de fuftet.

On fait les jonquilles, chamois, biche, &c. fur le
bouillon ou fur la rougie d'écarlate, en y ajoutant du
fuftet, de la compofition, quelquefois du tartre en quantités différentes, felon les nuances qu'on veut obtenir :
quand on en defire qui tirent plus fur la couleur d'or,
on y ajoute un peu de garance.

On peut faire les cerifes à la fuite d'une rougie
d'écarlate, à laquelle on ajoute de la compofition & du
tartre : on fait enfuite une rougie avec le tiers environ
de la cochenille qu'on emploie pour l'écarlate, & quatre
fois fon poids de compofition, & pour le rofe on peut
fe fervir de la fuite du cerife avec une rougie, ou
l'on fait entrer de la compofition, du tartre & un peu de
cochenille : enfin la couleur de chair peut s'obtenir à
la fuite d'une rougie, pourvu qu'on ne laiffe bouillir
que très-peu de tems ; on peut la faire auffi à la fuite
des violets, en y ajoutant un peu de compofition.

Outre les couleurs où la cochenille peut être regardée
comme la partie qui domine, il y en a d'autres qui
réfultent du mélange de deux couleurs principales ;
ainfi le bleu & le rouge de la cochenille, ou plutôt le

qu'elle ne peut être produite par le mélange
de deux ou de plufieurs fubftances colorantes,
ni être décompofée en deux ou en plufieurs
couleurs particulières. Il y a différentes efpèces
de jaunes, tels que le jaune d'or, le jaune
d'œufs, le jaune citron, le jaune de foufre,
le jaune de paille, &c., lefquels peuvent fe
réduire en trois claffes, favoir le jaune foncé,

cramoifi, donnent felon leurs différentes combinaifons,
le pourpre, l'amaranthe, le violet, la penfée, le lilas,
le mauve, le gris de lin, &c., comme on le verra plus
particulièrement dans la fuite de ce traité.

On commence toujours par teindre en bleu plus ou
moins foncé, felon la couleur que l'on veut obtenir;
enfuite l'on fe fert du procédé indiqué pour le cramoifi. Mais à la rougie, on n'ajoute point de compofition. On paffe les draps teints en bleu de ciel ou en
bleu plus clairs, qui font deftinés pour les lilas ou les
nuances inférieures dans la fuite des violets, en y
ajoutant de l'alun & du tartre en plus ou moins grande
quantité, felon l'objet qu'on fe propofe.

Du mélange du bleu & du rouge de garance fe forment la couleur de roi, le minime, l'amaranthe obfcur,
& l'on ajoute pour les nuances foncées, la noix de
galle & le fernambouc.

L'on obtient des couleurs plus belles fi l'on fubftitue
le kermès à la garance; quelquefois auffi l'on mêle avec
cette fubftance 1 partie de cochenille, & l'on forme
ainfi les demi-écarlates & les demi-cramoifis.

le jaune clair, & le jaune pâle ; mais il faut diviser les claffes relativement aux fubftances colorantes par lefquelles les couleurs jaunes font produites, & faire connoître dans chaque claffe les efpèces de couleurs jaunes, & leurs préparations. En conféquence la première claffe fera formée des couleurs jaunes produites avec la gaude ; la deuxième, de celles produites avec la farrette ; la troifième, avec la génef-trole ; la quatrième, avec les camomilles ; la cinquième, avec la molêne ou bouillon blanc ; la fixième, avec le fénugrec ; la feptième, avec le bois jaune , & la huitième avec le curcuma ; on trouvera féparément les procédés par lefquels on extrait des couleurs jaunes de ces fubftances.

PREMIÈRE CLASSE.

Couleurs jaunes avec la gaude.

La gaude, *refeda luteola*, *Linn.* eft une plante qu'on cultive particulièrement en France ; elle eft compofée de parties réfino-terreufes, comme je l'ai fait voir dans le troifième volume de mes Effais & Remarques, page 1 jufqu'à la 10 ; ces parties doivent être confidérées comme le réfervoir de la matière proprement colorante , mais elles font en même tems alliées à des

parties falino-terreufes & vifqueufes. Si on traite
la gaude avec des diffolutions falines, elle leur
communique fa fubftance colorante, & c'eft
ce qui la rend fur tout propre à donner à la
laine, au coton & à la foie des couleurs
bonnes & folides. L'on va indiquer les préparations les plus avantageufes pour les bains
de mordant & ceux de teinture.

N°. X X X V.

Jaune citron avec la gaude.

Pour cette couleur on prépare 1 liv. de
drap avec du tartre & de la diffolution d'étain
comme pour le n°. 1 ; mais pour préparer le
bain de teinture on fait bouillir pendant ½ heure
4 onces de gaude dans un fac, on y abat enfuite le drap, qu'on y fait bouillir pendant 1
heure ; il prend une couleur jaune citron qui
eft belle & très-agréable.

Obfervation.

La gaude communique à l'eau dans laquelle
elle bout, par le moyen des parties falino-
terreufes & vifqueufes qu'elle contient, un peu
de matière colorante qui donne au drap fim-

plement humecté d'eau une couleur jaune, mais cette couleur est pâle & s'altère à l'air, qui la rend encore plus pâle. L'eau seule n'est pas capable de développer entièrement les parties salino-terreuses, qui renferment la matière colorante de la gaude, mais seulement d'en extraire une petite quantité par le moyen de ses parties salines; au contraire quand l'eau est mêlée avec du sel, & qu'on y fait bouillir la gaude, la substance salino-terreuse se développe davantage, & communique à l'eau plus ou moins de vertu pour teindre, suivant la nature & la propriété du sel avec lequel on la mêle.

Les sels alkalis, tels que la potasse, exercent la plus grande activité sur la gaude, parce qu'ils développent entièrement ses parties salino-terreuses, qu'ils unissent conséquemment avec l'eau sa substance colorante, & la rendent en même tems active. Une semblable dissolution de potasse, quoique très-bonne pour le coton, auquel elle communique une couleur jaune très-faturée, ne peut servir pour les draps & étoffes de laine, parce qu'elle ronge & détruit cette matière. Mais d'autres sels, surtout les sels neutres, tels que le sel marin, le sel ammoniac, l'alun, &c. &c. peuvent être employés sans danger; il y a malgré cela, pour la beauté & la solidité des couleurs une

très-grande différence entre ces fels tant pour
la préparation des bains de mordant , que
pour celle des bains de teinture. On peut quelquefois faire une bonne couleur uniquement
par le moyen des parties falines contenues
dans le drap préparé fans mettre un fel quel-
conque dans le bain de teinture ; ou on peut
mettre un fel dans le bain de teinture & y faire
bouillir le drap fimplement humecté d'eau , &
faire également une bonne couleur, cependant
dans les deux cas il y a une différence relativement à la nuance & à la folidité.

La couleur du n°. 35 eft un beau jaune citron provenant de la fimple préparation du
drap avec du tartre & de la diffolution d'étain;
puifqu'il n'eft entré que de la gaude dans le
bain de teinture. Si on veut faire cette couleur d'une manière convenable , il faut faire
féjourner pendant 24 heures le drap préparé
dans le bain de mordant devenu froid, ne l'en
tirer que pour le faire égoutter , & le mettre
encore humide dans le bain de teinture. Par-
là il fe mêle au bain plus de parties du tartre
& de la diffolution d'étain contenus dans le drap,
lefquelles développent & rendent active la
fubftance colorante; elle pénétre alors en fuffifante quantité dans les filamens du drap, &
produit une couleur jaune de citron. Il y a
encore

encore d'autres procédés pour faire des couleurs belles & folides avec la gaude. On fe
fert principalement pour cet objet de l'alun,
du gypfe & du fel marin.

N°. XXXVI.

Jaune citron, & jaune de foufre.

A. On fait bouillir 1 liv. de drap dans un
bain de mordant compofé de 5 onces d'alun
pendant 1 heure, & on le laiffe 24 heures dans
le bain devenu froid ; on le met enfuite pendant qu'il eft encore humide, dans un bain
de teinture préparé avec 5 onces de gaude &
5 onces de plâtre; on l'y fait bouillir pendant
une heure ; il prend un jaune citron, qui eft
un peu plus clair, que celui du n°. 35 & qui
eft agréable.

B. 1 liv. de drap de même préparation, mais
bouilli dans un bain de teinture compofé de
5 onces de gaude, & de 5 onces de fel marin, prend un jaune beaucoup plus foncé, qui
eft cependant agréable, il tire fur le jaune
citron.

C. 1 liv. de drap préparé de la même manière, bouilli dans un bain fait avec 5 onces de
gaude, & 5 onces d'alun, & traité comme les

H

deux précédentes pièces , prend un très-beau jaune de foufre , qui tire prefqu'imperceptible-ment fur le verdâtre.

Obfervation.

L'on voit que le fel marin a procuré la couleur la plus foncée, qu'enfuite le plâtre, qu'enfin l'alun a produit la nuance la plus claire.

N°. XXXVII.

Jaune citron , jaune de foufre , jaune de paille.

Pour ces couleurs on prépare 1 liv. de drap de la même manière que pour le n°. 36, & on compofe le bain de teinture avec de la gaude fans autre ingrédient. Avec 10 liv. de gaude on peut teindre 5 pièces de drap du poids de 16 liv. chacune. Le bain de mordant dans le-quel elles doivent bouillir pendant une heure pour enfuite y féjourner 24 heures, doit leur être donné avec 5 liv. d'alun pour chacune. Lorfque le bain de teinture compofé de 10 liv. de gaude a bouilli environ $\frac{3}{4}$ d'heure , on y met une pièce de drap , on la fait bouillir pendant $\frac{3}{4}$ d'heure , enfuite on la remonte fur

le tour & on la lave. On remplit le bain avec
de l'eau chaude, on y abat & teint la deuxième
pièce en procédant comme pour la première,
& on continue ainsi jusqu'à ce que la cinquième
pièce soit teinte, observant de remplir chaque
fois le bain, & de faire bouillir chaque pièce
pendant $\frac{1}{4}$ d'heure. La première prend un beau
jaune citron; la seconde un jaune citron un
peu plus pâle; la troisième un jaune de soufre;
la quatrième aussi une couleur de soufre plus
pâle, & la cinquième un jaune de paille.

Observation.

Je sais par expérience que ce procédé est
très-avantageux. Si on teint les 80 liv. d'étoffe
à la fois, elles coûteront bien moins que si on
teignoit chaque pièce séparément. Si on met du
sel marin dans le bain de teinture, on fera
d'autres nuances de jaune, mais pour ce procédé on ne peut employer l'alun dans le bain,
parce que les parties contenues dans les draps
se mêleroient au bain de teinture & affoibli-
roient les parties colorantes de la gaude, elles
deviendroient si pâles, qu'on pourroit à peine
s'en servir pour teindre trois pièces.

Les jaunes les plus beaux & les plus solides
sont faits avec la gaude; il est à souhaiter, qu'on

en faſſe un plus grand uſage dans ce pays, & qu'on y introduiſe la culture d'une plante ſi avantageuſe à la teinture. Lorſqu'on emploie les ingrédiens convenables, on fait avec la gaude les plus belles couleurs jaunes de citron & jaunes de ſoufre. Le drap préparé avec l'alun prend des couleurs jaunes de citron dans un bain compoſé de gaude ſeule, de même que dans les bains de gaude, où il entre du ſel marin ou du plâtre ; mais on fait les couleurs jaunes de ſoufre en faiſant uſage d'alun tant pour les bains de mordant, que pour ceux de teinture. Une livre de drap ſimplement humecté d'eau, prend auſſi une couleur jaune de ſoufre dans un bain de teinture compoſé de 5 onces de gaude, & de $2\frac{1}{2}$ onces de diſſolution d'étain ; mais ſi on prépare le drap avec du tartre & de la diſſolution d'é- tain, & ſi on le fait bouillir dans un bain de teinture compoſé de 4 à 5 onces de gaude ſeule, il prendra une couleur jaune de citron, comme on le voit à l'égard du n°. 35.

Le tartre employé avec la gaude dans le bain de teinture fournit des couleurs jaunes très-pâ- les. Par exemple, du drap ſimplement humecté d'eau, prend une couleur jaune de paille dans un bain de teinture compoſé de 5 onces de gaude & de 4 à 5 onces de tartre. Le drap

fimplement humecté prend une femblable couleur dans un bain de teinture compofé de 5
onces de gaude, de 2 ½ onces d'alun, & de 2 ½
onces de tartre. Toutes ces recettes pour teindre avec la gaude font fondées fur des expériences, & peuvent être pratiquées avantageufement. On peut encore employer d'autres
additions de fubftances falines, telles que le
fel ammoniac, la couperofe ou vitriol verd,
& le vitriol bleu, &c. &c. pour préparer les
bains avec la gaude; mais par ces procédés
ou on ne fait point de jaune, ou cette couleur n'eft pas pure; par exemple, quand on
met du fel ammoniac dans le bain de teinture,
on fait des jaunes, qui tirent vifiblement fur le
verdâtre.

La gaude fert non-feulement à faire des jaunes beaux & folides, mais auffi à des combinaifons avec les fubftances colorantes rouges &
avec les bleues; l'on obtient par le moyen de
ces mélanges, différentes couleurs, telles que
les verds, les aurores, les orangés, les capu-
cines, les bruns & autres dont il fera parlé dans
la fuite (a).

_____

(a) Le procédé qu'on fuit ordinairement pour teindre
en jaune avec la gaude, diffère en plufieurs points de
ceux que décrit l'Auteur; l'on emploie une quantité

TEINTURE

DEUXIÈME CLASSE.

Jaune avec la farrette.

La farette, *ferratula tinctoria*, *Linn.* eſt une plante, qui croît abondamment dans les prés

---

plus confidérable de gaude; pour préparer le drap, on le fait bouillir pendant deux heures avec un quart de ſon poids d'alun & un ſeizième de tartre, & on le laiſſe bien égouter, enſuite on le paſſe dans le bain de gaude. On prépare ce bain avec 3 ou 4 livres de gaude pour chaque livre d'étoffe, quelques-uns retiennent la gaude au fond de la chaudière, avec une barre de fer, ou avec une croix de bois peſant; d'autres la retirent avec un rateau lorſqu'elle a bouilli; d'autres la mettent dans un ſac; quelques-uns ajoutent un peu de chaux & d'alkali fixe ſur le premier ſagot de cette plante.

On obtient des jaunes plus ou moins foncés, non-ſeulement ſelon la quantité de la gaude qu'on emploie, mais auſſi ſelon la quantité d'alun & de tartre qu'on fait entrer dans le bouillon; ainſi pour les nuances claires, on peut n'employer que la moitié de ces ſels; on obtient encore des nuances différentes, en mêlant avec la gaude des copeaux de bois jaune, de la ſarrette, du trentanel ou de la geneſtrolle.

Scheffer dit qu'en faiſant bouillir la laine pendant deux heures, avec un quart de diſſolution d'étain & un quart de crême de tartre, elle prend après cette

& dans les forêts fertiles en plantes. Suivant la page 206 du premier volume de mes Essais & Remarques, la farrette confiste en parties visqueuses, falino-terreuses & acido-terreuses, dans lesquelles, mais fur-tout dans les parties falino-terreuses, fe trouve la matière colorante; en la faifant bouillir dans l'eau elle lui communique fa propriété colorante, fur-tout lorfqu'on lui allie des ingrédiens falins. Les meilleurs pour faire de bonnes couleurs jaunes font l'alun & le plâtre ; les autres ne paroiffent pas fi avantageux, on peut cependant en certains cas employer le tartre.

Nᵒ. XXXVIII.

Jaune citron avec la farrette.

Pour cette couleur on humecte fimplement

---

préparation une belle couleur, avec partie égalé de gaude, & qu'elle en prend encore une belle, quoique plus foible, avec moitié feulement de gaude, mais il obferve que ces couleurs tranchent, & par conféquent ne pénètrent pas dans l'intérieur du drap.

On remarque auffi que toutes chofes étant égales, le bouillon qu'on retire de la gaude tire d'autant plus fur le verd, qu'on fait bouillir davantage cette plante, les premières parties extractives étant plus jaunes, & celles qui viennent après, verdâtres.

H iv

le drap d'eau, & pour 1 liv. de drap on compose un bain de teinture avec 5 onces de farrette, qui doit être mise comme à l'ordinaire dans un fac, & 3 ½ onces d'alun; après que le bain a bouilli ½ heure, on y met & l'on y fait bouillir le drap pendant 1 heure; il prend un jaune citron.

Observation.

Lorsqu'on fait bouillir du drap simplement humecté d'eau dans un bain de teinture composé de farrette seule, il y prend un jaune qui tire sur le verdâtre, & qui n'est pas agréable, mais qui est solide; pour le rendre agréable, il faut faire usage des sels, dont on imprègne le drap ou qu'on ajoute au bain de teinture, comme dans le procédé qu'on vient de donner & où l'on fait entrer l'alun. Par ce moyen on obtient un jaune citron agréable. La meilleure proportion est au moins de 7 parties d'alun contre 10 de farrette; si l'on met trop d'alun, la couleur est trop pâle.

N°. XXXIX.

Jaune citron d'une autre nuance.

Pour cette couleur on fait bouillir pendant

1 heure, 1 liv. de drap dans un bain préparé avec 5 onces d'alun, & on le laisse reposer pendant 48 heures dans le bain devenu froid; on le fait ensuite bouillir pendant 1 heure dans un bain de teinture, composé de 10 onces de sarrette; il y prend un jaune citron beaucoup plus saturé & plus foncé que celui du n°. 38.

Observation.

Cette couleur est très-bonne, quoiqu'il ne soit entré que de la sarrette dans son bain de teinture; l'alun contenu dans le drap a tellement changé les parties colorantes de la sarrette, contenues dans le bain de teinture, qu'elles n'ont pas communiqué au drap un jaune verdâtre, comme cela arrive avec le drap simplement humecté d'eau, mais un jaune parfait. Pour cela il ne faut point épargner l'alun dans la préparation du drap, & en mettre au moins 5 onces par livre; il n'y auroit même pas d'inconvéniens d'en porter la quantité à 7 onces & demie, & même 10 onces; car par ce moyen on fait une couleur agréable, quoiqu'elle ne soit pas si saturée que celle du n°. 39, pour laquelle on prépare le drap avec 5 onces d'alun. Si on met l'alun dans le bain de teinture, la couleur ne sera

pas ſi belle; au contraire, ſi on compoſe un
bain de teinture avec 7 $\frac{1}{2}$ à 10 onces de ſarrette, & autant de plâtre, & qu'on y faſſe
bouillir le drap, il prendra un jaune citron
encore plus agréable, un peu plus clair que
celui du n°. 39, mais beaucoup plus ſaturé
& plus foncé que celui du n°. 38.

N°. X L.

Jaune citron, & jaune de ſoufre.

A. Pour ces couleurs, on prépare le drap
comme il ſuit : pour 1 livre de drap, on fait
bouillir pendant 1 heure 5 onces d'alun, &
8 onces d'argile, enſuite on remplit la chaudière avec de l'eau chaude, & on y met le
drap, qu'on fait bouillir pendant 1 heure, &
repoſer 48 heures dans ce bain de mordant
devenu froid. Après cela on prépare le bain
de teinture, en faiſant bouillir enſemble 10
onces de ſarrette, & 7 onces de plâtre pendant 1 heure; enſuite on y met & on y fait
bouillir le drap pendant 1 heure; il prend
un jaune très-ſaturé & plus foncé que les couleurs des n°ˢ. 38 & 39.

B. Si on compoſe le bain de teinture de
10 onces de ſarrette, & de 7 onces d'alun,

& qu'on y faſſe bouillir le drap préparé avec l'alun & l'argile, il ſera d'un jaune de ſoufre.

C. Si le bain eſt compoſé dans les mêmes proportions avec du tartre, au lieu d'alun, la couleur ſera jaune de paille.

Obſervation.

L'ébullition de l'alun avec de l'argile eſt une préparation particulière. On ſait par expérience, qu'en faiſant bouillir de l'alun avec de l'argile, une partie de la terre ſe diſſout pour s'unir avec l'alun, lequel ſubit un tel changement par-là, qu'il n'eſt plus ce qu'il étoit auparavant. Par cette mutation, le drap s'imprègne dans la préparation d'une ſubſtance ſaline, unie à pluſieurs parties terreuſes, & qui s'attache aux filamens de la laine ; ceux-ci reçoivent abondamment les parties teignantes de la ſarrette, qui y abordent, & qui leur communiquent par ce moyen un jaune ſaturé. Si on met de l'alun dans le bain de teinture, la couleur devient plus claire, & tire ſur le jaune de ſoufre. On peut cependant auſſi faire un jaune citron avec de l'alun, en ne mettant que 1 partie d'alun ſur 2 parties de ſarrette. Comme l'argile n'eſt pas par-tout d'une même nature, il faut préalablement faire des eſſais

en petit, pour connoître combien il faut mettre
d'argile & d'alun enfemble. Celle dont je me
fuis fervi eſt une argile grisâtre très-graſſe,
laquelle bouillie feule dans de l'eau, lui communique déjà d'elle-même quelques parties,
qui s'uniſſent avec l'eau. Lorſqu'on y ajoute
de l'alun, il s'en diſſout encore davantage, &
elle fe diſſout dans l'eau, conjointement avec
l'alun ; d'où il réfulte une eau abondante en
parties falino-terreufes, laquelle occafionne un
tel changement dans les filamens du drap,
que non-feulement les parties colorantes de la
farrette s'y attachent & s'y confolident, mais
qu'elles font auſſi changées, & qu'elles produifent néceſſairement des autres nuances de
couleurs.

N°. XLI.

Jaune foncé.

Pour 1 livre de drap, on fait bouillir pendant 1 heure 5 onces d'alun, & 2 $\frac{1}{2}$ onces
de plâtre enfemble ; enfuite on fait auſſi bouillir
le drap pendant 1 heure dans ce bain de mordant, & on le fait repofer 48 heures dans le
bain devenu froid. Enfin on fait bouillir ce
drap pendant 1 bonne heure dans un bain de
teinture, compofé de 10 onces de farrette,

& de 5 onces de plâtre ; il y prend une couleur jaune très-saturée & beaucoup plus foncée que les couleurs des n°s. 38, 39 & 40.

Observation.

L'alun & le plâtre bouillis ensemble forment
encore une préparation particulière, qui communique à l'eau des parties terreuses d'une
nature particulière, de forte que fervant à la
préparation du drap, elle lui tranfmet la propriété de recevoir plufieurs parties colorantes,
qui foncent la couleur. Ce qui arrive fur-tout
lorfqu'on emploie du plâtre dans le bain de
teinture, mais non lorfqu'on lui fubftitue l'alun
ou tout autre ingrédient falin. Par cette préparation, les parties colorantes de la farette
font fixées d'une manière auffi folide que celles
qui ont été décrites depuis le n°. 38 jufqu'à 41 :
les jaunes que cette plante fournit peuvent
fervir avantageufement, quoiqu'ils n'aient pas
autant d'éclat que ceux qui font faits avec la
gaude. Outre cela, la farrette eft d'un bon emploi avec les fubftances qui teignent en rouge,
& celles qui teignent en bleu (a).

(a) Selon Scheffer, la diffolution d'étain opère auffi
un très-bon effet avec la farrette. Il dit que fi l'on fait

TROISIÈME CLASSE.

Jaunes avec la géneſtrole.

Le géneſtrole, *geniſta tinƈtoria, Linn.* eſt une plante très-commune en Allemagne ; elle croît abondamment ſur les côteaux, & dans les prés arides, & dans les forêts. On en fait uſage pour teindre, quoiqu'elle ne produiſe pas d'auſſi beaux jaunes que la gaude & la ſarrette; on peut néanmoins s'en ſervir, ſur-tout parce qu'elle fournit auſſi des couleurs ſolides. — Suivant la page 115 du troiſième volume de mes Eſſais & Remarques, la géneſtrole contient des parties ſalino-viſqueuſes & terreuſes, preſqu'en quantité égale, & auſſi quelques parties terreuſes aſtringentes ; ces dernières ſont en moindre quantité. Les meilleurs ingrédiens, tant pour la préparation des bains de mordant, que pour celle des bains de teinture, compoſés de la géneſtrole, ſont le tartre, l'alun & le plâtre.

---

un bouillon avec trois ſeizièmes de cette diſſolution, & autant de crême de tartre, la couleur devient beaucoup plus vive qu'elle n'eſt ſans cette addition.

N°. XLII.

Jaune citron , & couleur de pois.

A. Pour 1 livre de drap , on fait bouillir pendant 1 heure 6 onces d'alun , & 6 onces de géneſtrole , qu'on a miſe dans un ſac , & qu'on retire après ce tems : on met enſuite dans ce bain de teinture le drap ſimplement humecté d'eau , qu'on y fait bouillir pendant 1 heure ; il prend une couleur jaune citron , qui n'eſt pas déſagréable.

B. Si on compoſe le bain de teinture de 6 onces de géneſtrole , & de 12 onces de tartre blanc , & qu'on obſerve d'ailleurs ce qui a été preſcrit , le drap prendra un jaune pâle , qui ſera ſemblable à la couleur des pois ſecs.

Obſervation.

La géneſtrole , bouillie avec l'eau ſeule , lui communique bien quelques molécules de ſubſtance colorante ; le drap ſimplement humecté d'eau ne prend qu'un jaune de terre , qui tire ſur le verdâtre , & qui n'eſt pas agréable ; mais l'alun change la ſubſtance colorante , & ſi on l'emploie en plus grande quantité dans ce bain

de teinture, il s'attache alors aux filamens du
drap plus de parties colorantes qui lui donnent un jaune citron faturé. Le tartre change
auffi le bain de teinture, & produit une couleur plus pâle, quoique faturée & agréable ;
ce n'eſt que par économie que j'ai prefcrit le
tartre ordinaire, car les criſtaux de tartre, ou
la crême de tartre, que je regarde comme une
même chofe, procureroient une couleur encore
plus belle. De plus, j'ai prefcrit de retirer le
fac de géneſtrole après l'ébullition d'une heure,
parce que j'ai remarqué que la couleur eſt
plus nette & plus agréable, que lorfqu'on la
laiſſe dans le bain pendant qu'on teint le drap.
Il faut faire attention à cette circonſtance dans
l'emploi des plantes, qui fervent à la teinture,
parce que pendant la durée de l'ébullition, il
s'en dégage des parties qui rembruniſſent la
couleur.

N°. X L I I I.

Jaune citron, & jaune de foufre.

A. On prépare 1 livre de drap, en le faifant bouillir pendant 1 heure avec 4 ½ onces
d'alun, & 1 ½ once de tartre, & on le laiſſe
repofer pendant 24 heures dans le bain de
mordant devenu froid. On le fait enfuite bou

lir pendant 1 heure dans un bain de teinture, composé de 6 onces de géneſtrole & 6 onces de plâtre ; il prend un jaune citron.

B. Si l'on fait le bain avec de la géneſtrole ſans plâtre, la couleur ſera jaune de ſoufre.

C. Si le drap eſt préparé avec 6 onces d'alun ſans tartre, & bouilli dans un bain de géneſtrole ſeule, la couleur ſera d'un jaune citron plus ſaturé & plus foncé que la couleur *A* du n°. 43.

Obſervation.

En préparant le drap avec de l'alun & du tartre, on fait des couleurs pâles avec la géneſtrole, tandis qu'en le préparant avec de l'alun ſeul, les couleurs ſont plus fortes, & d'une couleur plus exaltée. Lorſqu'on prépare le drap avec l'alun & le tartre, ſi on veut que les couleurs ne ſoient pas ſi pâles, il faut faire une addition au bain de teinture, comme on a fait pour la couleur *A* du n°. 43, pour laquelle on a employé du plâtre. Par-là, la couleur ſe ſature & s'exalte, cependant pas tant que ſi le drap n'avoit été préparé qu'avec de l'alun ſeul, & bouilli dans un bain de géneſtrole & de plâtre ; ce qui prouve que les parties de tartre contenues dans le drap, changent les parties colorantes de la géneſtrole contenues

I

dans le bain, & rendent la couleur plus pâle.

1 livre de drap préparé avec 4 onces d'alun, & $2\frac{1}{2}$ onces de vinaigre, bouilli dans un bain de teinture, compofé de 6 onces de géneftrole & 6 onces de plâtre, prend un jaune citron, qui eft meilleur & plus agréable que les couleurs *A* du n°. 42, & *A* du n°. 43. — Mais il faut avoir foin de laiffer le drap pendant 24 heures dans le bain de mordant devenu froid, & de faire bouillir pendant $1\frac{1}{2}$ heure le bain de plâtre & de géneftrole, & d'en retirer le fac du bain avant que d'y mettre le drap, qu'il faut y faire bouillir pendant 1 heure, & traiter enfuite à l'ordinaire.

Quoique la géneftrole ne fourniffe pas d'auffi belles couleurs que la gaude & la farrette, on peut cependant s'en fervir avec avantage pour teindre des draps & des étoffes médiocres, car cette fubftance eft d'un bas prix. Outre cela, elle eft très-propre à faire avec d'autres fubftances colorantes des mêlanges dont on obtient des nuances particulières.

QUATRIÈME CLASSE.

Des jaunes avec la camomille.

La camomille ordinaire, *chamomilla vulgaris*, *chamomilla matricaria*, *Linn.*, mérite

auſſi qu'on lui aſſigne un rang parmi les ſubſtances qui teignent en jaune , parce qu'elle
donne des nuances particulières de jaune. La
camomille eſt une plante du pays , qui croît
abondamment preſque par-tout , ſur-tout dans
les champs & dans les vignes, de même que
dans les lieux incultes. J'ai fait connoître dans
le premier volume de mes Eſſais & Remarques , pages 286 à 298 , que la camomille
contenoit beaucoup de parties viſqueuſes, unies
à quelques parties huileuſes & réſino-terreuſes ,
étroitement liées enſemble. La matière colorante réſide particulièrement dans les parties
huileuſes & réſino-terreuſes ; mais comme elles
ſont fortement unies aux parties viſqueuſes ,
on les peut extraire par l'ébullition de l'eau
ſeule, au moyen de la matière viſqueuſe ; de
ſorte que celle-ci acquiert la propriété de communiquer au drap ſimplement humeẟé d'eau ,
un jaune citron pâle qui eſt agréable , mais
qui n'eſt pas ſolide , & qui diſparoît promptement à l'air ; conſéquemment pour un peu
conſolider cette couleur , il faut préparer le
drap avec de l'alun , & ajouter aux bains quelques ingrédiens , tels que l'alun , le tartre &
le plâtre, qui ſont les meilleurs pour cet objet;
car je ne conſeille pas d'employer le ſel marin, le ſel ammoniac, ni le vitriol bleu avec

la camomille, à moins qu'on ne veuille s'en
fervir pour teindre en verd.

N°. XLIV.

Jaunes avec la camomille.

A. On prépare le drap avec de l'alun ;
commè pour le n°. 39, & on le fait bouillir
pendant 1 heure dans un bain de teinture,
compofé de camomille feule ; il prend un beau
jaune, qui eft de la claffe des jaunes citron.

B. Si le bain eft compofé de 6 onces de
camomille & de 6 onces de plâtre, on aura
auffi un jaune citron un peu plus clair & plus
relevé que la couleur *A* de ce n°.

C. Si au lieu de plâtre, on met 6 onces
d'alun dans le bain, la couleur fera jaune de
foufre.

D. Si on fe fert de tartre pour le bain, la
couleur fera encore plus pâle, elle tirera cependant fur le jaune de foufre, mais elle fera
beaucoup plus pâle que la couleur *C* de ce n°.

Obfervation.

On voit par la différence de ces quatre
nuances, les variations que peuvent produire

les ingrédiens qu'on ajoute à la camomille.
Le tartre donne la couleur la plus pâle ; il faut
même éviter une proportion trop grande de
ce fel, parce que la couleur feroit trop foible.

Les couleurs les plus folides qu'on obtient
de la camomille font celles pour lefquelles
ayant préparé le drap avec le fel ammoniac,
on ajoute le fel marin au bain de teinture ;
mais elles ne font point agréables ; cependant
comme on obtient par le moyen de la camomille & du bleu des nuances particulières de
verd, on peut, pour cet objet, faire ufage du
fel marin & du fel ammoniac : on peut aufli
employer le vitriol bleu dans le bain de teinture, pour les draps qu'on doit rendre verds
par le moyen de l'indigo ; parce qu'employé
feul avec la camomille, ce fel métallique produit déjà un verd très-folide.

C I N Q U I È M E C L A S S E.

*Couleurs jaunes avec le bouillon blanc ou
la moléne.*

Le bouillon blanc, *verbafcum thapfus*, *Linn.*
eft une plante du pays, qui croît abondamment dans les endroits fablonneux & ftériles.
Chez quelques teinturiers, on s'en fert pour

teindre, non pas précifément en jaune, mais pour faire certaines couleurs vertes d'une nuance particulière, c'eft pour cela que je n'indiquerai que quelques jaunes, qu'on peut en extraire, afin de faire connoître qu'on peut utilement employer cette plante dans la teinture.

Les fleurs de bouillon blanc ne donnent par elles-mêmes qu'une couleur qui eft très-foible & paffagère ; pour en obtenir des couleurs jaunes, les meilleurs ingrédiens font le fel marin, l'alun & le plâtre.

N°. X L V.

Jaunes citron, & jaunes de foufre.

A. Pour ces couleurs on prépare le drap avec de l'alun, comme pour le n°. 39, & pour 1 livre de drap on compofe le bain de teinture de 7 $\frac{1}{2}$ onces de fleurs de bouillon blanc, qu'on fait bouillir pendant 1 heure, enfuite on y fait bouillir le drap pendant 1 bonne heure ; il prend un jaune faturé, qui eft de la claffe des jaunes citron.

B. Si le bain eft compofé de 7 $\frac{1}{2}$ onces de fleurs de bouillon blanc, & de 7 $\frac{1}{2}$ onces de plâtre ; le drap préparé & traité comme le précédent, y prendra prefque la même couleur, elle fera cependant encore plus jolie.

C. Du drap préparé avec du fel marin au lieu d'alun, & bouilli dans un bain de teinture, compofé de fleurs de bouillon blanc feules, prend un jaune pâle, qui tire fur le jaune de paille.

D. Un bain tel que le bain de *B* du n°. 45, communique au drap préparé avec du fel marin un femblable jaune pâle, mais plus joli & un peu plus relevé.

Obfervation.

Les jaunes faits avec les fleurs de bouillon blanc, comparés à ceux qui proviennent de la gaude, de la farrette & de la géneftrole, manifeftent une différence confidérable. Ils ne font pas fi faturés, & ils forment des nuances particulières de jaunes citron & jaunes paille; c'eft pour cela qu'on ne doit pas rejetter l'ufage de cette plante, puifqu'en la mêlant avec des fubftances qui teignent en rouge & en bleu, on peut faire des nuances particulières; d'ailleurs comme elle eft en général par-tout plus commune, conféquemment à meilleur compte que les autres ingrédiens, on peut l'employer pour ceux qui cherchent le bon marché.

SIXIÈME CLASSE.

Jaunes avec le fénugrec.

Le fénugrec, *trigonella fœnum græcum, Linn.* eſt une plante, qu'on cultive dans la Thuringe, particulièrement aux environs de Bamberg & de Nuremberg. On emploie la graine de cette plante dans la teinture, on la réduit pour cela en farine. On a reconnu par les recherches chimiques, comme je l'ai fait connoître dans le troiſième volume de mes Eſſais & Remarques, page 48 & les ſuivantes, que la graine du fénugrec eſt formée d'un mêlange de beaucoup de parties viſqueuſes avec une quantité conſidérable de parties terreuſes, & avec une beaucoup moindre quantité de parties réſineuſes. Outre cela cette ſemence contient une ſubſtance ſalino-ſavoneuſe, par le moyen de laquelle les parties huileuſes viſqueuſes & les parties réſineuſes ont contracté une union étroite, qui les rend diſſolubles dans l'eau. La matière colorante du fénugrec eſt renfermée dans toutes ces différentes parties, elle n'eſt pas abondante, & elle paroît être une ſubſtance déjà atténuée par la nature de ce mêlange extraordinaire. On doit préſumer qu'on peut faire des couleurs jaunes de nuances particulières avec le fénugrec, sur-tout en lui alliant les ingrédiens convenables dans les bains de teinture, & en donnant une bonne préparation au drap; pour les deux cas le sel marin & l'alun sont les substances les plus avantageuses.

N°. XLVI.

Jaunes pâles avec le fénugrec.

A. Du drap simplement humecté d'eau, bouilli dans un bain de teinture composé pour 1 liv. de drap de 6 onces de fénugrec & de 12 onces de plâtre, prend un joli jaune de paille.

B. Dans un bain composé de 8 onces de fénugrec, de 8 onces de sel marin & de 4 onces d'alun, le drap simplement humecté d'eau prend une couleur de pois, qui tire un peu sur le verdâtre.

Observation.

Par le moyen du plâtre la couleur est plus saturée & plus solide que celle que donne naturellement le fénugrec, quoiqu'elle soit encore pâle.

Le sel marin procure une couleur foncée jaune verdâtre qui n'est pas agréable, mais en y mêlant de l'alun, la couleur devient à la vérité plus pâle, mais plus agréable. C'eſt pour cela que j'ai preſcrit moins d'alun que de ſel marin, car ſi l'on en mettoit autant, la couleur ſeroit trop pâle & ne ſe ſoutiendroit pas ſi bien à l'air.

N°. XLVII.

Jaunes citron, & jaunes de ſoufre.

A. Pour 1 liv. de drap on met 3 onces d'alun dans un bain, on y fait bouillir le drap pendant ½ heure, & on le fait repoſer pendant 24 heures dans ce bain devenu froid. On le fait enſuite bouillir pendant 1 heure dans un bain compoſé de 10 onces de fénugrec, il y prend un joli jaune citron, qui tire preſqu'imperceptiblement ſur le verdâtre.

B. Le drap préparé avec 5 onces d'alun, & bouilli dans un bain compoſé de 6 onces de fénugrec & de 1 ½ once d'alun, prend un joli jaune de ſoufre, qui tire un peu ſur le verdâtre.

Obſervation.

Si l'on déſire faire des couleurs jaunes plus rehauſſées avec le fénugrec, & non des couleurs pâles, il faut mettre moins d'alun. Mais ſi l'on emploie plus d'alun pour préparer le drap que l'on ne l'a prefcrit dans la préparation qu'on vient de donner, par exemple, 5 ou 6 onces, & fi le bain n'eft compofé que de 8 onces de fénugrec, la couleur fera jaune de foufre. Il en eft de même fi l'on met de l'alun dans le bain de teinture, ainfi qu'il a été prefcrit pour la couleur B du n°. 47, pour laquelle on a employé 5 onces d'alun à la préparation du drap, & 1 ½ once avec 6 onces de fénugrec dans le bain de teinture. Conféquemment, fuivant le plus ou le moins d'alun, on peut faire avec le fénugrec des couleurs jaunes vives ou pâles de diverfes nuances, qui feront toutes agréables.

N°. XLVIII.

Couleur de pois, & couleur jaune de foufre.

A. 1 liv. de drap bouilli pendant 1 heure avec 5 onces de fel marin & repofé pendant 24 heures dans ce bain de mordant devenu froid, enfuite bouilli pendant 1 heure dans un bain compofé de 8 onces de fénugrec, prend une jolie couleur de pois.

B. Si on compofe le bain de teinture de 8 onces de fénugrec & de 2 onces d'alun, le drap prend un jaune citron, qui eft agréable, qui tire un peu fur le verdâtre, & qui eft d'une nuance différente de la couleur *B* du n°. 47.

Observation.

La préparation du drap avec le fel marin rend les filamens de la laine propres à recevoir plus de parties colorantes du fénugrec , que s'il étoit fimplement humecté d'eau , de forte que la couleur eft plus faturée & plus agréable ; mais elle n'eft pas très-folide , elle peut cependant fervir dans l'occafion , parce qu'elle eft d'une nuance particulière de couleur de pois.

Le jaune de foufre du n°. 48 obtenu avec l'alun , forme une nuance particulière de cette efpèce ; il n'eft également pas bien folide, cependant il peut auffi fervir ; mais fi on emploie en même tems du fel marin pour le bain de teinture , les couleurs feront plus folides , & tireront davantage fur le verdâtre ; on ne peut les regarder comme des couleurs jaunes, mais on peut les allier avec le bleu , pour en obtenir des couleur vertes.

Les couleurs de fénugrec les plus folides fe font par l'interméde du vitriol bleu , avec lequel on ne peut faire des couleurs jaunes, mais bien des bonnes couleurs vertes ; & cet ingredient eft fort avantageux pour favorifer la combinaifon du fénugrec avec l'indigo.

La couperofe, autrement le vitriol verd, eft auffi un ingrédient propre à confolider les parties colorantes du fénugrec ; mais elle rend les couleurs brunâtres, c'eft pour cela qu'elle eft bonne pour les mélanges du fénugrec avec les autres fubftances, fur-tout celles qui teignent en rouge. En général le fénugrec eft une matière colorante qui préfente des avantages, parce qu'il peut fervir à la production de quelques jaunes & qu'il réuffit dans fon mélange avec d'autres fubftances colorantes.

SEPTIÈME CLASSE.

Jaunes avec le bois jaune.

Le bois jaune, *morus tinctoria*, *Linn.* nous vient d'Amérique, principalement du Bréfil & de la Jamaïque. C'eft la fubftance dont les teinturiers fe fervent le plus fréquemment pour teindre en jaune. Si on teint du drap fimplement humecté d'eau dans une décoction de bois jaune, il prend un jaune brunâtre faturé peu agréable. Les ingrédiens les plus propres à en tirer la couleur avec avantage font l'alun, le plâtre, le tartre & le fel marin.

N°. XLIX.

Jaune citron , & jaune de soufre.

A. Qu'on faffe bouillir 1 liv. de drap pendant 1 ½ heure avec 5 onces d'alun , qu'on le laiffe repofer pendant 24 heures dans le bain de mordant qui fe refroidit peu-à-peu ; qu'on faffe un bain de teinture avec 5 onces de bois jaune, & qu'après y avoir mis le drap au commencement de l'ébullition , on la continue pendant une heure, ce drap prend un jaune citron.

B. Si on compofe le bain de 5 onces de bois jaune & de 5 onces de fel marin , le drap prendra également un jaune citron , mais il fera plus faturé & plus foncé.

C. Si au lieu d'alun le drap eft préparé avec 5 onces de plâtre , & bouilli dans un bain de teinture compofé de 5 onces de bois jaune & de 5 onces d'alun , il prendra un beau jaune de foufre.

Obfervation.

Si l'on fait bouillir du drap fimplement humecté d'eau dans un bain de bois jaune feul, il y prend, comme il a été dit , une couleur jaune brunâtre qui eft défagréable. Mais fi le drap eft préparé avec de l'alun, il reçoit un beau

jaune citron *A* du n°. 49. Le fel marin employé dans le bain de teinture rend la couleur plus faturée & plus foncée, telle qu'eft la
couleur *B* du n°. 49, qui a auffi de la beauté.

Quand le drap eft préparé avec du plâtre, il
prend un jaune de foufre ; cette couleur eft
plus foible & plus pâle que les couleurs *A* &
B du n°. 49. La caufe de cette différence ne
provient pas tant de la préparation du drap,
que de l'alun employé dans le bain de teinture. Le plâtre y eft cependant pour quelque
chofe, parce que les parties falines qu'il contient, exaltent également les parties colorantes
du bois jaune , mais il les affoiblit moins que
l'alun, comme on le verra clairement à la couleur *D* du n°. 50.

N°. L.

Jaunes citron , & jaunes de foufre de nuances
différentes.

A. On prépare un bain de mordant avec 3
onces d'alun & 4 gros de tartre ; quand il bout,
& que ces fels font diffous, on y verfe 1 once
de diffolution d'étain , on remue bien, & on
a : liv. de drap dans ce bain, on l'y fait bouillir dant 1 heure & repofer après pendant
24   s ; on le fait enfuite bouillir pendant

1 heure dans un bain de teinture composé de cinq onces de bois jaune seul ; il y prend un beau jaune citron qui est encore plus saturé & plus agréable que la couleur *A* du n°. 49.

B. Si le bain de teinture est composé de 5 onces de bois jaune & de 5 onces de plâtre, le drap prend aussi un jaune citron, qui est encore un peu plus saturé & plus foncé que la couleur *A* de ce numero.

C. Si on fait bouillir le drap dans un bain de teinture composé de 5 onces de bois jaune & de 5 onces de tartre, il y prend un très-beau jaune de soufre, qui est plus vif & plus joli que la couleur *B* de ce numero.

D. Bouilli dans un bain de teinture composé de 5 onces de bois jaune & de 5 onces d'alun, il prend également un jaune de soufre, mais il est plus pâle que la couleur *C* de ce n°.

E. Si, au lieu de préparer le drap avec de l'alun, du tartre & de la dissolution d'étain, on le prépare avec 5 onces de tartre seul pour 1 liv. de drap, & qu'on le fasse bouillir dans un bain de teinture composé de 5 onces de bois jaune & de 5 onces d'alun, il y prendra un jaune de soufre, qui sera un peu plus foncé que la couleur *D* de ce numero.

Observation.

Obſervation.

En préparant le drap avec de l'alun , du tartre & de la diſſolution d'étain on fait de très-jolis jaunes avec le bois jaune. Le jaune citron *A* du n°. 50, qui vient d'un bain de bois jaune ſeul , eſt une autre nuance de jaune citron, que la couleur *A* du n°. 49 , pour laquelle le drap a été préparé avec de l'alun ſeul , & le bain de teinture auſſi compoſé de bois jaune ſeul. Conſéquemment les parties colorantes du bois jaune ſont plus développées & rendues plus actives , même plus exaltées par le tartre & la diſſolution d'étain contenus dans le drap , que par l'alun ſeul, car la couleur eſt plus agréable & plus ſaturée.

Le jaune citron *B* du n°. 50 , obtenu avec le plâtre , eſt encore plus ſaturé & plus foncé, ce qui provient, comme on l'a déjà fait obſerver à l'égard de pluſieurs couleurs d'une autre eſpèce , indubitablement des parties ſalino-terreuſes du plâtre , leſquelles rendent la couleur plus ſaturée, conſéquemment plus foncée.

Le jaune de ſoufre *C* du n°. 50 produit avec le tartre, fait connoître que ce ſel acide atténue les parties colorantes du bois jaune , ce qui occaſionne néceſſairement la production d'une

K

couleur plus foible & plus pâle, & d'une autre nuance que les couleurs *A* & *B* du n°. 50.

Le jaune de soufre *D* du n°. 50, provenant d'un bain de bois jaune, & d'alun est plus pâle que la couleur *C* du n°. 50; cela prouve clairement que l'alun affoiblit les parties colorantes du bois jaune; cela est encore prouvé plus évidemment par le jaune de soufre *E* du n°. 50 dont le drap a été seulement préparé avec du tartre, & le bain de teinture composé avec du bois jaune, & de l'alun. Il est plus foncé que la couleur *D* du n°. 50, pour laquelle il est entré plus d'alun, que pour la couleur *E* du n°. 50 pour laquelle on a au contraire employé plus de tartre. On peut voir, page **17** de mes Essais & Remarques, Tome III, la raison pour laquelle l'alun affoiblit réellement la couleur du bois jaune en la rendant en même tems plus agréable.

On voit par ces éclaircissemens de quelle manière il faut composer les bains de teinture avec le bois jaune relativement à l'alun pour faire de bonnes couleurs de diverses nuances. Si on veut faire des jaunes citron, il ne faut employer de l'alun que pour préparer le drap. Si on veut qu'ils soient moins saturés & un peu plus pâles, il faut mettre en même tems un peu d'alun dans le bain de teinture. Si on veut faire des jaunes citron, jaunes de foufre, ou d'autres nuances plus pâles, il faut ajouter divers in-grédiens avec l'alun, foit pour la préparation du drap, foit pour compofer le bain de tein-ture. Le fel marin fature & fonce les couleurs, la diffolution d'étain les relève & les embellit, le plâtre les rend moins pâles que l'alun, & le tartre les exalte fans les trop affoiblir. Il faut cependant faifir une proportion convenable à celle du bois jaune.

Les couleurs A, B, C, du n°. 49, & A, B, C, D, E, du n°. 50, font de très-jolies nuan-ces qui peuvent être d'un ufage avantageux, comme l'expérience l'a fait voir. Les pré-parations indiquées, fur-tout en y mêlant d'au-tres corps teignans, font très-propres à pro-duire des nuances nouvelles, & tout-à-fait particulières de plufieurs verds, oranges, bruns, & autres, particulièrement en préparant le drap avec de l'alun, du tartre & de la diffolution d'étain

On peut fans doute trouver encore d'au-tres préparations avantageufes; toutefois cel-les que j'ai indiquées s'allient bien avec les bleus & les rouges. Celui qui n'entreprend pas de trouver au hafard, mais qui s'inftruit avec réflexion, & qui fe conduit par des ob-fervations exactes, pourra obtenir du mêlange des fubftances colorantes des nuances nouvel-

K ij

les, au lieu que des mélanges mal-combinés ne donneront que des couleurs bizarres & des produits inutiles.

Huitième Classe.

Jaunes avec le curcuma.

Le curcuma, autrement la terre mérite, *curcuma longa*, *Linn.* est une racine, qu'on apporte des Indes orientales en Europe. J'ai amplement parlé du mélange des parties constituantes de cette substance si abondante en parties colorantes dans le premier volume de mes Essais & Remarques, page 1 & les suivantes, & j'ai communiqué un grand nombre d'essais tant pour faire connoître la substance colorante de cette racine, que dans la vue de trouver le moyen d'en faire un usage avantageux à l'art de la teinture. Quoiqu'il soit clairement prouvé par ces nombreux essais, que le curcuma contient une substance colorante très-puissante & qu'il communique des couleurs jaunes dont l'éclat & l'agrément surpassent presque toutes les autres; on voit en même tems qu'elles sont les plus sujettes à s'altérer & à se détruire, de sorte que cette racine ne peut servir que dans certaines circonstances, & qu'elle est peu estimée de ceux qui ne veulent donner que des couleurs folides. La caufe du peu de folidité des couleurs faites avec le curcuma provient de la mixtion des parties de fa fubftance colorante, car le curcuma, comme je l'ai fait voir page 19 & les fuivantes de mes Effais, confifte principalement en parties terreufes, auxquelles s'unit une fubftance favoneufe ou huileufe vifqueufe ; d'ailleurs il s'y trouve peu ou point du tout de fubftance aftringente, & la fubftance colorante du curcuma fe trouve dans les parties huileufes vifqueufes ou favoneufes ; on conçoit par-là aifément pourquoi les parties colorantes du curcuma, qui ont pénétré dans les filamens du drap, difparoiffent fi fubitement à l'air, car étant de nature favoneufe, elles ne contractent pas une union folide avec les filamens du drap, & elles en font facilement détachées par l'humidité de l'air & par l'acide qu'il contient.

Si le curcuma avoit des parties aftringentes, fa couleur fe fixeroit mieux ; mais comme il en eft dépourvu & que fes parties ont une propriété oppofée, on ne peut pas efpérer de les rendre fixes par le mélange d'autres aftringens ; on peut efpérer plus de fuccès des parties falines très-fubtiles ou des mordans métalliques, tels que le fel ammoniac & le vitriol bleu.

K iij

Quoique les très-belles couleurs qui proviennent du curcuma n'ayent point de folidité, je penfe cependant, qu'il eft à propos de faire connoître la préparation de quelques-unes, tant pour apprendre la manière de l'employer dans certaines occafions, que pour fournir des moyens de le traiter de différentes manières pour parvenir à confolider davantage les couleurs qu'on en obtient. On ne fauroit l'employer fans préparer le drap, parce que fi on fe contente de mettre divers fels dans le bain de teinture pour en changer les parties colorantes, quelques couleurs deviendront à la vérité un peu plus folides, que fi le drap fimplement humeété d'eau avoit bouilli dans un bain de curcuma fans autre ingrédient; mais malgré cela elles feront trop paffagères, pour que l'on néglige de faire ufage des procédés fuivans dont l'utilité a été reconnue pour chaque nuance.

N°. L I.

Jaunes citron.

Pour 1 liv. de drap, qu'on faffe bouillir pendant une heure 5 onces de plâtre ordinaire dans l'eau chaude; qu'on mette enfuite dans ce bain de mordant le drap préalablement trempé pendant 1 heure dans de l'eau tiéde, qu'on l'y faffe bouillir pendant 1 $\frac{1}{2}$ heure, &

qu'on le laiffe repofer 24 heures dans le bain devenu froid.

A. On compofe le bain de teinture avec 4 onces de curcuma & 4 onces de tartre ; quand il commence à bouillir, on y met le drap qu'on remue en tout fens pour en détacher le plâtre adhérent aux parties extérieures ; on y fait bouillir pendant 1 heure ; il prend un jaune citron très-faturé.

B. Si on compofe le bain de teinture de 4 onces de curcuma & d'une livre de vinaigre, & qu'on procéde d'ailleurs comme pour la couleur *A* de ce numéro, on fera un jaune citron faturé qui fera un peu plus agréable que le précédent.

Obfervation.

En préparant le drap avec du plâtre & en employant du tartre ou du vinaigre dans les bains de teinture de curcuma, on fait des jaunes citron d'une folidité paffable, ils réfiftent bien dix jours à l'air avant que de changer ; par la fuite ils perdent un peu, malgré cela ils peuvent continuer d'être confidérés comme des jaunes. Au refte ils n'ont pas un afpect fi agréable que ceux qui font faits avec l'alun. Si l'on n'avoit pas d'autres fubftances pour teindre en jaune, on en feroit ufage fans difficulté.

Comme ces couleurs font en même-tems très-faturées & de nuances particulières de jaune, on peut faire ufage de ce procédé pour les mélanges avec les fubftances qui teignent en rouge & en bleu.

N°. LII.

Jaunes d'autres nuances.

On fait bouillir 1 liv. de drap pendant une heure, avec 8 onces de fel marin, & repofer pendant 2 à 3 jours dans ce bain devenu froid.

A. On fait bouillir ce drap pendant 1 heure dans un bain préparé avec 5 onces de curcuma & 5 onces de fel ammoniac ; il y prend un jaune foncé, qui tire un peu fur le brunâtre.

B. Bouilli dans un bain de teinture compofé de 5 onces de curcuma & de 5 onces de tartre, il prend un jaune citron faturé, qui eft encore plus joli que les couleurs *A*, *B* du n°. 51.

C. 1 liv. de drap préparé avec du fel ammoniac en place de fel marin, mais traité de même, & enfuite bouilli dans un bain de teinture fait avec cinq onces de curcuma & $2\frac{1}{2}$ onces de fel ammoniac, prend un jaune un peu fombre, qui tire fur le brunâtre.

D. Le drap préparé comme celui de *C* du n°. 52, bouilli dans un bain de teinture composé de 5 onces de curcuma & de 10 onces de vinaigre, prend un jaune foncé, qui forme une autre nuance que la couleur *C* & qui tire aussi sur le brunâtre.

E. Le drap de même préparation bouilli dans un bain de teinture préparé avec 5 onces de curcuma seul, sans autre ingrédient, prend une couleur jaune brunâtre qui tire sur la couleur d'orange.

Observation.

Pour ce qui regarde la solidité des couleurs, la préparation du drap faite avec le sel marin & le sel ammoniac est très-avantageuse, ces deux sels sont aussi très-bons pour la préparation des bains de teinture, puisque la couleur *A* du n°. 52, qu'a prise le drap préparé avec du sel marin, ensuite teint dans un bain de teinture fait avec du curcuma & du sel ammoniac, & la couleur *C* du n°. 52, qu'a reçue dans un semblable bain le drap préparé avec du sel ammoniac, sont d'une solidité passable, & qu'elles ne disparoissent pas si promptement à l'air.

La préparation du drap avec le sel marin a aussi consolidé la couleur *B* du n°. 52 obtenue d'un bain de teinture fait avec du tartre & du curcuma.

Mais les plus folides de toutes ces couleurs font *D* & *E* du n°. 52, elles fupportent plus long-tems l'action de l'air avant que de perdre de leur beauté.

L'on peut donc donner quelque folidité aux couleurs tirées du curcuma par le moyen du fel marin & du fel ammoniac ; mais ces couleurs ne font pas fi agréables que celles qu'on obtient par le moyen du tartre, de l'alun & du plâtre qu'on emploie foit dans la préparation du drap, foit dans le bain de teinture. Il eft fâcheux que ces couleurs qui ont plus d'éclat que toutes celles que donnent les autres fubftances jaunes, réfiftent fi peu à l'air : on trouvera peut-être d'autres moyens de les rendre plus folides ; en attendant on peut faire ufage du fel marin & du fel ammoniac.

Il y a encore d'autres fubftances avec lefquelles on peut teindre en jaune, mais j'efpère que celles que je viens d'indiquer, feront fuffifantes pour faire plufieurs efpèces de jaunes, & de toutes fortes de nuances. On auroit cependant encore pu y ajouter le cartame ou le fafran bâtard ; mais comme j'ai prouvé en parlant du cartame dans le 17ᵉ paragraphe de mes Effais & Remarques, page 138 & les fuivantes,

qu'il ne produit pas un meilleur effet que les
autres substances, dont on fait usage pour teindre en jaune la laine, si ce n'est que la plupart
de ses couleurs tirent sur le brunâtre ou sur
la couleur d'orange, je n'ai pas jugé à propos
d'augmenter pour ce moment le nombre des
substances qui teignent en jaune, quoique je
sois convaincu qu'on peut employer avantageusement le cartame pour teindre le coton.

Il faut enfin indiquer encore une circonstance
qui ne contribue pas peu à la beauté des couleurs jaunes. On prépare communément les
bains de teinture pour ces couleurs dans des
chaudières de cuivre, & on y teint le drap,
ou les étoffes. Je ne nie pas qu'on fasse beaucoup de bonnes couleurs de cette manière,
mais j'ai remarqué quelquefois que quelques-
unes manquoient d'éclat & paroissoient mates,
j'ai essayé de faire & j'ai fait faire ces couleurs
dans des chaudières d'étain; par ce moyen j'ai
obtenu des jaunes beaucoup plus jolis & plus
éclatans, & cela principalement pour les bains
dans lesquels il entre des ingrédiens salins, tels
que l'alun, le tartre, la dissolution d'étain, le
vinaigre & le sel ammoniac. Comme le cuivre
est attaqué par ces sels, & que quelques particules se mêlent dans le bain, les couleurs en
sont altérées & deviennent sombres, quelquefois

même elles prennent un aspect sale & terne.

Comme les chaudières d'étain sont dispendieuses, on peut se contenter de faire étamer les chaudières de cuivre. On fera bien dédommagé des frais par la beauté des couleurs (*a*).

(*a*) Le moyen de fixer la couleur du curcuma par le sel marin, n'est pas un procédé nouveau ; les teinturiers s'en servent depuis long-tems, au rapport de Hellot (art. *de la Teinture*, p. 406.)

L'on a trouvé un grand nombre de substances qui ont la propriété de teindre en jaune ; nous allons en indiquer ici quelques-unes, outre celles qui ont été désignées par l'Auteur ; mais il faut remarquer qu'en général les acides avivent les couleurs jaunes, & les rendent plus claires, & qu'au contraire les alkalis & les sels neutres à base terreuse les rendent plus foncées, & leur donnent une nuance orangée.

Scheffer donne un procédé pour teindre en jaune avec les feuilles de saule (*salix pentendra*) recueillies vers la fin d'août ou le commencement de septembre, & séchées à l'ombre ; il faut préparer le drap en le laissant douze heures dans une dissolution refroidie du quart de son poids d'alun, & d'un seizième de tartre blanc, & encore mieux de crême de tartre. On prépare le bain avec une quantité de ces feuilles, qu'il ne détermine pas ; on le fait bouillir une demi-heure ; on y ajoute un demi-gros de potasse blanche par livre, pour rendre la couleur plus vive & plus foncée ; après quoi on passe au tamis ; on teint dans le bain non-bouillant, mais voisin de l'ébullition ; on y remue &

TROISIÈME SECTION.

Des couleurs bleues.

Le bleu est la troisième couleur primitive. C'est une des principales dans l'art de la teinture. Il y en a de différentes espèces, & on donne

---

retourne la laine, jusqu'à ce qu'elle ait pris la couleur qu'on desire, & on la met sécher à l'ombre.

M. Dambourney a indiqué plusieurs substances végétales qui donnent une couleur jaune; mais celle dont il a obtenu le plus de succès est le peuplier, dont l'écorce & les jeunes branches lui ont donné, par le moyen de la dissolution de bismuth & de celle d'étain, dont il décrit différentes préparations, plusieurs belles nuances de jaunes solides; mais il faut au moins six livres de peuplier contre une de laine. M. Dambourney a remarqué que l'alun en précipitoit la partie colorante, sans qu'elle se fixât sur l'étoffe. (*Recueil de procédés & d'expériences sur les Teintures solides,* &c.)

Selon Hellot, on obtient une bonne couleur jaune de la verge-d'or du Canada; on obtient aussi cette couleur de la racine de patience sauvage, de l'écorce de frêne, des feuilles d'amandier, de pêcher, de poirier, du bois de Santal, de l'épine-vinette, de la fleur de cerfeuil sauvage, de la grande ortie, &c. Le docteur Bancroft a apporté de l'Amérique septentrionale l'écorce d'un chêne, qui donne abondamment une bonne couleur jaune, sur-tout par le moyen de la dissolution d'étain.

divers noms aux couleurs bleues, foit dans les atteliers, foit dans le commerce & dans le public; auffi l'on diflingue le bleu de cuve, le bleu de roi, le bleu de France, le bleu célefte, le bleu d'eau, le bleu de perles, le bleu de Saxe; mais on peut réduire tous ces différens bleus en deux efpèces, favoir, les bleus foncés & les bleus clairs. Comme le procédé pour teindre le drap & d'autres étoffes de laine n'eft pas le même, & que la façon de traiter les fubftances qui fervent à teindre en bleu differe ordinairement, je confidère toutes les couleurs bleues relativement aux deux principales manières de les produire, & en conféquence j'en ferai deux claffes. Dans la première je traiterai du bleu de cuve, & dans la deuxième du bleu chimique: je me fers de ces deux dénominations, comme les plus propres à indiquer les différences des procédés qu'on fuit dans les atteliers de teinture. Le paftel & l'indigo fur-tout font des fubftances qu'on emploie pour teindre en bleu, & qui contiennent en eux-mêmes des parties colorantes bleues. Le paftel, *ifatis tinctoria*, *Linn*. eft une plante qu'on cultive en Allemagne, principalement dans la Thuringe. Mais l'indigo eft un ingrédient, ou une production, qui nous vient des Indes orientales ou d'Amérique, & qui eft faite avec une plante qu'on y cultive, & qu'on nomme *anil* ou *nil*, *indigofera tinctoria*, *Linn*. Comme je n'ai pas intention de m'occuper de la defcription détaillée des ingrédiens de teinture, mais feulement de faire connoître leur véritable ufage, & la manière de les traiter pour teindre, je renvoie aux auteurs qui ont écrit fpécialement fur le paftel & fur l'indigo, ceux qui voudront connoître plus particulièrement ces fubftances.

Quelques-uns mettent au nombre des fubftances qui teignent en bleu, le bois bleu ou de campêche, *lignum campechianum*, *hæmatoxylon brafilianum*, *Linn*. qu'on nous apporte d'Amérique : ce bois eft à la vérité très-utile pour plufieurs couleurs, comme on le verra par la fuite; mais la couleur bleue qu'il donne eft très-fugitive ; c'eft pour cela que je n'en ferai pas mention dans cette fection.

PREMIÈRE CLASSE.

Du bleu de cuve.

Par le mot de cuve, on entend le vaiffeau dans lequel on prépare le bain pour teindre en bleu. Avant que l'indigo ait été en ufage en Allemagne, on ne s'y fervoit que du paftel. On mettoit une certaine quantité de cette der-

nière plante dans un grand vaisseau de bois,
qu'on appeloit cuve, & qu'on commençoit à
remplir à moitié avec de l'eau chaude. On
écrasoit ensuite le pastel avec un rable ; on le
remuoit bien, & on couvroit enfin la cuve avec
des couvertures, & on la laissoit reposer pendant quelques heures. Après cela on y ajoutoit
de la chaux réduite à l'air en poussière, ou
éteinte dans l'eau. De tems en tems on exa-
minoit s'il paroissoit des bulles bleues sur la
superficie, & s'il s'excitoit un léger bourdon-
nement ou sifflement, ce qui indique la fermentation nécessaire. Si rien ne paroissoit, on
ajoutoit encore de la chaux ; on remuoit toute
la masse, & on la laissoit derechef reposer ;
on continuoit cette manœuvre de 2 heures
en 2 heures, jusqu'à ce que la fermentation se
fît appercevoir par les bulles bleues, & qu'un
petit morceau de drap, qu'on trempoit dans
la cuve, en sortît teint en bleu ; alors on ju-
geoit que la cuve étoit en état de teindre, &
dans la suite on a donné le nom de cuve au
bain même ; de sorte qu'aujourd'hui on nomme
cuve le bain qui communique une couleur
bleue. On nomme aussi la couleur qui en
sort, bleu de cuve. Auparavant on nom-
moit cuve de pastel celle qui étoit montée
avec du pastel seul ; mais actuellement ce mot
dont

dont on se sert encore quelquefois, désigne ,
non un bain composé de pastel seul, mais de
pastel & d'indigo en même-tems. Communément on omet le mot pastel, & on nomme
cuve le bain préparé avec du pastel & de
l'indigo. Par conséquent on entend présente-
ment par le mot de bleu de cuve les couleurs
bleues foncées & claires qui sortent d'un semblable bain, monté avec du pastel & de l'indigo. Comme je n'ai rien de particulier à faire
connoître concernant la construction & l'af-
siette de la cuve, que MM. Hellot & Dijonval
ont décrite en détail, on peut pour cet objet
avoir recours à leurs ouvrages; je me conten-
terai de rappeler ce qu'il y a de plus essentiel
sur cet objet, pour l'avantage de ceux qui
n'en ont pas encore une connoissance suffisante,
& je ne m'arrêterai qu'aux circonstances les
plus importantes.

N°. LIII.

Bleu de cuve.

La manière de monter une cuve est différente , suivant ce que j'ai observé dans plusieurs teintureries. Quant à l'essentiel , elles
reviennent toutes au même but ; savoir, de
traiter tellement le pastel & l'indigo, qu'il s'y

L

établiſſe une fermentation, qui ouvre, développe les parties colorantes, & leur donne de
l'activité. Comme cette opération ne s'exécute
pas par-tout dans une même eſpèce de vaiſſeau, que quelques-uns ſe ſervent uniquement de ceux de cuivre; tandis que d'autres
emploient des cuves, ou des vaiſſeaux de bois,
& en même-tems des chaudières de cuivre : on
doit conſidérer la méthode d'opérer comme
différente, & approfondir les circonſtances auxquelles l'action principale, qui eſt la fermentation du paſtel & de l'indigo, eſt aſſujettie,
& qui rencontre chez quelques-uns plus de
difficultés & d'inconvéniens que chez d'autres.

Ceux qui font en même-tems uſage de chaudière de cuivre & de cuves de bois, mettent
le paſtel deſtiné à la teinture dans la cuve ;
mais dans la chaudière de cuivre, ils font
bouillir pendant 2 à 3 heures environ la dou-
zième partie du paſtel ; ils y mettent enſuite
un peu de garance & de ſon, & ils font encore bouillir le tout enſemble pendant environ
$\frac{3}{4}$ d'heure. Ils y mettent enſuite de l'eau froide,
ils laiſſent repoſer le tout, & verſant la liqueur
claire ſur la quantité de paſtel, déjà contenue
dans la cuve de bois, enſuite ils l'écraſent &
le remuent en tout ſens avec un inſtrument de
bois, qu'on nomme rable. Ils continuent à

remuer jufqu'à ce que la totalité de la décoction chaude foit tranfportée de la chaudière dans la cuve ; quand elle eft à moitié pleine, on la couvre avec des planches, & des couvertures par deffus, & on la laiffe tranquille pendant 4 à 6 heures. On entr'ouvre enfuite un peu les planches, & on remue de nouveau le tout pendant $\frac{1}{4}$ d'heure, on la recouvre & la laiffe repofer. Au bout de 2 à 3 heures, on remue encore la cuve, & on continue ainfi jufqu'à ce qu'elle commence à fermenter. A cette époque il s'élève une odeur âcre, fuffocante, qu'on évite foigneufement. Lorfque la cuve commence à fermenter ou travailler, on la remue de nouveau, & on la laiffe encore re-pofer ; on continue de remuer de tems en tems, jufqu'à ce qu'enfin la couleur de la cuve devienne verdâtre, & qu'il commence à pa-roître des veines bleues. Quand cela arrive, elle ceffe de fermenter, & alors on y ajoute de la chaux. Peu après on met dans la cuve l'indigo, qu'on broie préalablement avec de l'eau pour le réduire en une bouillie claire ; on laiffe enfuite repofer la cuve pendant quel-ques heures; on a foin de la remuer une couple de fois pendant ce tems. C'eft-là le moment où il faut foigneufement prendre garde à l'o-deur, & mettre un peu de chaux, fi elle

devient très-vive, afin de modérer la fermentation : enfin pour favoir fi la cuve eft en état
de teindre, on y fufpend un petit morceau
de drap blanc pendant $\frac{1}{2}$ heure, enfuite on
le retire, & on y en fufpend un nouveau,
qu'on retire auffi après $\frac{1}{2}$ heure, on le con-
fronte avec le premier. S'il n'a pas encore
pris une bonne couleur foncée, on y en fufpend un troifième auffi pendant $\frac{1}{2}$ heure, ce
qu'on continue jufqu'à ce que le dernier morceau n'en forte pas plus foncé que le précédent ; on ajoute enfuite de la chaux, on remue
le bain, & on le laiffe encore repofer quelque tems. La cuve eft alors en état à pouvoir
y teindre.

Le procédé de ceux qui ne fe fervent que
d'un feul vaiffeau eft différent. La plus grande
partie de ceux-ci emploient des cuves qui font
à moitié de cuivre, ou qui font en entier de
ce métal. Les premières, qui font moitié de
cuivre, moitié de bois, font faites de façon
que la partie inférieure, qui eft en bois, fe
trouve enterrée ; mais la moitié fupérieure eft
de cuivre. On fait le feu de côté pour échauffer
cette efpèce de cuve ; mais le feu s'allume
fous celles qui font totalement de cuivre. Que
ces cuves foient à moitié ou entièrement de
cuivre, ils y mettent du paftel, de la potaffe,

de la garance & du son de froment ; ils les
remplissent d'une suffisante quantité d'eau, les
échauffent, & remuent bien les ingrédiens ensemble. Pour le surplus on observe tout ce
qui a été dit relativement au procédé précédent. On a sur-tout grand soin de mettre la
cuve en fermentation de la manière qui a été
expliquée. Si le tout va à souhait, & que la
cuve soit en fermentation d'une manière convenable, on y met alors de la chaux, pour
empêcher que la fermentation ne recommence
de nouveau, car les parties colorantes déjà
développées, atténuées & rendues actives par
la première fermentation, s'atténueroient, se
développeroient encore davantage, & seroient
rendues incapables de communiquer la teinture. Ainsi pour connoître si on a atteint le
degré de fermentation convenable, on suspend
pendant $\frac{1}{2}$ heure un petit morceau de drap
blanc, ce qu'on réitère jusqu'à ce qu'on voye
que le dernier morceau n'en sorte pas plus
foncé que le précédent. Quand cela arrive, &
que le bain est d'une couleur jaunâtre, avec
des veines bleues, on lui donne alors de la
chaux, on le remue, & le laisse reposer. Il paroît alors une couleur foncée verte brunâtre,
& il se développe une odeur âcre & des
grosses bulles d'un bleu sombre. Alors si l'on

plonge la main dans la cuve, les gouttes qui
en découlent paroiffent brunes; le bain qu'on
manie entre les doigts, n'eſt ni trop gluant,
ni trop rude ; il n'a ni l'odeur de la chaux, ni
celle de la leſſive ; quand on y enfonce un
bâton, il ſe forme une écume de couleur cui-
vreuſe; on juge alors que la cuve eſt en état
de teindre.

On teint dans la cuve de la manière ſuivante :
on y met un cercle de fer ou de cuivre de la
largeur de la cuve, garni intérieurement d'un
filet ou treillage de groſſe ficelle, ou de petite
corde. Ce cercle, qu'on nomme *la champagne,*
doit être ſolidement attaché avec des cordes
aux crochets, qui ſont au bord de la cuve.
Quelques-uns ſe ſervent outre cela d'un filet,
qu'ils tendent par-deſſus la champagne. Celui-
ci eſt néceſſaire auſſi bien que la champagne,
afin que la laine ou le drap ne touche pas le
fond, qui le tacheroit. Quand cela eſt fait, on
y met le drap ou l'étoffe, qu'on a ſoin d'hu-
meĉler d'eau auparavant, & les teinturiers le
paſſent dedans avec deux petits crochets, ou
comme on dit vulgairement, ils le crochetent
d'un bord à l'autre. Ce crochetage eſt réitéré
fix fois & plus juſqu'à ce que le drap & l'étoffe
ait pris la couleur qu'il doit avoir. Enſuite
on le retire & on le tord par-deſſus la cuve avec

un cabeftan, & auffitôt on l'ouvre & on l'évente,
afin qu'il déverdiffe promptement, & qu'il prenne
au plus vîte la couleur bleue. Le drap ou l'é-
toffe a en fortant de la cuve une couleur verte,
qui fe change à l'air en une couleur bleue. Ce
changement de verd en bleu fe nomme *déver-*
dir. On lave enfin le drap ou l'étoffe dans l'eau
claire & courante, & on le fufpend pour le
laiffer fécher dans un endroit ombragé, mais
aéré.

On procéde de la même manière qu'à la 1re
pièce de drap, pour en teindre une 2e, une
3e & encore plus, felon qu'un teinturier expéri-
menté le trouve à propos, & qu'il penfe pouvoir
le faire fans nuire à la cuve. Mais après cela il
retire la champagne, remue bien la cuve & la
laiffe repofer. Après environ deux heures il recommence à teindre, ce qu'il réitère de trois
jufqu'à quatre fois par jour. Mais ceux qui
n'ont que des petites cuves ne teignent qu'une
fois par jour, & laiffent alors repofer la cuve
après l'avoir remuée, & lui avoir donné un peu
de chaux. Quand ils veulent faire travailler la
cuve pendant un certain tems, ils ont grande
attention de lui donner de la chaux, quand elle
en a befoin, & ils teignent dès le lendemain.
Lorfqu'on a diverfes nuances de bleu foncé &

L iv

clair à teindre dans une cuve, on commence par faire les plus foncées dans une cuve nou-vellement montée, & en ce cas on teint quel-ques jours de fuite avant que de donner du nouvel indigo à la cuve. Mais quand on a teint un certain tems de cette manière, on donne du nouvel indigo, & quand la fermentation a recommencé, on continue à teindre ; quelques-uns entretiennent de cette façon la cuve plu-fieurs mois confécutifs fans l'épuifer, ni en mon-ter une nouvelle. D'autres épuifent les cuves de teinture fans les nourrir, & en ce cas ils peuvent faire diverfes nuances les unes après les autres. La première pièce qu'on teint dans une cuve nouvellement montée, prend une cou-leur bleue foncée, lorfqu'on la retire & replon-ge dedans à 5 à 6 reprifes. Les pièces fuivantes prennent auffi des couleurs bleues foncées dont la précédente eft cependant plus foncée que la fuivante, fur-tout lorfqu'on les traite de la même manière & qu'on les replonge une quan-tité de fois égales. Quand quelques pièces de drap ont été teintes d'un bleu foncé, les par-ties colorantes font diminuées, & celles qu'on teint alors, prennent des couleurs plus claires, telles qu'eft le bleu célefte, le bleu clair, le bleu pâle & le bleu de perle. Par ce procédé on peut faire diverfes nuances de bleus clairs felon le

tems qu'on tient les pièces dans la couleur.
La dernière qu'on y teint, est la plus pâle de
toutes, & elle n'est qu'une couleur de perle,
ou une foible couleur d'eau, qui est en même
tems très-matte. Comme les dernières couleurs
sont généralement plus mattes que les premières,
parce que non-seulement la quantité des parties colorantes est plus petite, mais aussi parce
que quelques parties salino-terreuses pénétrent
les filamens du drap en même tems que les parties colorantes qui existent encore, ce qui rend
l'aspect de la couleur matte. On tâche d'obvier
à cet inconvénient en passant dans de l'eau
chaude les pièces de drap mattes, cela enlève
les parties salino-terreuses, de sorte que les
parties colorantes sont moins déguisées & deviennent plus vives. Quoique la couleur soit
rendue un peu plus pâle, elle en est aussi plus
agréable & plus solide. Cette méthode de passer les draps teints dans l'eau bouillante, ou
chaude, peut aussi se pratiquer à l'égard des
pièces teintes en bleu foncé, afin que les parties salino - terreuses inhérentes & les parties
étrangères qui ternissent la couleur soient en-
levées, ce qui rend les couleurs plus vives,
plus solides & plus naturelles. Une pièce de
drap traitée de cette manière paroit alors beau-
soup plus agréable à la vue, & n'a pas le dé-

faut ordinaire de décharger, lorfqu'on en fait ufage, & de falir le linge & la doublure (a).

(a) L'on ne s'arrêtera pas aux longues explications que l'Auteur donne fur la fermentation qu'éprouvent le paftel & l'indigo, & fur les différentes parties du procédé : l'on fe contentera de dire que tous les changemens qu'éprouvent les parties bleues pour être rendues propres à fe combiner avec les corps auxquels elles s'appliquent, confiftent dans une privation d'oxigène avec lequel elles fe trouvent naturellement unies. On fe propofe d'expofer dans un autre ouvrage tous les faits qui appuient cette théorie, qui a été déjà indiquée par M. Hauffman dans un mémoire très-intéreffant qui fe trouve dans le Journal de Phyfique, janvier 1788. Ceux qui ne voudront regarder cette théorie que comme une hypothèfe, conviendront qu'au moyen de cette feule fuppofition, on explique d'une manière fatisfaifante les phénomènes variés que préfente l'indigo dans les procédés dans lefquels on en fait ufage. L'indigo privé d'oxigène prend une couleur verdâtre ; mais dès qu'il eft en contact avec l'air atmofphérique, il fe combine avec l'oxigène qui lui manquoit ; il reprend fa couleur bleue, & il fe fépare du diffolvant ; fi on plonge dans l'acide muriatique oxigéné très-affoibli un morceau de drap, qui a pris la couleur verte dans la cuve, fans lui permettre le contact de l'air, il reprend également la couleur bleue.

L'on trouve dans différens ouvrages, & particulièrement dans le traité de Hellot, la defcription des procédés qui font le plus en ufage pour teindre avec l'indigo, & les précautions qu'exige l'art de conduire

Obſervation.

Avant que de quitter l'examen de la cuve, je ferai une courte mention de quelques autres

---

une cuve. Cet art demande beaucoup d'expérience.

Il y a dans la conduite d'une cuve deux principaux inconvéniens à éviter : ils dépendent de la quantité de chaux qui eſt ou trop grande ou trop petite. Quand une cuve eſt trop garnie, c'eſt-à-dire, quand on y a mis de la chaux plus que le paſtel n'a pu en uſer, on le reconnoît facilement en y mettant un échantillon, qui au lieu de devenir d'un beau verd d'herbe, n'eſt que ſali d'un bleu grisâtre & mal uni ; la patée ne change point, & la cuve ne fait preſque point de fleurée ; le bain n'a qu'une odeur piquante de chaux.

Lorſqu'une cuve ſouffre, parce qu'elle n'a pas été aſſez garnie, le bain ne fait pas de fleurée, & il ne fait que friller, lorſqu'on le heurte avec le rable ; il eſt rude & ſec au toucher : il a une odeur d'œufs couvés, & finit par prendre tous les caractères de la putridité.

Pour remédier au premier inconvénient que l'on déſigne par le nom de cuve rebutée, les gueſdrons ajoutent différentes ſubſtances, telles que le ſon, la garance, l'urine, qui ſont propres à ranimer la fermentation ; d'autres y ajoutent des acides, & particulièrement du tartre, pour abſorber la chaux ſurabondante ; d'autres rechauffent le bain. Hellot dit que le meilleur remède eſt d'ajouter du ſon & de la garance à diſcrétion : ſi la

eſpeces de cuves qu'on nomme ordinairement *cuve d'indigo*. On emploie, à la vérité, de l'indigo dans une même cuve avec du paſtel, &

---

cuve n'eſt qu'un peu trop garnie, il ſuffit de la laiſſer repoſer juſqu'à ce que la chaux ſurabondante ſoit uſée. M. Dijonval dit (*Mémoires des Savans Etrangers*, *tom. IX*) qu'il a mis une cuve dans ce mauvais état, en la ſurchargeant à pluſieurs repriſes de chaux, & qu'il l'a rétablie en la réchauffant deux fois, & en la laiſſant enſuite repoſer deux jours, après leſquels elle a donné une fleurée bien caractériſée ; il l'a encore laiſſée en repos pendant trois jours, après quoi il l'a réchauffée pour la troiſième fois, & elle s'eſt trouvée rétablie. MM. Hecquet & Dorval preſcrivent de laiſſer ſimplement repoſer la cuve rebutée, ſi l'excès de chaux eſt peu conſidérable; mais lorſque le mal eſt trop grand, ils font jetter dans la cuve du ſon enfermé dans un ſac, & ils y répardent en même-tems trois ou quatre livres de tartre en poudre. (*Mémoires des Savans Etrangers*, *tom. IX.*)

On remédie au ſecond inconvénient en ajoutant de la chaux en plus ou moins grande quantité & à pluſieurs repriſes, juſqu'à ce que la cuve ſoit rétablie.

M. Dijonval fait des obſervations très-juſtes ſur l'incertitude qui naît de la manière dont on jette au haſard la chaux avec une febile de bois ou avec *le tranchoir ;* il propoſe de la peſer, & il dit avoir reconnu, par un grand nombre d'expériences, que la chaux doit être avec le paſtel dans le rapport d'un trentième, lorſqu'on établit la cuve, & qu'enſuite on ne, doit jamais

pour ce qui regarde la propriété de teindre en
bleu, c'est l'indigo qui y contribue le plus dans
une cuve montée de pastel & d'indigo ; mais
puisqu'il faut chercher l'origine de la teinture
bleue dans la cuve de pastel, auquel on a
long tems après allié l'indigo, on a, comme
il a été dit, nommé cette première méthode
de teindre, *teindre en cuve de pastel.* Comme
on a par la suite du tems cherché à rendre l'indigo propre à teindre sans le secours du pastel,
& qu'on a atteint à ce but de diverses manières,

―――――――――――――――――――――

en ajouter plus d'un soixantième à la fois, à moins
qu'un accident ne détermine à en mettre une plus
grande quantité.

Bergman décrit une cuve qui est plus simple que
toutes les autres qui font connues, mais qui ne peut
servir que pour les fils & cotons ; elle se compose avec
3 parties d'indigo, 3 parties de vitriol verd, 6 parties
de chaux, & 130 parties d'eau ; cette cuve est en état
de travailler dans quelques heures.

Il y a encore une cuve qui est fort simple, & dont
on se sert sur-tout pour les toiles peintes ; on prend de
la lessive des savonniers très-forte dans un chaudron,
on y ajoute 3 gros d'indigo bien pulvérisé pour chaque
pinte de liqueur : après quelques minutes on met 6
gros d'orpiment en poudre ; on pallie bien, après quoi
le bain devient bientôt verd, fait de la fleurée, &
montre une pellicule cuivrée ; alors la cuve est en état
de teindre.

pour diſtinguer ces eſpèces de cuves, on les a
nommées *cuves d'indigo*, de ſorte qu'aujourd'hui
ſous le nom de cuve de paſtel ou ſimplement
de cuve, on entend le bain préparé avec le paſtel & l'indigo, & ſous la dénomination de cuve
d'indigo le bain préparé uniquement avec de
l'indigo ſans paſtel.

On a différentes méthodes pour diſſoudre
l'indigo ; c'eſt par cette raiſon qu'on a auſſi
donné diverſes dénominations aux cuves. Ainſi
on nomme une eſpèce, ſimplement cuve d'indigo ; une deuxième s'appelle la cuve froide
d'indigo ; une troiſième, la cuve froide d'indigo
avec de l'urine ; une quatrième, la cuve chaude
d'indigo avec l'urine ; & une cinquième porte le
nom de cuve froide d'indigo pour la teinture
de la toile & du coton. Pour la première, qui
eſt proprement la cuve d'indigo, on emploie
de l'indigo, de la potaſſe, de la garance & du
ſon de froment. On fait bouillir enſemble la
garance, le ſon & la potaſſe dans une petite
chaudière, on verſe alors la décoction qui en réſulte dans une cuve de cuivre élevée en cône,
on y met enſuite l'indigo broyé avec de l'eau,
on remue bien le tout, on couvre la cuve, &
on l'entoure de charbons ardens, ce qu'on réitère le lendemain. On remue deux fois le tout ;
on continue de chauffer, & de remuer le troi-

fieme jour. On chauffe encore le quatrième
jour, & fi en remuant la cuve il s'éleve une
écume bleue, & que le bain devienne verd
foncé, c'est une preuve que la cuve, qui n'est
qu'un peu plus qu'à moitié pleine, doit être
remplie. Pour cet effet on fait encore bouillir
de la potaffe, de la garance & du fon enfemble dans une autre chaudière, & on remplit la
cuve avec cette décoction; on peut alors y teindre les étoffes de laine de la même manière que
dans la cuve de pastel, dès le moment que le bain
paroît être couvert d'une pellicule de couleur
cuivreufe, & que cette pellicule paroît verte,
lorfqu'on la remue avec la main.

La deuxième efpèce, qu'on nomme cuve
froide d'indigo, fe prépare avec de l'indigo,
de la potaffe, du vitriol verd & de la chaux. On
diffout le vitriol verd avec de l'eau dans un
vafe, & dans un autre vafe on fait digérer l'indigo & la potaffe enfemble, l'indigo fe gonfle
& prend la confiftance d'un fyrop. On verfe
cette liqueur dans le vafe contenant le vitriol
verd, & on remue foigneufement ce mélange,
peu après on y ajoute de la chaux, & on le remue quelquefois chaque jour. Après 1, 2, 3
jours, fuivant que l'air eft plus ou moins chaud,
ce bain prend une couleur verte, & il forme
une écume bleue fur la fuperficie; il eft alors

propre à teindre. Dans cette cuve on teint de
la toile & du coton, qui reçoivent par ce procédé des couleurs folides.

La troifième efpèce, qu'on nomme la cuve
froide d'indigo avec l'urine, fe prépare comme
il fuit : on fait digérer pendant 24 heures de
l'indigo broyé fur les cendres chaudes avec du
vinaigre, on broye de nouveau ce qui n'eft pas
diffous, avec du vinaigre dans un mortier de
pierre ou de marbre, & on verfe peu-à-peu
de l'urine par-deffus, on y ajoute enfuite de
la garance, on remue bien le tout, & on le
met dans un tonneau, dans lequel fe trouve
de la vieille & de la nouvelle urine. Après que
le mélange a été bien remué on le laiffe repofer
pendant 6 à 8 jours, ou jufqu'à ce que la fuperficie de la cuve devienne verte lorfqu'on
l'agite ; ce qu'on doit exécuter régulièrement
tous les jours, foir & matin. On commence
alors à y teindre, & on continue auffi long-
tems qu'elle fournit à la teinture. La quatrième efpèce, qu'on nomme cuve chaude d'indigo avec l'urine, eft la fuivante : on verfe de
l'urine fur une quantité déterminée d'indigo,
on le laiffe repofer pendant 24 heures ; on
broye enfuite ce mélange dans un mortier, &
on le paffe à travers un tamis. On broye de
nouveau l'indigo qui a refufé de paffer au tamis

mis, dans un mortier avec de l'urine, & on le paſſe à traver le tamis ; on continue ainſi juſqu'à ce que tout l'indigo ſoit paſſé à travers le tamis avec l'urine. Après cela on verſe, & on fait chauffer de l'urine dans une chaudière, on l'écume, & lorſqu'elle eſt prête à bouillir, on la verſe dans une cuve de bois, on y met l'indigo broyé & paſſé au tamis, & on remue bien le tout avec un rable. On réduit alors en poudre fine du tartre & de l'alun, on verſe de l'urine deſſus & on remue le tout enſemble juſqu'à ce que la maſſe, qui ſe gonfle beaucoup, ne faſſe plus effervescence. On met ce mélange dans la cuve avec l'urine & l'indigo, on remue exactement le tout, on met un couvercle, & des couvertures de laine par-deſſus, & on laiſſe la cuve tranquille pendant quelques jours. On verſe enſuite ce bain dans une chaudière, on l'échauffe lentement ſans le faire bouillir, on ôte l'écume, qui ſe forme ſur la ſuperficie, on reverſe le bain dans la cuve, on y met encore autant que la première fois d'indigo exactement broyé avec l'urine & trituré. On y ajoute un deuxième bouillon d'alun & de tartre ſemblable au premier, & auſſi de la garance, on agite bien la cuve, on la couvre & on la laiſſe repoſer pendant une nuit. Le lendemain elle doit être verte & en état de teindre. On ne teint

M

ordinairement que de la laine tant dans cette
cuve , que dans la froide d'indigo avec de
l'urine ; pour teindre dans la cuve chaude d'indigo avec de l'urine il faut toujours l'échauffer,
puisque sans cela un pareil bain ne teindroit
pas. Quand une cuve de cette espèce s'affoiblit à force d'y teindre , on lui donne de nouveau de l'indigo broyé, de l'alun , du tartre
& de la garance , on y verse autant d'urine
qu'il s'en est consommé, & on la laisse reposer
pendant une nuit, après cela on peut y teindre comme auparavant ; ce qu'on peut toujours
réitérer, parce qu'une semblable cuve dure aussi
long-tems qu'on veut.

La cinquième espèce, qui ne sert que pour
teindre la toile & le coton , & qu'on pourroit
nommer la cuve d'indigo âcre ou alkaline , se
prépare avec de l'indigo & de la lessive de savonniers ou avec de la potasse. On fait digérer
l'indigo réduit en poudre fine dans la lessive de
savonniers , ou dans une dissolution de potasse
faite depuis 24 heures. On met de la chaux
éteinte & tamisée dans un autre vaisseau , qu'on
fait bouillir. On la laisse reposer, on en tire la
liqueur claire dans laquelle on fait dissoudre
du vitriol verd. On verse ensuite de l'eau dans
un grand tonneau de saule ou de sapin , on y
verse les deux dissolutions , on remue bien le

tout & on le laiffe repofer. Au bout de quelques heures la cuve eft en état de teindre. Quand
elle s'affoiblit, on la ranime fimplement avec un
bouillon de vitriol verd, diffous dans de l'eau
de chaux. Mais quand elle tombe tout-à-fait,
on y met des mêmes diffolutions que les premières préparées avec de la leffive ou de la
potaffe.

Toutes ces cuves, que Hellot décrit en détail dans fon art de la teinture, ne font pas fi
avantageufes, que les cuves de paftel, dont l'u-
fage eft très-étendu & la connoiffance très-
commune. On ne peut faire ufage de la cuve
préparée avec de la potaffe ou de la leffive de
favonniers, que pour teindre de la toile &
du coton, & non de la laine. La deuxième cuve,
dont il a été fait mention, préparée avec de la
potaffe, du vitriol verd & de la chaux, ne peut
également fervir que pour la toile & le coton.
La laine fe teint bien dans les cuves préparées
avec de l'urine ; mais ces deux préparations re-
butent par leur mauvaife odeur, & on peut
fort bien s'en paffer dans les grandes teintureries. La cuve nommée cuve d'indigo, qui eft
la première de ces cinq efpèces, eft la feule
bonne & avantageufe, & elle peut être utilement employée pour teindre les draps & les
étoffes de laine, auffi bien que la cuve de paftel.

D E U X I È M E C L A S S E.

Du bleu chimique.

. On donne cette dénomination à la préparation de l'indigo, lorfqu'on fe fert pour le
diffoudre, de l'intermède de l'acide vitriolique
concentré, autrement de l'huile de vitriol, afin
de le rendre propre à fervir à la teinture. Cette
diffolution étoit connue des Chimiftes long-
tems avant qu'on s'en foit fervi pour la teinture ; ce n'eft qu'environ vers le milieu de ce
fiècle, qu'on a eu en Saxe, notamment à
Groffenhayn, l'idée d'employer dans la teinture
la diffolution d'indigo faite avec l'huile de vitriol. M. le confeiller Barth fur-tout réuffit
dans cette ville à employer avantageufement
cette diffolution. Dans le commencement il
tint cette découverte fecrette, mais petit à petit
elle fut généralement connue. On ne fit pas
d'abord cette diffolution avec la feule huile
de vitriol & l'indigo, on ajoutoit de la cala-
mine & de l'antimoine à l'huile de vitriol, ou
encore d'autres fubftances minérales, qu'on faifoit préalablement digérer avec l'acide vitriolique, & on y ajoutoit enfuite l'indigo, & lorfqu'il étoit diffous, on l'employoit à la teinture.
On a appris par l'expérience, que ces fubf-

tances minérales font fuperflues ; conféquemment on n'en fait plus ufage , & on emploie
la diffolution d'indigo faite uniquement avec
l'huile de vitriol , au moins avec le même
avantage que fi l'on y ajoutoit de ces efpèces
de fubftances. Comme j'ai fait de nombreux
& différens effais avec cette diffolution , & que
j'ai effayé d'opérer avec elle en grand , de diverfes manières, j'indiquerai les plus utiles ; mais
auparavant je ferai connoître la méthode de
préparer cette diffolution d'indigo avec l'huile
de vitriol , dont j'ai jufqu'à préfent trouvé le
procédé très-bon.

On broie 4 onces d'indigo de première
qualité en poudre très-fine ; on le met dans un
bon vafe de terre de même qualité, que font
ceux de Waldenbourg, & on verfe 1 livre de
bonne huile de vitriol par-deffus ; on remue
bien le tout enfemble avec un pilon de pierre,
& on le laiffe repofer pendant 24 heures. On
y verfe enfuite 8 $\frac{3}{4}$ livres d'eau , on remue encore le tout enfemble , & on le met dans un
flacon de verre ; on détache avec le pilon de
pierre ce qui ne s'eft pas incorporé avec l'eau ;
on y jette un peu d'eau , & on le verfe dans
le flacon avec le premier , ce qu'on réitère
jufqu'à ce que tout l'indigo foit mélé avec l'eau.
Cette diffolution eft la plus commune & la

plus ufitée ; à caufe de l'ufage que j'en indiquerai par la fuite, je lui donnerai le nom de teinture d'indigo *A* pour la diflinguer.

Quelques-uns mettent 6 jufqu'à 8 parties d'huile de vitriol fur 1 partie d'indigo; il femble que la diffolution d'indigo réuffit mieux ; mais j'ai reconnu que la diffolution d'indigo faite par ce procédé attaquoit trop·la laine, & que la couleur étoit encore moins folide que celles qui provenoient d'une diffolution faite avec 4 parties d'huile de vitriol, fur 1 partie d'indigo.

M. Dijonval prefcrit une autre méthode de préparer l'indigo, la voici : on verfe 6 onces d'huile de vitriol de bonne qualité, fur 1 once d'indigo bien broyé ; on mêle bien ces deux fubftances, & on les laiffe repofer pendant 24 heures. On y met enfuite petit à petit 1 once de potaffe en poudre fine, qu'on mêle bien avec le refte ; quand ce mêlange a fini de faire effervefcence, on le met dans l'eau bouillante, & on teint avec. Comme la mixtion de la potaffe avec l'indigo, diffous par l'huile de vitriol, occafionne une effervefcence vive, il faut faire cette opération dans un vafe élevé, & d'une capacité fuffifante, & dans un endroit tellement difpofé, que les vapeurs qui s'en dégagent ne puiffent atteindre celui qui la fait ;

on doit également se préserver avec soin des vapeurs qui se dégagent dans la première préparation de l'indigo avec l'huile de vitriol seule & l'eau, parce qu'elles sont très-nuisibles à la santé. Quand la mixtion de la potasse est faite, & que l'effervescence a cessé, on y mêle de l'eau, & on remue bien le tout ensemble, jusqu'à ce qu'il soit bien incorporé avec l'eau. J'ai trouvé cette préparation, de même que M. Dijonval, très-bonne, & beaucoup meilleure que l'ordinaire, & je l'ai préparée presque de la même manière, si ce n'est que je n'ai mis que 4 parties d'huile de vitriol, au lieu de 6 parties, sur 1 partie d'indigo, & d'ailleurs autant de potasse que d'indigo; par cette méthode j'ai fait une dissolution d'indigo encore plus avantageuse (*). Elle rend les parties colorantes de l'indigo propres à péné-

(*) Voici la véritable préparation : on broie 4 onces d'indigo en poudre fine, on le met dans un grand vase de terre, de l'espèce des terrines à lait, usitées dans ce pays ; on verse 1 livre de bonne huile de vitriol dessus ; on remue pendant quelque tems le tout ensemble, & on le laisse reposer pendant 24 heures ; on y ajoute alors 4 onces de bonne potasse séche & réduite en poudre fine, & on remue le tout ensemble avec précaution. Pendant qu'on l'agite, le mélange se gonfle, forme beaucoup d'écume, & exhale quantité de va-

M iv

trer plus profondément dans les filamens du
drap, que la diffolution d'indigo ordinaire préparée avec l'huile de vitriol feule, de façon
que la couleur eft en même-tems plus folide.
Malgré cela j'ai remarqué que cette efpèce de
diffolution d'indigo, quoique d'ailleurs très-
bonne & très-avantageufe, étoit fujette à quelques inconvéniens dans l'ufage; & comme je
m'occupois depuis plufieurs années de la re-
cherche d'une méthode de préparer l'indigo,
qui fût fujette à moins d'inconvéniens, & en
même-tems plus avantageufe que celles que j'ai
indiquées, je fuis enfin parvenu, après nombre
de tentatives, au point de préparer l'indigo
fous une forme féche, lequel fait beaucoup
plus d'effet, que les diffolutions précédentes,
d'autant plus que fa préparation & fon ufage
font beaucoup plus faciles, moins dangereux

---

peurs nuifibles, dont il faut fe préferver avec foin.
On laiffe enfuite encore repofer ce mélange 24 heures;
quand il a fini de faire effervefcence, & qu'il eft tranquille, on y verfe petit à petit 8 $\frac{1}{2}$ livres d'eau claire,
on méle & remue le tout bien enfemble, & on met
cette diffolution dans un flacon de verre pour la conferver. Je défigne cette diffolution d'indigo par la lettre
B, & j'en indiquerai l'ufage ci-après; dans 1 once,
il y a 12 grains d'indigo, 48 grains d'huile de vitriol,
& 12 grains de potaffe. (*Note de l'Auteur.*)

& plus avantageux. Mais je suis engagé à ne
pas encore rendre publique cette nouvelle méthode de préparer l'indigo, je l'annonce uniquement, afin que s'il tombe entre les mains
de quelqu'un de cette préparation, qui a la
forme grenue & l'aspect d'une poudre bleue
ou bleuâtre sombre, & qu'on desire avoir des
renseignemens plus circonstanciés, je puisse fournir l'instruction nécessaire. Mon desir de rendre
cette préparation publique s'accomplira peut-
être, quand mes vues seront remplies, d'autant plus que ce n'est pas ma coutume de tenir
secrètes les découvertes, que mes expériences
& mes essais journaliers me procurent sur l'art
de la teinture. Je suis même assuré que j'ai
déjà fait connoître par mes Essais & Remarques
beaucoup de préparations & de procédés, dont
j'aurois indubitablement pu retirer un bénéfice
personnel, & que par cet ouvrage j'en rends
publiques, qui feront l'avantage des autres.
Je peux assurer que les dissolutions d'indigo *A*
& *B* sont employées avantageusement, si toutefois on observe le véritable procédé. Je n'indiquerai donc que les préparations dans lesquelles on dissout l'indigo avec l'huile de vitriol
& la potasse pour se procurer par leur moyen
des bleus foncés & des bleus clairs. Je défi-

gnerai la première par la lettre *A* & la seconde
par la lettre *B*.

N°. LIV.

*Bleu foncé & bleu célefte , avec la teinture
d'indigo A.*

Pour préparer 1 livre de drap, on le fait
bouillir pendant 1 heure dans un bain préparé
avec 2 $\frac{1}{2}$ onces d'alun , & 1 $\frac{1}{2}$ once de tartre ;
on le laiffe repofer pendant 24 heures dans
ce bain devenu froid.

A. Pour préparer le bain de teinture , on
fait chauffer un bain dans une chaudière, qui
contient une quantité convenable d'eau ; dès
qu'il commence à bouillir, on y verfe 10 gros
de diffolution d'indigo *A*, on le remue bien enfemble, on y met le drap préparé, qu'on y
fait bouillir pendant $\frac{1}{2}$ heure jufqu'à $\frac{3}{4}$ d'heure ;
enfuite on le remonte fur le tour , & on le
lave foigneufement. Le drap prend une couleur bleue foncée.

B. On remplit le reftant du bain de teinture
avec de l'eau chaude, on y met une deuxième
pièce de drap de même poids & de même
préparation, qu'on fait bouillir pendant $\frac{1}{2}$ heure,
ou même auffi long-tems qu'on voit qu'il tire

du bain des parties colorantes ; il y prend une
couleur bleue célefte.

Obfervation.

Pour la préparation de la diffolution d'indigo
A, j'ai prefcrit de mettre 4 onces d'indigo fur
1 liv. d'huile de vitriol , & 8 $\frac{3}{4}$ liv. d'eau, ce
qui fait par conféquent 35 parties d'eau fur 1
partie d'indigo , & 4 parties d'huile de vitriol ;
ainfi 10 liv. pefant en tout. 2 $\frac{1}{2}$ liv. de cette
diffolution contiennent 1 once d'indigo & 4 onces
d'huile de vitriol. On a donc employé pour
teindre les deux pièces de drap A & B du n°.
54, du poids d'une liv. chacune, $\frac{1}{2}$ once d'indigo,
& 2 onces d'huile de vitriol , tellement cependant que la première pièce a reçu beaucoup
plus de parties colorantes, & que fa deuxième
pièce en a eu beaucoup moins ; c'eft pour cette
raifon que la première eft beaucoup plus foncée que la dernière. Si la première pièce étoit
reftée moins de tems dans le bain de teinture ,
elle auroit été bien moins foncée , & le bain
auroit confervé plus de parties colorantes, de
forte que la deuxième pièce auroit reçu plus
de teinture, & auroit pris une couleur plus faturée. Conféquemment dans ce procédé il faut
avoir égard aux nuances des couleurs qu'on

fe propofe de faire, afin de faire bouillir plus ou moins le drap dans le bain; cependant quand une fois les filamens du drap font fuffifamment pénétrés & faturés des parties colorantes, ils n'en reçoivent plus, quoiqu'on laifsât le drap encore long-tems dans le bain bouillant. L'effet dépend auffi beaucoup de la quantité de la teinture d'indigo, qu'on emploie. Par exemple, fi on en met le double, favoir $2\frac{1}{3}$ liv., qui contiendroient 1 once d'indigo, 1 liv. de drap reçoit dans bien moins de tems, dans environ 8 ou 10 minutes, une couleur bleue beaucoup plus foncée (& même prefque noire) que la couleur *A* du n°. 54, qu'a reçu le drap pendant une ébullition de $\frac{1}{3}$ heure à $\frac{3}{4}$ d'heure dans un bain qui ne contenoit que $1\frac{1}{4}$ liv. de diffolution d'indigo, ou $\frac{1}{2}$ once d'indigo. Il eft certain, qu'avec la diffolution d'indigo faite avec l'huile de vitriol on peut faire les nuances de couleurs qu'on défire, parce qu'on a en main de quoi procéder à volonté, fi feulement les couleurs qui en réfultent avoient la folidité convenable & qu'elles ne fe détruififfent pas fi promptement par l'action de l'air, comme cet effet a lieu, fur-tout à l'égard des couleurs bleues claires produites par ces procédés.

Pour faire la diffolution d'indigo quelques-ques-uns mettent 6 jufqu'à 8 parties d'huile de

vitriol fur 1 partie d'indigo ; il eſt vrai , que
de cette façon l'indigo ſe développe de manière qu'on peut teindre avec moins d'indigo ,
que ſi on ne mettoit que 4 parties d'huile de
vitriol fur 1 partie d'indigo. Mais j'ai appris par
l'expérience , que les couleurs qui provenoient
d'une diſſolution d'indigo faite avec 8 parties
d'huile de vitriol, étoient moins ſolides que celles qui étoient produites avec une diſſolution
d'indigo faite ſeulement avec 4 parties d'huile
de vitriol ſur une partie d'indigo. J'ai également remarqué que la teinture d'indigo , où il
étoit entré plus de 4 parties d'huilé de vitriol
pénétroit moins les draps. On peut aiſément
en deviner la raiſon : plus il y a d'acide vitriolique dans la diſſolution d'indigo , plus elle eſt
forte & corroſive , de ſorte que quand le drap
bout dans le bain , elle reſſerre & bouche
les pores , & la couleur ſurprend trop tôt les
filamens extérieurs du drap , de ſorte qu'aucune partie colorante ne peut plus les pénétrer.
C'eſt pour cela qu'un ſemblable drap eſt blanc
ſous la coupe , & qu'il paroît teint ſeulement
d'un bleu clair , quoique la couleur ſuperfi-
cielle ſoit très-foncée. On peut aiſément juger
que la couleur d'un pareil drap ſe perd avec
la laine extérieure , qui tombe peu-à-peu lorſqu'on le porte , ce qui arrive généralement à

l'égard de toutes les couleurs qui tranchent, soit qu'elles foient rouges, jaunes, ou d'autres nuances, quoiqu'elles refiftent à l'air, & qu'elles foient d'ailleurs folides : quand la fuperficie d'un pareil drap eft ufée, la couleur s'évanouit, les parties intérieures qui n'ont pas reçu de teinture paroiffent, & le drap eft d'un afpeĉt défagréable.

J'ai recommandé à l'égard de la diffolution d'indigo, d'y ajouter une grande quantité d'eau, & de bien broyer & remuer tout le mélange, lorfque la mixtion & la diffolution de l'indigo avec l'huile de vitriol étoit faite. Cela atténue beaucoup les parties colorantes de l'indigo, & les rend propres à pénétrer plus facilement & plus profondément les filamens du drap, & à fe loger dans l'intérieur. Par-là on fe procure auffi l'avantage de pouvoir fortifier le bain de teinture à volonté fucceffivement en teignant, & de teindre le drap plus uniformément, que fi la diffolution d'indigo avoit été étendue de moins d'eau. Au refte il n'eft pas indifpenfablement néceffaire, qu'on mette précifément 35 parties d'eau fur 4 parties d'huile de vitriol & 1 partie d'indigo, cela eft arbitraire. Mais j'ai adopté & obfervé cette proportion dans mes Effais, afin que je puiffe, lorfque je voulois teindre avec une très-petite partie d'indigo, la trouver plus certainement ; je trouve auſſi cette proportion bonne & utile pour les travaux en grand, puiſque ſouvent on n'a beſoin que d'une très-petite partie d'indigo, & que de cette façon on ſe la procure d'une manière commode & certaine.

Nº. L V.

Bleus clairs faits avec la teinture d'indigo A.

On fait bouillir 1 liv. de drap pendant 1 heure avec $2\frac{1}{2}$ onces d'alun, & repoſer pendant 24 heures dans le bain devenu froid.

A. On prépare le bain de teinture avec $2\frac{1}{2}$ onces de diſſolution d'indigo *A* ; lorſqu'il commence à bouillir, on le remue bien, on y met enſuite le drap préparé, qu'on fait bouillir pendant $\frac{1}{2}$ heure, ou juſqu'à ce qu'il ait pris une couleur bleue céleſte ſaturée.

B. On remplit le bain de teinture avec de l'eau chaude, & on y met une deuxième pièce de drap de même poids & de même préparation, qu'on fait auſſi bouillir pendant $\frac{1}{2}$ heure ; il y prend un bleu pâle, qui tire ſur le bleu céleſte & qui eſt agréable.

C. On remplit encore avec de l'eau chaude, & on fait bouillir pendant 1 heure une troiſième pièce de drap de même poids & de même préparation dans le reſtant de bain; elle y prend un bleu très-pâle ou couleur d'eau.

Obſervation.

Si l'on veut commencer par faire des bleus clairs ſans teindre premièrement en bleu foncé, on n'a qu'à mettre une beaucoup moindre quantité de diſſolution d'indigo *A* dans le bain de teinture, qu'on n'a mis dans celui du n°. 54. — Il y en a une quantité moindre dans celui du n°. 55, & même ſeulement la huitième partie de ce qui a été employé pour le n°. 54; c'eſt pour cela que la première couleur qui en eſt ſortie n'a été qu'un bleu céleſte; c'eſt une couleur belle & ſaturée qui incline au bleu céleſte foncé. Si après avoir fait cette nuance, on retire d'abord le drap du bain, il y reſtera encore aſſez de parties colorantes pour teindre une deuxième pièce en bleu, mais d'une couleur plus pâle, telle qu'eſt la couleur *B* du n°. 55; le bain ne contient alors plus que fort peu de parties colorantes, de ſorte que la troiſième pièce de drap ne prend plus qu'une couleur bleue très-pâle. Mais alors le bain eſt épuiſé, & quoiqu'il ne ſoit pas ſi clair que de l'eau pure, le peu de parties colorantes qui y ſont contenues n'a

cependant

cependant plus la force de communiquer au
drap une couleur qui puisse servir, car elles
font mêlées avec des parties jaunes impures,
qui ne donneroient au drap qu'une couleur sale,
& à peine senfiblement bleuâtre, ou une couleur jaune bleuâtre. Les bains préparés avec la
teinture d'indigo *A*, ont généralement la propriété de toujours communiquer les premières
couleurs plus agréables & plus vives que les
fuivantes, qui font non-feulement toujours plus
pâles, à moins qu'on ne renforce le bain par
une nouvelle addition de teinture d'indigo ;
mais auffi plus mattes, de forte que les dernières forties du même bain font les plus pâles
& les plus mattes. Par conféquent, fi on defire
de faire des couleurs bleues bonnes claires &
pâles, on fera bien de mettre d'abord dans le
bain de teinture la quantité de diffolution d'indigo
néceffaire. Alors s'il refte encore quelques parties colorantes, defquelles on veuille tirer parti,
on n'aura qu'à y ajouter une petite quantité
de diffolution d'indigo; on fera encore une couleur bleue pâle, qui aura de l'éclat; mais fi
on n'y ajoute rien, & qu'on faffe ufage du
reftant du bain, on peut continuer de teindre
auffi long-tems que le bain n'eft pas entièrement épuifé; on fera de bonnes couleurs bleues
pâles, mais elles ne feront pas fi vives que

N

fi l'on avoit ajouté de la nouvelle diſſolution d'indigo.

Pour les trois couleurs du n°. 55 , on a
employé 2 $\frac{1}{2}$ onces de diſſolution d'indigo *A* ,
par conſéquent pas plus de $\frac{1}{2}$ gros d'indigo ,
& de 2 gros d'huile de vitriol , avec leſquels
on a teint 3 pièces de drap du poids de 1 livre
chacune ; la première a pris une couleur bleue
céleſte ſaturée ; la deuxième, une couleur bleue
céleſte pâle ; & la troiſième , une couleur bleuâtre, tout-à-fait foible. On peut conjecturer par-
là combien la diſſolution d'indigo faite avec
l'huile de vitriol ſeroit avantageuſe, ſi les couleurs bleues claires qu'elle communique étoient
ſolides. Il y a cependant une différence entr'elles à l'égard de la ſolidité. Les plus pâles
ſont les moins ſolides , c'eſt pour cela que je
ne conſeille pas de teindre de cette manière
le drap, qui eſt deſtiné à être expoſé à l'air,
parce que la couleur perd beaucoup dans peu
de jours , & qu'elle devient enfin tout-à-fait
inviſible. Les couleurs un peu plus foncées &
ſaturées réſiſtent un peu plus long-tems à l'air,
elles ſont cependant auſſi très-paſſagères. Les
plus foncées réſiſtent le plus de tems, & elles
ſe ſoutiennent paſſablement à l'air, elles perdent cependant à la fin beaucoup de leur vivacité, & elles ne ſont pas ſi ſolides que les

couleurs bleues foncées faites dans les cuves. On ne sauroit cependant disconvenir que les couleurs produites avec l'indigo, diſſous par l'acide vitriolique, ne soient plus belles & plus agréables que celles de cuve, & que cette méthode de teindre auroit de grands avantages, si on pouvoit leur donner la solidité convenable ; j'indiquerai en conséquence encore quelques préparations & procédés, qui fourniront des couleurs plus solides, si toutefois on s'y conforme exactement, & qui feront connoître le moyen de pouvoir faire des couleurs peut-être auſſi solides que peuvent être celles de cuve.

N°. LVI.

Bleus foncés & clairs faits avec la teinture d'indigo B.

On fait bouillir pendant 1 heure 1 livre de drap, avec 2 ½ onces d'alun, & reposer pendant 24 heures dans le bain devenu froid.

A. On compose le bain de teinture avec 20 onces de diſſolution d'indigo *B* ; dès qu'il commence à bouillir, on le remue bien, on y met ensuite le drap aluné, qu'on fait bouillir pendant ½ heure ; il prend un beau bleu foncé.

B. On remplit le bain de teinture avec de l'eau chaude, on y fait bouillir pendant $\frac{1}{2}$ heure une deuxième pièce de drap aluné ; elle prend un joli bleu céleste saturé.

C. On remplit encore le bain avec de l'eau chaude, & on y fait bouillir pendant $\frac{1}{2}$ heure une troisième pièce de drap aluné ; elle prend un bon bleu clair.

D. On remplit derechef le bain, & on y fait bouillir pendant $\frac{3}{4}$ d'heure une quatrième pièce de drap aluné ; elle reçoit un bleu pâle agréable.

E. On remplit enfin encore le bain, & on y fait bouillir pendant 1 heure une cinquième pièce de drap aluné ; quoique la couleur qui en résulte soit très-pâle, & seulement une foible nuance bleuâtre, elle est cependant agréable ; elle tire sur la couleur de perles.

Observation.

La dissolution d'indigo *B*, préparée avec l'acide vitriolique & la potasse, fait un autre effet que la dissolution d'indigo *A*, préparée avec l'acide vitriolique seul. Les couleurs qui proviennent de la teinture *B* sont plus agréables, & pénètrent davantage. La potasse, en qualité de sel alkali, modère la causticité de l'huile de vitriol, de forte qu'elle n'attaque pas fi vivement les filamens du drap, & ne refferre pas les pores ; c'eſt par cette raiſon qu'elle pénètre mieux, & que le drap eſt teint d'une couleur plus parfaite. La diſſolution d'indigo B, comme je l'ai déjà dit, fe prépare preſque de la même manière que la diſſolution d'indigo A ; conſéquemment dans 20 onces, il y a $\frac{1}{2}$ once d'indigo, 2 onces d'huile de vitriol, & $\frac{1}{2}$ once de potaſſe. Ainſi les 5 couleurs du n°. 56 ont été produites & communiquées à 5 pièces de drap du poids de 1 livre chacune, avec une ſeule demi-once d'indigo. Si on veut que la première pièce ne ſoit pas trop foncée, il ne faut pas la faire bouillir plus de $\frac{1}{2}$ heure, ou ne la laiſſer dans le bain, que juſqu'à ce qu'elle ait pris la couleur bleue foncée convenable. Si on laiſſe la deuxième pièce autant de tems, elle prend une couleur bleue céleſte ſaturée. Les trois pièces ſuivantes peuvent bouillir un peu plus long-tems, ſur-tout la dernière, parce que le bain eſt déjà très-épuiſé de parties colorantes, c'eſt pour cela qu'elle ne reçoit qu'une couleur très-foible & pâle. Ainſi on fera bien de la faire bouillir au moins 1 heure, afin que les parties colorantes qui exiſtent encore pénètrent dans les filamens du drap, & rendent par-là la couleur un peu plus ſolide.

N iij

Si on fait bouillir la première pièce au-delà
de $\frac{1}{2}$ heure, elle prend une couleur beaucoup
plus foncée, & si on fait aussi bouillir davantage la deuxième pièce, elle reçoit bien une
couleur plus claire que la première pièce, mais
qui sera plus foncée que la couleur B du n°.
56, & qui ne sera conséquemment plus une
couleur bleue céleste. La troisième pièce recevra alors une couleur bleue très-pâle, & elle
épuisera tellement le bain de parties colorantes,
qu'il n'aura presque plus la force de teindre,
& la quatrième pièce, si on la teint, prendra
une si foible couleur, qu'elle pourra à peine
servir, car elle ne sera pas solide, mais très-
passagère à l'air. Ainsi à l'égard de ce procédé
il dépend beaucoup de la durée du tems qu'on
fait bouillir le drap; c'est aussi par cette raison
qu'on peut teindre plus ou moins de drap,
avec la même quantité de dissolution d'indigo.

Si on met davantage de dissolution d'indigo B
dans le bain, qu'on n'en a employé dans celui
du n°. 56; par exemple, si on y en met 30
onces, qui contiennent 6 gros d'indigo, &
qu'on procède d'ailleurs avec le drap de la
même manière qu'il a été prescrit, on pourra
aussi teindre 5 pièces de drap du poids de 1 liv.
chacune; mais les couleurs seront toutes plus
foncées, de sorte que la première sera d'une

couleur bleue extrêmement foncée ; la deuxième ne sera pas à beaucoup près si foncée, mais ce sera cependant un bleu foncé ; la troisième sera une couleur bleue célese, qui sera même plus foncée que la couleur *B* du n°. 56, qu'avoit prise la deuxième pièce ; la quatrième pièce recevra une couleur bleue céleste, tandis que la couleur *C* du n°. 56, qu'avoit prise la troisième pièce, n'est qu'une couleur bleue pâle. La cinquième sera une couleur bleue pâle, & si on teint une sixième pièce, elle prendra encore une foible couleur bleuâtre, semblable à la couleur *E* du n°. 56. En préparant le drap avec de l'alun seul, on fera les couleurs indiquées. Mais si on le prépare avec de l'alun & du plâtre, on fera les mêmes couleurs, & elles seront beaucoup plus agréables. Il faut faire attention qu'elles ne pénétreront pas autant que si le drap étoit préparé avec de l'alun seul, d'où il faut conclure que l'alun & le plâtre employés ensemble à la préparation du drap en resserrent davantage les pores, que l'alun seul, de sorte que les parties colorantes ne peuvent pénétrer si profondément les filamens du drap ; car le plâtre employé à la préparation du drap, produit un changement dans les couleurs. J'ai fait divers essais, & j'ai aussi différemment préparé le drap, pour savoir si la

N iv

préparation du drap avec le plâtre pourroit procurer quelque avantage. Voici des procédés conformes à mes effais.

N°. LVII.

Bleus avec la teinture d'indigo B.

On fait bouillir 4 onces de plâtre dans une chaudière pendant $1\frac{1}{2}$ à 2 heures ; on y fait enfuite bouillir 1 livre de drap préalablement trempé dans de l'eau tiède ; il doit bouillir pendant 1 heure, & repofer pendant une nuit dans le bain devenu froid.

A. On compofe le bain de teinture de 10 onces de diffolution d'indigo *B* ; quand il commence à bouillir, on y met le drap préparé avec le plâtre, qu'on a foin de paffer auparavant dans un bain pour en détacher par le lavage les parties plâtreufes qui y adhèrent, on le fait bouillir pendant 1 heure, enfuite on le retire, & on le lave avec foin lorfqu'il eft refroidi ; il prend un bleu foncé.

B. On remplit le bain avec de l'eau chaude, & on y met 5 nouvelles onces de diffolution d'indigo *B* ; on y fait enfuite bouillir une deuxième pièce de drap de même poids & de même préparation, qu'on traite d'ailleurs en tout point comme la précédente; le drap prend un bleu célefte.

Obfervation.

Ces couleurs ne font pas fi agréables que celles que prend le drap préparé avec le plâtre & l'alun. Elles ne pénètrent pas d'ailleurs fi bien, ce qui prouve clairement que le plâtre obftrue & refferre les pores du drap. Conféquemment il ne faut pas l'employer feul pour préparer le drap ; mais les couleurs réuffiffent mieux, quand le drap reçoit une autre préparation, & qu'on emploie le plâtre dans le bain de teinture.

N°. LVIII.

Bleus avec la teinture d'indigo B.

On prépare 1 liv. de drap avec du tartre & de la diffolution d'étain comme pour le n°. 1.

A. On prépare le bain de teinture en faifant bouillir pendant ½ heure 7 ½ onces de plâtre, & en y ajoutant enfuite 10 onces de diffolution d'indigo *B* ; on remue bien le tout, & on y fait bouillir doucement pendant ½ heure 1 liv. de drap préparé comme pour le n°. 1 ; il prend un bleu foncé.

B. On fait bouillir 7 $\frac{1}{2}$ onces de plâtre de la manière indiquée pour la couleur *A* du n°. 58 , on y verfe 5 onces de diffolution d'indigo *B* , & on y fait bouillir pendant $\frac{1}{2}$ heure 1 liv. de drap de même préparation en obfervant tout ce qui eft prefcrit pour la couleur *A* du n°. 58 ; le drap prend une belle couleur bleue faturée , qui n'eft pas fi foncée que la couleur *A* du n°. 58, mais cependant plus foncée que le bleu célefte foncé.

C. On remplit le bain avec de l'eauchaude, & on y fait bouillir encore 1 liv. de drap de même préparation pendant $\frac{1}{2}$ heure ; il prend un beau bleu celefte clair.

D. On remplit encore avec de l'eau chaude , & on y fait encore bouillir 1 liv. de drap de même préparation pendant 1 heure ; il prend un joli bleu pâle.

Obfervation.

La préparation du drap avec le tartre & la diffolution d'étain , & l'ufage du plâtre dans le bain de teinture procurent de bonnes couleurs bleues de nuances agréables. Toutes ces couleurs percent bien le drap , & réfiftent paffablement à l'air , fur-tout celle qui eft foncée ; elles ne font cependant pas encore du nombre des plus folides.

Si on prépare le drap avec de l'alun, & qu'on compofe le bain de teinture de 5 onces de plâtre & de 5 onces de diffolution d'indigo B, en y faifant bouillir le drap pendant 1 heure, il prend bien une couleur bleue, même plus forcée que la couleur B du n°. 58, mais elle ne pénètre pas entièrement. Si on met dans le bain de teinture 5 onces de plâtre, & feulement $2\frac{1}{2}$ onces de diffolution d'indigo B, & qu'on y faffe bouillir le drap pendant 1 heure, il prendra une couleur bleue célefte très-agréable, mais elle fera d'une autre nuance que les couleurs bleues céleftes dont on a parlé jufqu'à préfent. Il faut faire attention, que ces deux couleurs ne perceront pas entièrement, comme le font les couleurs A, B, C, D du n°. 58; conféquemment il faut conclure, que l'alun allié au plâtre a plus la propriété de refferrer les pores du drap, de forte que les parties colorantes ne le percent pas tout-à-fait, & qu'elles ne peuvent teindre tout l'intérieur par ce procédé. Ainfi lorfqu'on fe fert de la diffolution d'indigo B de même que dans tous les autres cas, le nombre des nuances & la folidité des couleurs dépendent beaucoup de la nature des fubftances falines qu'on emploie pour préparer le drap, quoique les bains de teinture foient d'ailleurs préparés abfolument de la même manière.

N°. LIX.

Bleus d'autres nuances avec la teinture
d'indigo B.

Pour ces couleurs on fait bouillir 1 liv. de
drap pendant 1 heure dans un bain compofé
de 2 ½ onces d'alun & ½ once de tartre, & on
le laiffe repofer pendant 24 heures dans ce bain
devenu froid.

A. On compofe le bain de teinture avec 10
onces de diffolution d'indigo *B*, & on y fait
bouillir le drap pendant ½ heure, on le remonte
enfuite fur le tour, & on met encore 10 onces
de diffolution d'indigo *B* dans le bain ; enfuite
on y fait encore bouillir le même drap pendant ½
heure ; on le retire après cela, on le laiffe refroidir & on le lave avec foin. Le drap prend
un beau bleu foncé & égal qui le perce de
part en part.

B. On remplit le bain avec de l'eau chaude,
& on y fait bouillir une deuxième pièce de drap
de même préparation pendant ½ heure ; elle
prend un bleu célefte faturé.

C. On remplit encore le bain avec de l'eau
chaude, & on y fait bouillir pendant 1 heure
une troifième pièce de drap de même préparation ; elle prend un beau bleu pâle.

Observation.

Par la préparation du drap avec l'alun & le tartre, on fait des couleurs bleues de nuances agréables avec la diffolution d'indigo B, qui different des précédentes. Mais en retirant la première pièce du bain, quand elle y a bouilli $\frac{1}{2}$ heure, en le fortifiant par une nouvelle addition de diffolution d'indigo B, & en y faifant encore bouillir le même drap pendant une autre demi-heure, on a l'avantage que le drap eft partout également teint de part en part. Comme le bain ne contenoit pas d'abord une fuffifante quantité de diffolution d'indigo pour faire une couleur bleue foncée, & que fes parties actives étoient affoiblies par la quantité d'eau qui étoit dans la chaudière, les parties colorantes d'indigo unies aux parties falines ne pénétrent pas affez fortement dans les filamens du drap; mais elles s'y fixent peu-à-peu, de forte qu'elles s'étendent par-tout également, & elles percent en même tems le drap dans fon intérieur. Conféquemment en mettant le refte de la teinture d'indigo dans le bain, & en y remettant le même drap, les parties colorantes agiffent d'une manière égale, & fortifient celles qui fe font déjà logées dans les filamens du drap, ce qui rend la couleur plus faturée & plus foncée. Par ce procédé on peut teindre le drap d'un bleu foncé, qui a non-feulement une couleur agréable, mais encore affez folide. Par-là on donne une plus grande perfection à la couleur qui réfulte de la diffolution d'indigo faite avec l'huile de vitriol, de forte qu'elle eft réellement un peu plus folide, quoiqu'elle ne poffède pas un haut degré de folidité.

Si on veut que la couleur perce davantage, & que le drap foit plus foncé, on peut, par exemple, divifer 20 onces de diffolution d'indigo B en 4 parties, de façon que chacune foit de 5 onces; en mettre la premiere partie dans le bain bouillant, & y faire bouillir le drap préparé pendant $\frac{1}{2}$ heure; enfuite le remonter fur le tour, remplir le bain avec de l'eau chaude, y verfer la deuxième partie de diffolution d'indigo, & y faire bouillir le même drap encore $\frac{1}{2}$ heure, & continuer ainfi jufqu'à ce que les 4 parties de diffolution d'indigo foient employées, & que le drap ait pris la couleur foncée qu'on défire. De cette manière j'ai fait un beau bleu très-foncé, dont la couleur étoit d'une grande folidité. Comme le bain contient alors encore quelques parties colorantes, on peut y teindre 1 ou 2 pièces de drap, qui prendront feulement une couleur bleue claire & pâle. Si on ne peut les faire

servir comme couleurs pâles, parce qu'elles
sont ordinairement mattes par ce procédé, on
peut remettre ces draps, en les laissant pendant
une nuit dans un bain tiède d'alun, dans un
second bain de teinture composé de plus ou
de moins de dissolution d'indigo suivant qu'on
voudra qu'il soit d'un bleu plus ou moins clair
ou foncé. Par exemple, on peut mettre $2\frac{1}{2}$ onces de dissolution d'indigo, & faire bouillir le
drap pendant $\frac{1}{4}$ d'heure, on fera une belle couleur bleue céleste. Si on n'en met que 10 gros,
le drap prendra une jolie couleur bleue pâle. Mais
on peut aussi en mettre davantage, par exemple,
5 onces, & faire bouillir le drap pendant $\frac{1}{2}$ heure,
on fera une belle couleur bleue plus foncée,
que le bleu céleste. Il est certain qu'on fera
toujours mieux en partageant la quantité fixée
de dissolution d'indigo au moins en 2 ou 3 parties, & en retirant chaque fois le drap du bain
pour en remettre une nouvelle partie; mais à
l'égard du drap il faut avoir attention de le mettre dans le bain par l'extrêmité qui la dernière fois
étoit entrée la première; la couleur en est plus
égale dans toute l'étendue de la pièce. Il faut aussi
observer de tourner le plus vîte possible au commencement de chaque fois qu'on met le drap
dans le bain, afin que la couleur se fixe par-
tout également. Celui qui fera usage de la tein-

ture d'indigo *B* avec les précautions, & qui ob-
fervera fur-tout de n'en pas mettre la quantité fixée tout d'un coup dans le bain, mais en
trois ou au moins en deux fois, & conféquemment de ne pas achever de teindre le drap d'une
feule fois, mais en deux ou trois reprifes, fera
non-feulement des couleurs belles, mais auffi
plus folides, qu'on n'a jufqu'ici obtenu avec la
diffolution d'indigo faite avec l'huile de vitriol,
& la bonté des couleurs le dédommagera amplement de l'augmentation des frais.

Enfin il faut obferver à l'égard de toutes les
couleurs bleues, que celles de cuve font toujours les plus folides, & celles d'indigo diffous
avec l'huile de vitriol feule les moins folides;
les bleus clairs font fur-tout très-paffagers; mais
les couleurs bleues faites avec l'indigo diffous
avec l'acide vitriolique & la potaffe font meilleures, elles fupportent beaucoup mieux l'air,
malgré cela on ne doit pas les regarder comme
des couleurs folides. Au refte on ne fauroit
nier, que l'indigo diffous par l'acide vitriolique
fournit des couleurs bleues claires fingulière-
ment belles, & qu'on ne pourroit obtenir dans
la cuve; avec cette diffolution on peut non-feulement faire des nuances particulières de couleurs bleues, mais auffi par le mélange avec les
fubftances qui teignent en rouge & en jaune,

toute

toute efpèce de couleurs, fur-tout des veites, dont la cuve ne pourroit produire les pareilles. Comme la cuve eft indifpenfablement néceffaire à caufe de certaines couleurs & de quelques procédés, une autre méthode de préparer l'indigo, que celle qui eft préfentement en ufage, pourroit avec le tems devenir également indifpenfable à caufe de fon emploi avantageux, furtout pour la production des couleurs vertes, & plufieurs autres mélangées, fi toutefois cette méthode défirable procuroit la folidité des couleurs en même tems (a).

(a) Il y a apparence que l'alkali confolide la couleur dans ce procédé, en abforbant une partie de l'acide furabondant.

Bergman prétend que la diffolution d'indigo dans l'acide fulfurique ou vitriolique ne donne des couleurs fauffes ou peu folides, que lorfqu'on fe fert d'un acide trop foible, mais que lorfqu'on emploie un acide affez concentré, elles deviennent beaucoup plus fixes, & que les nuances les plus foncées ne s'altèrent aucunement. Il a expofé plufieurs échantillons au foleil pendant deux mois; ceux qui étoient d'un bleu d'enfer n'ont point changé; les bleus pers & turquin fe font à peine affoiblis, mais les nuances les plus claires ont beaucoup fouffert.

Pour préparer fa diffolution, il verfe dans un flacon de verre fur une partie d'indigo réduit en poudre très-fubtile, huit parties d'acide fulfurique très-concentré; il

O

QUATRIÈME SECTION.

Couleurs noires, & dégradation du noir.

La couleur noire n'eſt pas réputée une couleur primitive par quelques-uns de ceux qui ont fait des recherches ſur les couleurs : ils ne l'enviſagent que comme un bleu concentré. Quoique la couleur bleue foncée approche beaucoup de la noire, & que très-ſouvent une couleur noire tire ſur le bleu, lorſqu'elle n'atteint pas le haut degré de noir, cependant perſonne n'a juſqu'à préſent réuſſi à changer tellement le noir, qu'il en ſoit réſulté une couleur bleue parfaite, mais ſeulement une dégradation du noir. Les nuances de la couleur noire ſont griſes ou brunes, depuis les plus claires juſqu'aux

---

bouche légèrement le flacon, & il le laiſſe expoſé à une chaleur de 30 à 40 degrés pendant 24 heures; enfin il ajoute peu-à-peu 91 parties d'eau pure, broyant bien dans un mortier de terre tous les grains qui peuvent encore reſter. Il étend enſuite d'une quantité plus ou moins grande d'eau cette diſſolution, ſelon la nuance qu'il veut donner à l'étoffe qu'il a auparavant plongée dans l'eau bouillante.

Il eſt important que l'acide ſulfurique, dont on fait uſage pour diſſoudre l'indigo, ne contienne point d'acide nitreux, & il en contient ordinairement.

plus foncées, ou au noir le plus parfait lequel ne
tire alors fur aucune autre couleur ; c'eſt pour
cela que les véritables nuances de noir ſont ſeulement des couleurs griſes ou griſes brunâtres,
lefquelles s'éloignent, ou ſe rapprochent plus
ou moins du noir. Les autres nuances, qu'on
obtient quelquefois des ſubſtances qui colorent en noir, ne ſont pas regardées comme
naturelles, mais comme dues au haſard, dont
on doit chercher la raiſon dans les mélanges
des ſubſtances qu'on emploie pour teindre en
noir, & qui outre les parties colorantes requiſes
pour la couleur noire, en contiennent encore
d'autres, qui ne contribuent en rien à la couleur
noire, ou qui au contraire affoibliſſent le degré du noir, & produiſent les autres nuances,
telles que les couleurs griſes de différentes eſ-
péces.

On doit attribuer la production de la couleur noire aux parties ferrugineuſes qui ſont
contenues dans le vitriol verd ou couperoſe
verte, qu'on emploie pour cette teinture; mais
il eſt néceſſaire que les parties ferrugineuſes,
unies à l'acide vitriolique contenu dans le vitriol verd ſoient ſéparées & alliées à une autre
ſubſtance, qui change la couleur brune naturelle de la terre ferrugineuſe ; c'eſt donc à la
quantité de la ſubſtance qui s'unit plus ou moins

avec la terre ferrugineuſe devenue libre, que
ſera due celle de la couleur. On peut, comme
il eſt connu des chimiſtes, ſéparer les parties
ferrugineuſes de l'acide vitriolique de diverſes
manières, & faire des nouvelles combinaiſons
ou productions avec le fer. L'expérience prouve,
qu'en mêlant la poudre de noix de galle pilée
ou ſa décoction avec du vitriol verd, la diſſolution devient auſſitôt opaque & trouble, au commencement d'une couleur bleue rougeâtre foncée, ou violette, & enfin noire, & qu'il ſe précipite petit-à-petit une ſubſtance ſolide, ſur-
tout lorſque la décoction étendue de beaucoup
d'eau, a repoſé quelque tems, cette ſubſtance a
également une couleur noire, & ſi on la pouſſe
convenablement au feu, elle attire l'aimant,
ce qui prouve clairement que ce n'eſt autre
choſe que du fer.

J'ai démontré dans le premier vol. de mes Eſſais & Remarques, p. 364 & les ſuiv. & j'ai établi
par divers eſſais les raiſons pour leſquelles les parties ferrugineuſes ſont ſéparées par le mélange du
vitriol verd avec la décoction de noix de galle,
& qu'il paroît auſſitôt une couleur noire. La
noix de galle, comme je l'ai fait connoître au
même endroit, eſt formée principalement de
parties terreuſes acides, auxquelles eſt étroitement unie une ſubſtance inflammable, qui a la

propriété des fubftances réfineufes. Par l'étroite
union de la fubftance acide avec la terreufe,
& par celle de ces deux principes avec la fubftance inflammable, tout le mélange fe diffout
dans l'eau par l'ébullition, de forte que fort
peu des parties terreufes reftent fans fe diffoudre. Par conféquent fi on mêle la décoction de
noix de galle avec le vitriol de fer déjà diffous, l'acide vitriolique agit fur les parties terreufes de la noix de galle, & fe fépare de la
terre ferrugineufe, qui s'unit avec elles, d'autant plus qu'il eft auffi furvenu un changement
dans le mélange de la noix de galle, & qu'une
portion des parties réfino-terreufes eft féparée
& fe combine avec les parties qui fe préci-
pitent par cette union. La terre ferrugineufe,
qui eft d'une couleur brune, change & prend
une couleur noire ou violette foncée. Si on
met trop de noix de galle, proportionnellement au vitriol, la couleur fera moins noire,
parce qu'alors il y a une furabondance des parties terreufes de la noix de galle, lefquelles
s'uniffent auffi-tôt avec la terre ferrugineufe,
qui eft changée, & comme elles font d'une
couleur grife, elles dégradent le noir dans fon
degré & fa force, de forte que le précipité
n'eft alors pas parfaitément noir, mais il paroît
gris noirâtre. Au contraire, fi l'on met une

O iij

trop grande proportion de vitriol verd, il arrive bien un changement dans les deux mélanges, mais comme les parties ferrugineufes
ne font pas fuffifamment faturées par les fubftances inflammables & les parties terreufes de
la noix de galle, & qu'en outre une partie
de l'acide vitriolique eft reftée en même-tems
dans fon état naturel, & qu'étant uni à la terre
ferrugineufe, il produit une couleur rougeâtre,
ou brune rougeâtre, la couleur qui réfulte des
diverfes parties ferrugineufes ne peut être d'un
noir parfait, mais il faut néceffairement qu'elle
tire fur le rouge, ce qui arrive en effet, & ce
qui eft prouvé par des effais. Par conféquent
la production d'une couleur parfaitement noire
par le mêlange de la décoction de la noix de
galle avec la diffolution du vitriol verd, dépend uniquement de la jufte proportion de
ces deux ingrédiens. Je donnerai les renfei-
gnemens les plus effentiels fur cet objet dans
les préparations fuivantes.

Quoiqu'on puiffe regarder la noix de galle,
par fon mêlange avec le vitriol verd, comme
la principale fubftance pour la production des
couleurs noires, parce qu'elle contient avec le
plus d'abondance & de pureté la mixtion convenable pour cet objet, il y a cependant encore beaucoup de fubftances, fur-tout parmi

les végétaux, qui produifent également des couleurs noires avec le vitriol verd. Tous les bois & les plantes qui contiennent une quantité confidérable de parties terreufes acides, unies à une fubftance inflammable ou réfino-terreufe, font de ce nombre. Des diverfes fubftances qui peuvent fervir à la production des couleurs noires, on emploie de préférence le bois de campêche, quoiqu'il contienne une partie colorante particulière; malgré cela il eft compofé d'un tel mélange de parties réfino - terreufes, qu'uni au vitriol verd, il peut communiquer une couleur noire. Je n'emploierai conféquemment que la noix de galle & le bois de campêche, & je ferai connoître ce qu'on doit obferver dans la préparation de leurs bains, tant pour faire du noir, que pour obtenir des dégradations de cette couleur. Je ferai premiérement mention des préparations avec la noix de galle, enfuite de celles avec le bois de campêche, & enfin de celles qui fe font avec les deux conjointement (a).

(a) L'on a attribué la propriété aftringente à un principe, dont on a fuppofé l'exiftence dans tous les aftringens, & comme Schéele a découvert dans la noix de galle un acide particulier, l'on fuppofe actuellement que c'eft cet acide, qui en fe combinant avec le fer,

N°. LX.

Couleurs noires avec la noix de galle.

On fait bouillir 1 livre de drap pendant
1 heure dans de l'eau bien pure, on le lave

---

forme les parties colorantes, qui en fe fixant fur l'é-
toffe, la teignent en noir.

L'on n'expofera point ici la théorie des aftringens,
parce qu'elle exigeroit trop de difcuffions ; mais elle
fera développée dans les élémens de l'art de la teinture.
L'on va fe borner à quelques obfervations.

Lorfqu'on mêle un aftringent avec une diffolution de
fer, l'oxide ou la chaux de fer s'unit avec le principe
aftringent, & forme des molécules noires qui fe pré-
cipitent, fi l'on étend la liqueur d'une grande quantité
d'eau. Ce précipité fe dépofe beaucoup plus facilement,
fi le vitriol eft en quantité fuffifante pour que tout le
principe aftringent foit abforbé.

Il paroît que la proportion la plus convenable de
l'aftringent & du vitriol eft celle où l'un ne domine
pas fur l'autre ; d'après ce principe, la quantité de vitriol prefcrite par M. Poerner doit être trop forte : celle
que prefcrit Hellot eft quatre fois moindre.

Les aftringens different entr'eux, non-feulement par
la quantité de principe aftringent qu'ils contiennent,
mais auffi par les qualités des molécules noires qu'ils
forment ; ainfi quoiqu'on puiffe faire du noir par le
moyen du bois de campêche, ce noir n'a pas à beaucoup
près la folidité de celui qu'on obtient par la noix de

enfuite foigneufement dans l'eau courante, &
on le laiffe égoutter de façon qu'il refte par-
tout humide.

A. On fait bouillir pendant 2 heures dans
de l'eau bien pure 10 onces de noix de galle
réduite en poudre fine, & enfermée dans un
fac de toile. On retire enfuite le fac du bain,
& on y met 10 onces de vitriol verd, on fait
encore bouillir le tout enfemble pendant 1 heure;
alors on y met le drap encore humide, on le
fait bouillir pendant $1\frac{1}{2}$ à 2 heures, on le retire, on le laiffe refroidir, & on le lave. On
prépare un deuxième bain égal au premier, on
y fait encore bouillir pendant autant de tems
le même drap déjà teint en noir, & on le traite
comme la première fois; il prend une couleur
noire faturée, mais fi on l'examine dans une

galle. Le fumach eft l'aftringent qui approche le plus
de la noix de galle.

Quelle que foit la fupériorité de la noix de galle, il eft
cependant utile de la mêler à d'autres aftringens, &
particulièrement au campêche. On a par-là, non-feulement l'avantage de lui fubftituer une fubftance qui eft
d'un prix fort inférieur, mais il paroît que les deux
nuances qui en proviennent, étant réunies, forment un
noir plus beau & plus velouté.

Plufieurs teinturiers ajoutent encore d'autres fubftances
dans le bain, & particulièrement du bois jaune.

poſition oblique, on trouve qu'il tire un peu
ſur le rougeâtre.

B. On prépare un bain de teinture avec
10 onces de noix de galle, 7 ½ onces de vitriol
verd, & 2 ½ onces de vitriol bleu ou de Chypre.
Le drap traité dans ce bain, comme on a fait
pour la couleur *A*, prend également une couleur très-noire, qui tire moins ſur le rougeâtre.

Obſervation.

Il a été long-tems d'uſage, & on le pratique
aujourd'hui encore dans quelques endroits, de
donner une couleur bleue au drap avant que
de le teindre en noir. Pour cela il faut que le
drap teint en bleu ſoit encore convenablement
préparé pour lui faire prendre une couleur
noire. C'eſt pour cela que c'eſt l'uſage dans
quelques teintureries de mettre le drap teint
en bleu dans un bain compoſé pour 1 livre
de drap de 6 gros de garance, 14 gros de
vitriol verd, & de 3 à 3 ½ onces de tartre,
dans lequel on fait bouillir le drap pendant
1 ½ à 2 heures. On prépare enſuite un bain
avec 4 onces de bois de campêche, & 4 à
6 gros de bois jaune, qu'on fait bouillir enſemble pendant 1 heure, & enfin on y fait
bouillir le drap pendant 1 heure. Quoiqu'on

faffe un très-bon noir de cette façon, on voit
clairement qu'un drap teint par tant de procédés coûte beaucoup plus qu'un autre, qui
peut également prendre une couleur noire fans
être préalablement teint en bleu. On ne fauroit
néanmoins difconvenir qu'il ne foit difficile
d'obtenir une couleur noire vraiment bonne,
& que parmi les draps & les étoffes teints
en noir, la différence ne foit très grande, tant
par rapport à la couleur elle-même, que pour
la folidité de la teinture, puifque parmi les
étoffes teintes en noir, les unes tirent fur le
rougeâtre, d'autres fur le gris, & d'autres fur
le violet ou le bleuâtre. Il en eft de même
pour la folidité, quelques étoffes fe confervent
long tems en bon état, d'autres deviennent
rougeâtres ou tout-à-fait grifes, & d'autres deviennent encore plus défagréables ; de plus,
quelques noirs ont le défaut de décharger confidérablement lorfqu'on les porte, & de falir
& noircir le linge & la doublure, ce qui n'arrive pas lorfque la couleur eft bonne; la né-
gligence de bien laver les étoffes n'eft pas
toujours la caufe de ce défaut, on doit l'attribuer à ce qu'on n'a pas employé les ingrédiens
convenables dans les bains de teinture, ou
qu'on n'a pas obfervé de juftes proportions.

Les deux préparations pour les couleurs

noires *A* & *B* font au nombre des procédés les plus fimples pour teindre en noir. Si elles ne font pas des plus parfaites, elles peuvent cependant fervir à caufe de la manière de les faire. Mais les couleurs produites avec la noix de galle font meilleures & plus parfaites, lorf-qu'on prépare le drap avec du vitriol verd & de la farrette. Sur 1 livre de drap, on fait bouillir 8 onces de farrette pendant 1 heure, on y ajoute enfuite 4 onces de vitriol verd, qu'on fait encore bouillir avec pendant $\frac{1}{2}$ heure; on met enfuite dans ce bain le drap fimple-ment humecté d'eau, on l'y fait bouillir pen-dant 1 heure, après cela on le retire, on le lave, & on le laiffe fécher. Si on veut teindre en noir ce drap, qui a une couleur brune fon-cée, on prépare un bain de teinture, tel qu'il a été prefcrit pour le n°. 60, on fait tremper le drap préparé avec le vitriol verd & la far-rette pendant quelques heures dans l'eau tiède. Etant bien trempé par-tout, on le met dans le bain de teinture, & on fe conforme exac-tement à ce qui eft prefcrit; le drap prend alors un beau noir.

Dans le bain de teinture de la couleur *B* on a employé 4 parties de noix de galle, 3 par-ties de vitriol verd & 1 partie de vitriol bleu, lefquelles ont auffi fourni une couleur noire, qui tire moins sur le rougeâtre que la couleur *A*. Le vitriol bleu, comme on sait, est composé de cuivre & d'acide vitriolique ; bouilli seul avec de la noix de galle, il communique une couleur brune. Lorsqu'on emploie en même tems du vitriol bleu avec du vitriol verd pour la préparation d'un bain de teinture, il en résulte un autre mélange à l'égard des parties ferrugineuses, car quelques parties cuivreuses se séparent en même tems, & se mêlent avec les précédentes, ce qui change la couleur noire rougeâtre en la fonçant davantage. De plus il faut faire attention, que le vitriol bleu a plus d'action sur les filamens de la laine à cause de ses parties cuivreuses, ce qui fait, que les parties colorantes les pénètrent davantage, de sorte qu'il en résulte nécessairement une couleur plus foncée. C'est pour cela que la qualité du vitriol dont on fait usage influe beaucoup sur la beauté du noir. Quelques-uns prétendent, qu'il faut faire usage de celui de Saltzbourg ; d'autres préférent celui de Goslar, & quelques-uns celui d'Angleterre. En examinant la qualité de ces différens vitriols, on trouve qu'ils sont tous du genre ferrugineux, mais qu'ils ne sont pas tous d'une qualité également pure, car ils contiennent tous des parties cuivreuses, mais les uns plus, les autres moins. Plus le vitriol verd

tire fur le bleu, plus il contient de parties cuivreufes; mais plus il eft verd, moins il en contient. Quoique le vitriol bleu & la noix de galle
ne communiquent pas une couleur noire, mais
une brune jaunâtre, malgré cela les parties cuivreufes contenues dans le vitriol verd, lorfqu'elles ne font pas trop abondantes, font plutôt favorables, que préjudiciables à la production des couleurs noires, parce que par leur
moyen les parties qui colorent en noir, pe-
nètrent plus abondamment dans les filamens
du drap, & qu'elles s'y attachent auffi plus folidement; elles font d'ailleurs tellement changées par les parties cuivreufes réunies avec la
fubftance réfino-terreufe de la noix de galle,
que la nuance violette qui réfulte naturellement
du fer, perd un peu de fon rouge, & que la
couleur devient conféquemment plus foncée
& plus noire. Mais il ne s'en fuit pas de-là
qu'une très-grande quantité de vitriol bleu rende
la couleur plus noire, cela change véritablement
la couleur, mais elle devient plus brune, plus
claire & moins foncée.

Lorfque le drap ne reçoit pas d'autre préparation, que celle d'être humeaé d'eau, il
faut néceffairement l'y faire bouillir pendant
quelque tems pour le purger du favon que
le foulon a fait péhétrer dedans; car je me fuis

apperçu , que le drap qui confervoit une forte
odeur de favon après le foulage , & qui n'en
étoit pas parfaitement purgé , ne prenoit pas
une fi bonne couleur noire, parce que les particules de favon qui reflent dans le drap , af-
foibliffent la force du bain noir. Il faut donc
néceffairement purger le drap du favon , pour
cela l'ébullition dans l'eau eft fuffifante ; on
peut auffi mettre quelques poignées de fel marin dans la chaudière , & y faire bouillir le
drap , cela le purifie encore davantage. On
lave enfuite le drap dans l'eau fraîche , & on
le met encore mouillé dans le bain de teinture. Ceux qui teignent le drap en bleu avant
que de le teindre en noir , doivent en ufer de
même , afin que les parties de chaux qui fe
font attachées au drap dans la cuve ; foient entièrement détachées , & que le drap foit dans un
état de grande propreté ; parce que les parties
calcaires, de même que les fels alkalis, font
très-préjudicibles à la couleur noire.

Si pour la préparation d'une livre de drap
on met $7\frac{1}{2}$ onces de vitriol verd , qu'on le faffe
bouillir pendant 1 heure , & qu'on le faffe enfin bouillir pendant 1 à $1\frac{1}{2}$ heure dans un bain
de teinture compofé uniquement de 5 onces
de noix de galle , il prendra une couleur foncée brune rougeâtre , mais non une couleur

noire. En voici la raison : les parties vitrioliques répandues dans le drap ne font pas en
affez grande quantité pour occafionner un changement , & une féparation fuffifante dans les
parties de noix de galle qui fe trouvent dans le
mélange , conféquemment il ne peut en réfulter une couleur noire. La couleur foncée brune
rougeâtre prouve clairement , que les parties
réfino-terreufes de la noix de galle excédent les
parties ferrugineufes , & qu'en conféquence
elles fourniffent une couleur brune , d'autant
plus que la noix de galle fans addition d'autre
ingrédient communique d'elle-même au drap
préparé avec l'eau feule une couleur grife brunâtre , & une couleur brune rougeâtre , lorfqu'il eft préparé avec du vitriol verd ; cette
dernière eft le commencement de fa tranfmu-
tation en une couleur noire.

1 liv. de drap fimplement humecté d'eau ,
qu'on fait bouillir dans un bain de teinture
préparé avec 10 onces de noix de galle , $2\frac{1}{3}$
onces de vitriol verd & $2\frac{1}{2}$ onces de vitriol
bleu , prend une couleur brune noirâtre très-
foncée , qui tire un peu fur le jaunâtre. Conféquemment 5 onces de vitriols verd & bleu
fur 10 onces de noix de galle , ne font pas
fuffifantes pour produire une couleur noire, c'eft
parce que les parties de la noix de galle dominent ,

minent, qu'il en réfulte une couleur brune foncée, qui peut très-bien être d'ufage dans fon
efpèce. En omettant le vitriol bleu, & en mettant 5 onces de vitriol verd fur 10 onces de
noix de galle, on fera une couleur brune jaunâtre, qui fera plus claire que la précédente.
Par conféquent on doit envifager ces deux couleurs brunes comme des dégradations de la
noire faite avec la noix de galle, & fe perfua-
der, que puifqu'on a employé moins de vitriol,
que de noix de galle, les parties ferrugineufes
du vitriol verd féparées étoient trop foibles en
comparaifon de la fubftance colorante jaune
ou brune jaunâtre de la noix de galle, & qu'il
n'a pu en réfulter que le commencement d'une
couleur noire. Par conféquent fi l'on veut faire
des couleurs noires avec la noix de galle, il
faut tout au moins que les proportions du vitriol verd foient égales à celles de la noix de
galle. Mais il dépend beaucoup de la qualité
de la noix de galle, & de celle du vitriol verd
pour connoître exactement la quantité qu'on
doit mettre de ce dernier. Si la noix de galle
eft très-bonne, c'eft-à-dire, fi elle contient
beaucoup de fubftance réfino-terreufe & peu
de mélange de parties terreufes maigres, comme on le voit à l'égard de la noix de galle
qui eft pefante & noirâtre, on peut & on doit

P.

alors mettre davantage de vitriol verd , par
exemple 2 parties fur 1 partie de noix de galle ;
au contraire fi la noix de galle n'eft pas bonne,
& fi elle contient beaucoup de parties terreufes
inutiles , & moins de fubftance réfino-terreufe
néceffaire à la production d'une couleur noire,
on pourra à peine faire ufage de parties égales de noix de galle & de vitriol verd ; on ne
pourra même jamais faire une bonne couleur
noire avec de mauvaife noix de galle , telle
que celle qui eft légère & jaune blanchâtre,
de quelque manière qu'on puiffe varier les proportions du vitriol verd. La mauvaife qualité
de la noix de galle eft en même-tems la caufe
pour laquelle un bain noir attaque & endommage
davantage la laine qu'un autre. Malgré cela
on croit communément, que cet accident provient d'une trop grande quantité de vitriol
verd , ce qui eft bien vrai , parce que fa propriété cauftique n'eft pas fuffifamment modérée. Cependant la furabondance du vitriol verd
n'en eft pas la véritable caufe , car on peut
quelquefois compofer un bain de 2 parties de
vitriol verd fur une partie de noix de galle,
fans que le drap en fouffre , tandis qu'un bain
préparé avec 2 parties du vitriol verd fur 3 parties de noix de galle lui eft infiniment plus
préjudiciable , & qu'en outre le premier donne

une couleur noire parfaite, tandis que le dernier en communique une mauvaise. Ainsi celui
qui voudra teindre en noir avec la noix de
galle, doit la choisir de la meilleure qualité;
celle de bonne qualité, est, comme on l'a dit,
pesante & d'une couleur noirâtre ou grise noirâtre, tandis que la grosse qui est légère & jaune
blanchâtre n'est ni bonne ni convenable pour
composer un bain de teinture pour faire des
couleurs noires.

Il faut non-seulement faire attention à la qualité de la noix de galle, mais aussi à celle du
vitriol verd, parce que quelques-uns contiennent peu, d'autres beaucoup de parties cuivreuses outre les ferrugineuses; quelques-uns
sont fort humides, d'autres moins; par exemple, le vitriol verd commun, qui est fort humide,
contient beaucoup plus d'eau que le beau vitriol de Goslar, qui est en cristaux, de même
que celui d'Angleterre. Il faut beaucoup moins
de ceux-ci, pour composer un bain noir; de
plus le vitriol verd ordinaire n'est pas exempt
d'autres parties terreuses impures, c'est pour
cela qu'il en faut une plus grande quantité;
j'ai même remarqué, que pour faire un noir
parfait, il en falloit souvent mettre 3 parties sur
1 partie de noix de galle; tandis que j'ai aussi
éprouvé, que 2 parties de celui de Goslar sur

3 parties de noix de galle étoient suffisantes
pour faire un bon noir. Il faut en outre faire
attention, que ceux de Goslar & d'Angleterre,
qui tirent sur le verd bleuâtre, contiennent davantage de parties cuivreuses, que le vitriol verd
commun, ce qui est cause qu'on fait avec ceux-
là une couleur noire, qui ne tire pas sur le rouge,
ce qu'on ne peut éviter que difficilement avec
le vitriol ordinaire, à moins qu'on ne mette en
même tems un peu de vitriol bleu dans le bain.
Par conséquent si on veut faire usage du vitriol
verd commun pour teindre en noir, il faut
avoir soin qu'il soit sec, & y ajouter aussi un
peu de vitriol bleu, comme je le ferai connoître
par les préparations suivantes, pour prouver
qu'on peut se servir utilement du vitriol verd du
pays, en observant convenablement les précautions nécessaires. Si on se conforme exactement à ce que je viens d'indiquer en détail,
on fera de bons noirs avec le vitriol verd &
la noix de galle, & personne ne se plaindra
que le vitriol verd du pays est préjudiciable,
parce qu'il ne produit pas le même effet que
ceux d'Hongrie, de Saltzbourg, de Goslar ou
de Bohême, & on trouvera en même tems un
moyen de faire toujours la préparation d'un
bain de teinture, tel qu'il le faut pour avoir
de bons noirs, de même que pour faire une

bonne encre noire à écrire, en se conformant à ce que j'indique ici en passant (a).

(a) Les sels cuivreux produisent sur la teinture noire un effet dont on n'a pas encore assigné la cause ; mais l'expérience a prouvé que ce mélange étoit utile pour obtenir un beau noir, & les teinturiers ajoutent ordinairement un peu de verd de gris, qui paroît préférable au vitriol bleu, parce qu'il a pour acide l'acide acéteux, qui est moins corrosif que l'acide sulfurique ou vitriolique que contient le vitriol bleu.

Ce que dit l'Auteur sur le cuivre qui se trouve dans le vitriol verd, & qui fait la principale différence qu'on y observe, mérite attention. Il est facile de déterminer la quantité de ce métal qui se trouve dans un vitriol, & de reconnoître par-là s'il est propre à la teinture noire ; l'on n'a qu'à en dissoudre une quantité donnée dans de l'eau, & y laisser plonger pendant 24 heures un barreau de fer bien net, tout le cuivre s'y dépose sous forme métallique. L'on n'a plus qu'à le séparer & à le peser.

L'on n'a pas besoin pour la teinture en noir, qui est le plus en usage du garançage & de quelques autres précautions que l'Auteur décrit. Il faut simplement laver avec soin le drap aussi-tôt qu'il sort de la cuve, & le bien dégorger au foulon. La raison sur laquelle est fondé l'usage de donner aux draps fins un pied de bleu, sans lequel on ne vient pas à bout, quoi qu'en dise M. Poerner, de faire une teinture noire belle & solide, paroît être que lorsqu'on a donné ce pied, il faut beaucoup moins de vitriol & de noix de galle pour

N°. LXI.

Couleurs noires & grifes noirâtres avec le bois de campêche.

Pour ces couleurs on prépare le drap uniquement avec de l'eau, comme il est prescrit pour le n°. 60.

A. Pour 1 liv. de drap on compose le bain de teinture de 10 onces de copeaux de bois de campêche, qu'on fait bouillir dans un sac pendant 1 ½ heure. On y ajoute ensuite 7 ½ onces de vitriol verd & 2 ½ onces de vitriol bleu,

---

faire passer cette couleur au noir, que si le fond étoit blanc ; or, lorsque la noix de galle décompose le vitriol, l'acide est dégagé & rendu libre. Il agit alors sur le drap, il l'affoiblit & lui donne de la roideur. On évite donc ces inconvéniens lorsqu'on n'a besoin d'employer qu'une petite quantité de vitriol, dont l'acide se trouve ensuite affoibli par une très-grande quantité d'eau.

L'on peut substituer au pied de bleu une autre couleur moins chère, pourvu qu'elle soit rembrunie & solide ; mais l'on n'en obtient pas un effet si avantageux que du pied de bleu.

Ordinairement après avoir bien lavé & même passé au foulon les draps qui viennent d'être teints en noir, on les passe dans un bain de gaude qui soit bien chaud, mais qui cependant ne soit pas en ébullition.

qu'on fait encore bouillir pendant 1 heure dans le bain de bois de campêche. Enfin on y met le drap convenablement humecté, on l'y fait bouillir pendant 1 heure, ou jufqu'à ce que le bain foit réduit à moitié ; il prend une bonne couleur noire, qui tire un peu fur le violet, mais à peine fenfiblement.

B. Si on compofe le bain de teinture de 10 onces de bois de campêche, 5 onces de vitriol verd & de 2 $\frac{1}{2}$ onces de vitriol bleu, on fera également une bonne couleur qui fera encore plus noire, & qui tirera moins fur le violet, que la couleur *A* du n°. 61.

C. Si le bain eft préparé avec 7 $\frac{1}{2}$ onces de bois de campêche, 15 gros de vitriol verd, & 15 gros de vitriol bleu ; le drap y prendra une couleur gris de maure.

D. Si le bain eft compofé de 7 $\frac{1}{2}$ onces de bois de campêche, 6 gros de vitriol verd, & 6 gros de vitriol bleu, le drap prend une couleur grife noirâtre, elle fera plus grife que la couleur *C* du n°. 61.

Obfervation.

On met ordinairement plus de bois de campêche pour teindre que de noix de galle, parce qu'on teint en noir d'une manière plus facile

P iv

avec le bois de campêche, & aussi parce qu'il
est à meilleur marché que la noix de galle.
On extrait la substance colorante du bois de
campêche, comme je l'ai fait voir dans le troisième volume de mes Essais & Remarques,
page 261 & les suivantes, par le moyen de
différentes dissolutions. La substance colorante
du bois de campêche communique une couleur brune rougeâtre au drap simplement humecté d'eau, qu'on fait bouillir dans son bain
sans y ajouter d'autre ingrédient ; en conséquence, allié au vitriol verd, il en fournit une
noire qui est plus agréable, à cause de la substance de couleur de pourpre qui est unie aux
parties ferrugineuses, qu'avec la noix de galle,
dont la substance colorante ne communique
qu'un brun jaunâtre ; c'est pour cela que la
couleur noire provenante de la noix de galle
tire souvent sur le jaunâtre, lorsqu'on ne saisit
pas la juste proportion du vitriol verd, tandis
que la couleur noire produite avec le bois de
campêche tire sur la couleur de pourpre ou
violette. Si le bois de campêche avoit une aussi
forte propriété astringente que la noix de galle,
& un peu plus de substance résino-terreuse, il
fourniroit une couleur beaucoup plus parfaite
que la noix de galle, parce qu'alors on pourroit mettre beaucoup moins de vitriol verd.

Mais comme le bois de campêche ne posséde
pas un pareil mélange dans ses parties colorantes pour faire un bon noir, il faut lui allier
un peu plus de vitriol verd, ou y joindre en
même-tems la noix de galle, pour que le mélange soit tel, qu'on n'ait pas besoin d'une plus
grande quantité de vitriol verd, comme on le
verra ci-après par une semblable préparation.
Mais si on desire de faire une bonne couleur
noire avec le bois de campêche seul, & éviter
la quantité de vitriol verd, il faut nécessairement employer en même-tems le vitriol bleu,
car par ce moyen on peut faire un noir parfait
sans craindre de porter le moindre préjudice
au drap. Si on fait bouillir une médiocre quantité de vitriol bleu avec du bois de campêche,
le drap prend une couleur bleue foncée, qui
change à l'air, & devient verte. Si on fait
bouillir 2 parties de bois de campêche avec
1 partie de vitriol bleu, le drap prend une
couleur noire, qui tire sur le bleuâtre, à l'air
elle devient aussi verte. Au contraire, parties
égales de vitriol bleu & de bois de campêche
fournissent un noir parfait, qui résiste à l'air
sans changer. On voit par ces essais que le vitriol bleu est favorable pour teindre en noir;
mais il faut s'en servir avec circonspection, parce
qu'à l'égard de la laine, le vitriol bleu a une

propriété plus cauſtique que le verd, cela provient des parties cuivreuſes contenues dans le vitriol bleu. Par cette raiſon, il n'eſt pas à propos de mettre une telle quantité de vitriol bleu, qu'il puiſſe ſeul fournir une couleur noire; parce que quand même elle ſeroit très-bonne & très-ſolide, il ſeroit à craindre que la laine n'eût ſouffert; mais ſi on l'emploie avec le vitriol verd de façon, qu'en en mettant dans un bain 1 partie ſur 2 ou 3 parties de verd, on n'a rien à redouter, & on fera un noir parfait, ſans qu'il ſoit néceſſaire de teindre préalablement le drap en bleu, ou de lui donner un autre fond.

Les couleurs noires A, B du n°. 61, ont été produites en ſe ſervant à la manière ordinaire des vitriols verd & bleu. Pour la couleur A du n°. 61, on a employé 10 onces de bois de campêche, $7\frac{1}{2}$ onces de vitriol verd, & $2\frac{1}{2}$ onces de vitriol bleu; mais pour la couleur B du n°. 61, on a employé la même quantité de bois de campêche & de vitriol bleu, & ſeulement 5 onces de vitriol verd, conſéquemment $2\frac{1}{2}$ onces de moins que pour la première couleur. Malgré cela, la couleur B eſt plus noire que la couleur A, qui a eu parties égales de bois de campêche & de vitriol, en comprenant le verd avec le bleu. On voit par-là qu'en employant le vitriol bleu avec le verd, il en faut une moindre quantité, & conféquemment que le drap n'eſt pas ſi fortement attaqué que ſi l'on ne faiſoit uſage que du vitriol verd; en effet, le drap eſt plus doux au toucher qu'un autre pour la teinture duquel on auroit employé ſeulement du vitriol verd. Néanmoins pour faire une bonne couleur noire avec le bois de campêche, il faut au moins autant de vitriol verd que de ce bois, tandis qu'il en faut moins en lui joignant le bleu; conféquemment le bain eſt alors compoſé d'une moindre quantité d'acide vitriolique, ſuppoſé même qu'on eût mis autant de vitriol verd & bleu enſemble que de bois de campêche, parce que le vitriol bleu contient moins de cet acide que le verd.

Les deux autres couleurs C, D du n°. 61, ne ſont pas au nombre des couleurs noires, quoiqu'elles paroiſſent très-foncées à la vue, même preſque noires, parce qu'en les comparant à du drap parfaitement noir, elles ne paroiſſent alors que griſes; comme cette couleur eſt foncée, on la nomme gris de maure. Pour la couleur C du n°. 61, on emploie 2 parties de bois de campêche, ſur 1 partie des deux eſpèces de vitriols; on en a encore beaucoup moins employé pour la couleur D du n°. 61, puiſqu'on n'a mis qu'une partie des deux vi-

triols, fur 5 parties de bois de campêche, auſſi
eſt-elle beaucoup plus griſe que la couleur *C.*
Ainſi moins on met de ces deux vitriols, plus
les couleurs font claires ; par ce procédé, on
peut tellement les éloigner du noir, qu'on fera
diverſes nuances de gris. Mais il faut faire attention à l'égard de toutes ces couleurs griſes,
que plus elles font claires , conſéquemment
produites avec moins de vitriol , moins elles
font ſolides.

En mettant 1 partie de vitriol bleu, ſur 4
parties de bois de campêche, on fait auſſi une
couleur griſe de maure très-foncée, mais elle
n'eſt pas ſolide , & elle devient verte à l'air.
Il en eſt de même des couleurs des draps qui
ont reçu préalablement un autre fond un peu
foncé, & teints enſuite dans un bain de bois
de campêche. Par exemple, ſi on fait bouillir
1 livre de drap dans un bain , compoſé de
5 onces de camomille , & de 10 onces de
vitriol verd, il prend une couleur brune jaunâtre ; étant enſuite bouilli dans un bain préparé
avec 10 onces de bois de campêche, il prend
auſſi une couleur griſe de maure , qui n'eſt
également pas ſolide, & qui perd beaucoup à
l'air. Par le moyen des préparations ſuivantes,
on peut faire pluſieurs nuances de couleurs
griſes.

N°. LXII.

Couleurs grifes & brunâtres de diverfes nuances.

Pour ces couleurs, on prépare 1 livre de drap avec de l'eau feule, comme il eft prefcrit pour le n°. 60.

A. Pour trois pièces de drap, du poids de 1 demi-livre chacune, on compofe un bain de teinture, dans lequel on fait bouillir pendant 2 heures $12\frac{1}{2}$ onces de bois de campêche; on y met 6 onces de vitriol verd, & 3 onces de vitriol bleu, qu'on fait encore bouillir pendant $\frac{3}{4}$ d'heure; on fait enfin bouillir pendant $\frac{1}{2}$ heure dans ce bain une pièce de drap bien humecté d'eau; elle y prend une couleur grife foncée, qui tire un peu fur le jaunâtre.

B. La deuxième pièce de drap bouillie pendant $\frac{3}{4}$ d'heure dans ce même bain, prend une couleur pareille à la précédente, mais un peu plus foncée.

C. On remplit le bain avec de l'eau chaude, on y fait bouillir la troifième pièce de drap pendant 1 heure; elle reçoit une femblable couleur grife, un peu plus claire que la couleur *A.*

D. 1 livre de drap humecté d'eau, & bouilli pendant $\frac{1}{2}$ heure dans un bain de teinture, compofé de 10 onces de bois de campêche, 2 ½ onces de vitriol verd, & 2 ½ onces de vitriol bleu, prend une belle couleur grife foncée d'une autre nuance, qui tire fur le gris de fouris foncé.

E. 1 livre de drap bouilli dans un bain, préparé avec 6 ¼ onces de bois de campêche, & 10 gros de vitriol bleu, prend une couleur grife brunâtre, qui tire fur le verd d'olives.

Obfervation.

On fait les couleurs *A*, *B*, *C* du n°. 62, dans un feul bain fait avec 4 parties de bois de campêche & 3 parties de vitriol tant verd que bleu, dont 2 parties de verd fur une partie de bleu. Il en feroit refulté une couleur noire, fi on avoit fait bouillir le drap pendant 2 heures, ou jufqu'à ce que le bain fût devenu affez concentré, & que les parties colorantes qui y font contenues fe fuffent fixées en fuffifante quantité aux filamens du drap. Mais fi on ne l'y fait bouillir que ½ heure, comme il eft arrivé pour la couleur *A* du n°. 62, il prend une couleur grife, parce que les parties colorantes ne fe font pas affez approchées les unes des autres dans le bain, à caufe de la trop grande quantité d'eau, & que dans fi peu de tems elles ne

peuvent pénétrer en fuffifante quantité dans les
filamens du drap pour l'impregner d'une couleur noire. En conféquence il n'en eft réfulté
qu'un commencement de noir, d'où on peut
conclure avec certitude, que les couleurs grifes & brunes ne font que des nuances de la
noire, ce qui eft clairement prouvé, puifque
plus on fait bouillir le drap dans le bain, plus
la couleur devient foncée jufqu'à ce qu'elle foit
enfin entièrement noire. On peut au contraire
rendre les couleurs plus claires ou en faire de
claires après les foncées en faifant bouillir une
deuxième pièce de drap dans un bain déjà
affoibli par la couleur noire, qu'il a communiquée à une première pièce, elle prend non une
couleur noire, mais une moins foncée & même
grife, ou grife brunâtre, parce que le bain ne
contient plus fuffifamment de parties colorantes. Quoiqu'on faffe bouillir long-tems une
deuxième pièce de drap dans un bain, où on
a teint une première pièce de couleur noire,
elle ne prend pas pour cela une couleur noire,
parce que, quoique toutes les parties requifes
pour une couleur noire exiftent, la quantité
néceffaire pour produire cette couleur ne s'y
trouve plus. De plus la proportion des ingrédiens a fubi une telle variation, qu'alors il ne
peut plus en réfulter une couleur noire. Mais

toutes ces circonſtances varient proportionnément à la force du bain, & ſelon qu'on y
ajoute de nouvelle noix de galle & du vitriol verd, lorſqu'il a déjà ſervi ; de cette manière on peut faire diverſes changemens à volonté, & ſe procurer différentes nuances de
gris.

Pour la couleur *D* du n°. 62, on a mis 2
parties de bois de campêche ſur 1 partie de
vitriols tant verd que bleu, ces derniers en
proportion égale. Comme ils ſont ſurchargés
par le bois de campêche, il ne peut en réſul-
ter le mélange requis pour le noir, c'eſt pour
cela qu'il n'en réſulte qu'une bonne couleur
griſe foncée, ſur-tout ſi on ne fait bouillir le
drap dans le bain, que pendant $\frac{3}{4}$ d'heure. En
le faiſant bouillir plus long-tems, on fait bien
une couleur plus foncée, telle que le gris de
maure, mais non un bon noir, parce qu'une
partie de vitriol ſur 2 parties de bois de campêche ne ſuffit pas pour cet effet. Ainſi pour
faire les couleurs griſes ſpécifiées, on n'a qu'à
ne pas faire bouillir le drap dans le bain de
teinture beaucoup au-delà de $\frac{1}{2}$ heure.

N°.

N°. LXIII.

Couleurs grifes & noires avec la noix de galle
& le bois de campêche.

On prépare 1 liv. de drap avec de l'eau
feule, comme pour le n°. 60.

A. On compofe le bain de teinture avec 5
onces de copeaux de bois de campêche , &
5 onces de noix de galle réduite en poudre,
qu'on fait bouillir enfemble pendant 2 heures,
après les avoir mis, comme à l'ordinaire, dans
des facs de toile. Après cela on y ajoute $7\frac{5}{2}$
onces de bon vitriol verd fec , & $2\frac{1}{2}$ onces de
vitriol bleu, qu'on fait encore bouillir pendant 1 heure avec le refte ; on y met enfuite
le drap, qu'on fait bouillir pendant 2 heures,
on le retire du bain & on le met égoutter. On
retire le feu de deffous la chaudière, on laiffe
refroidir le bain, & on le conferve pour s'en
fervir ultérieurement. On compofe dans une
autre chaudière un bain abfolument égal au
premier (en vidant la première chaudière elle
peut fervir), & on opère en tous points de la
même manière. Lorfque le bain eft achevé
& prêt à teindre , on y fait encore bouillir
pendant 1 heure cette pièce de drap qui a déjà
été teinte en noir dans le premier bain fans

Q

être lavée, enfuite on la retire, & on la lave
à fond, elle prend un très-beau noir.

B. On fait un feul bain du reftant des deux
précédens, on y met l'eau qui pourroit manquer, quand il commence à bouillir, on y
abat une deuxième pièce, qu'on y fait bouillir pendant 2 heures, elle prend une couleur
encore plus agréable & plus noire que la couleur *A* du n°. 63.

C. On remplit avec de l'eau chaude, & on
fait bouillir pendant 2 heures une troifième
pièce dans le même bain ; elle prend également
une belle couleur noire, qui tire un peu fur le
violet.

D. On remplit encore, & une quatrième
pièce de drap prend une couleur grife de maure
foncée.

E. Enfin on remplit la chaudière, & une
cinquième pièce de drap bouillie pendant 2
heures, prend encore une jolie couleur gris de
cendres, qui tire fur le jaunâtre.

Obfervation.

On ne fauroit trop recommander ce procédé pour teindre en noir. Quoique l'opération entière paroiffe exiger plus de peine & de
travail que par une autre méthode, les avan-

tages qui en réfultent font fi confidérables,
qu'ils dédommagent amplement de tout, car
on fait de cette façon non-feulement d'excel-
lentes couleurs noires, & d'autres qui font
d'ufage, mais les frais mêmes font réellement
plus modiques que ceux d'une méthode plus
fimple. Celui qui en fera l'effai en grand en fera
fûrement convaincu. Par exemple, fi on def-
tine pour noir 5 pièces de drap du poids de 32
liv. chacune à l'effet de les teindre fuivant ces
opérations, & fi on s'y conforme exactement,
il faudra pour les 5 pièces 20 liv. de bois de
campêche, 20 livres de noix de galle,
30 liv. de bon vitriol verd, & 10 liv. de vitriol bleu. Si on ajoute en même tems à ces
débourfés pour les drogues de teinture, ceux
du bois. & les journées des ouvriers, on verra,
qu'on peut teindre par ce procédé les 5 pièces
de drap mentionnées, mieux & à meilleur marché, que par aucune autre manière, & que les
couleurs noires qui en réfultent, feront fans
contredit du nombre des principales, & des
plus eftimées. Mais pour cela il faut néceffairement fe donner la peine convenable, & exécuter exactement les opérations preferites. La
première pièce doit être teinte dans deux bains
fraîchement préparés avec foin. Il faut fur-tout
que le bois de campêche & la noix de galle

Q ij

foient de la meilleure qualité, & qu'on les faffe
bouillir pendant 2 heures entières enfemble
avant que de mettre les vitriols dans le bain.
Le vitriol verd du pays doit être très-fec, &
le vitriol bleu de première qualité. Il faut les
réduire tous deux en poudre fine, & les faire
diffoudre féparément dans de l'eau, avant que
de les mettre dans le bain. Lorfqu'ils y font,
il faut bien remuer, & les faire bouillir pendant une heure. Lorfqu'on a fait bouillir le
drap dans de l'eau pour le préparer, & qu'il
a été lavé dans l'eau froide, on le fait bouillir pendant 2 heures & plus dans le premier
bain, enfuite on le retire & on le laiffe égoutter fans le laver, jufqu'à ce qu'on ait préparé
un fecond bain en tous points égal au premier.
On fait bouillir dans ce nouveau bain pendant
1 heure ou un peu plus, le drap déjà teint dans
le premier bain, & enfin on le traite comme
les autres draps teints en noir.

On fait bouillir les autres 4 pièces de drap
dans le reftant des deux bains réunis enfemble, dans lefquels la première pièce a été teinte.
Il n'eft pas néceffaire d'y ajouter de nouvelles
drogues de teinture pour communiquer un noir
parfait à la deuxième pièce de drap; parce
que le bain eft encore très-fort, & qu'il contient des parties colorantes en furabondance.

Il est même surprenant, que la deuxième pièce *B* du n°. 63 prenne une couleur noire plus parfaite que la première pièce *A* du n°. 63. On doit presque présumer, que dans les premiers bains frais quelques parties colorantes n'atteignent pas la mixtion convenable pour produire une couleur parfaite, que ces mêmes parties sont absorbées par la première pièce de drap, & qu'alors le bain est comme purifié, & devient plus propre pour la teinture noire. Malgré cela le noir de la première pièce est très-bon, & on ne doit pas craindre au sujet de la force des filamens du drap ; supposé que ce qu'on présume des deux bains frais concernant l'action de l'acide vitriolique, soit réellement fondé, sa propriété corrosive s'atténue considérablement par l'ébullition préliminaire de ces deux espèces de vitriols avec le bois de campêche & la noix de galle, de sorte que lorsqu'on procéde à la teinture, elle ne peut plus attaquer avec autant de force les filamens du drap, que si les vitriols avoient bouilli seuls avec le drap, ou que si on n'avoit pas suffisamment fait bouillir les bains qui les contenoient, avant que d'y teindre. Cette précaution de faire encore bouillir le bain après y avoir mis les vitriols, pendant 1 heure avant que d'y teindre, est d'un grand avantage ; on doit l'observer

exactement , puifque de cette manière non-feulement la mixtion requife des drogues devient
plus parfaite , mais la cauflicité de l'acide vitriolique eft auffi mitigée par les parties réfino-
terreufes & inflammables contenues dans le bois
de campêche & la noix de galle , de forte
qu'alors on peut teindre dans un femblable
bain , avec plus de certitude de faire de bons
noirs fans préjudicier au drap.

La troifième pièce de drap , qu'on teint dans
le reftant du bain de la deuxième pièce , reçoit
encore une bonne couleur noire C du n°. 63 ,
qui peut également fervir , mais elle n'eft pas.
fi parfaite que les couleurs des deux premières
pièces. Après la teinture de cette troifième
pièce les 2 pièces reftantes reçoivent des couleurs foibles , de forte que la couleur D du
n°. 63 , communiquée à la quatrième pièce n'eft
que gris de maure , & la couleur E du n°. 63,
qu'a reçue la cinquième pièce , eft feulement
gris de cendre , elles font cependant toutes
les deux de qualité à pouvoir fervir avantageufement.

Si cette méthode de teindre , qui ne peut
fe pratiquer que dans les grandes teintureries ,
où il y a beaucoup d'occupation , devoit paroître trop pénible , l'on pourroit fe fervir d'un
procédé que je vais décrire, pour faire un très-

bon noir ; ce procédé exige moins de tems &
de travail , & il eſt également très-avantageux
pour faire des couleurs parfaites. Le voici :

N°. LXIV.

*Couleurs noires avec le bois de campêche & la
noix de galle.*

Pour 1 liv. de drap on fait bouillir 5 onces
de copeaux de bois de campêche pendant 1
heure ; on y ajoute enſuite 2 $\frac{1}{2}$ onces de vitriol bleu, qu'on fait encore bouillir pendant
$\frac{1}{2}$ heure avec le bois de campêche. On met
enſuite le drap humecté d'eau tiède dans ce
bain , on l'y fait bouillir pendant 1 heure , ou
juſqu'à ce qu'il ait pris un bleu foncé. Après cela
on le retire , on le laiſſe refroidir , & on le met
égoutter ſans le laver.

On fait un ſecond bain en faiſant bouillir 5
onces de bois de campêche & 5 onces de noix
de galle enſemble pendant 2 heures, on y ajoute
enſuite 7 $\frac{1}{2}$ onces de vitriol verd , & 2 $\frac{1}{2}$ onces
de vitriol bleu, on remue bien le tout ; on fait
encore bouillir pendant 1 heure. On abat enfin
le drap préparé avec le bois de campêche &
le vitriol bleu , on l'y fait bouillir pendant 1 $\frac{1}{2}$
à 2 heures , après cela on le retire, & on le lave
ſoigneuſement, il prend un très-beau noir.

Q iv

Obſervation.

La préparation du drap avec le bois de campêche & le vitriol bleu eſt très-avantageuſe, elle
donne un fond ou pied par le moyen duquel on
peut faire un bon noir. Le drap reçoit dans ce
bain une belle couleur bleue foncée preſque
ſemblable à celles qu'on fait dans la cuve, la
différence ne conſiſte qu'en ce que la couleur
bleue faite de cette manière avec le bois de
campêche n'eſt pas ſolide. Mais la préparation
du drap, qu'on veut teindre en noir, par le
bain de bois de campêche & de vitriol bleu,
eſt très-favorable. Il faut ſeulement obſerver
qu'on ne doit mettre le vitriol bleu dans le
bain, que lorſque le bois de campêche a bouilli
pendant 1 heure, & enſuite encore faire bouillir pendant $\frac{1}{2}$ heure. Quand le drap, qu'on fait
bouillir dans ce bain, eſt ſuffiſamment bleu,
on peut ou l'en retirer tout-à-fait, ou l'y laiſſer pendant une nuit en le remettant dans le
bain devenu tiède, ce dernier paroît le plus
avantageux. Dans aucun des deux cas il ne faut
pas le laver, & on acheve de le teindre en noir
dans le ſecond bain compoſé de bois de campêche, de noix de galle, de vitriols verd &
bleu, le drap prend un noir parfait, qui ne

tire ni fur le gris, ni fur le rouge, ni fur d'autres couleurs ; c'eſt pour cela que cette manière
d'opérer eſt auſſi bonne que celle du n°. 63.
Pour ce procédé la préparation du drap avec
le bois de campêche eſt plus avantageuſe, que
ſi on employoit la noix de galle & le vitriol
verd au lieu du bois de campêche & du vitriol
bleu, parce que je ſais par expérience, qu'en
ce cas la couleur ne ſeroit pas ſi parfaite, mais
qu'elle tireroit fur le rouge ; à moins qu'on ne
mît parties égales de noix de galle & de vitriol verd, & qu'on ne fît bouillir le drap juſqu'à ce qu'il fût teint en noir ; en achevant alors
de le teindre dans un bain préparé avec la noix
de galle, du bois de campêche, des vitriols
verd & bleu, il prendroit, à la vérité, une meilleure couleur, mais elle ne ſeroit pas ſi parfaite
que celle du n°. 64.

Les procédés qu'on a donnés pour les couleurs noires depuis le n°. 60 juſqu'au n°. 64,
ſont de nature à pouvoir être avantageuſement
exécutés par les teinturiers. Je ſuis même per-
ſuadé, que tous ceux qui teindront ſuivant
ceux des n°ˢ. 63 & 64, abandonneront le pré-
jugé, que pour faire un bon noir, le drap
doit être préalablement teint en bleu dans la
cuve ; il faut cependant convenir, qu'on teint
plus aiſément en noir lorſqu'on donne préa-

lablement au drap un fond gris ou brun foncé;
souvent même on ne peut sans cela faire un noir
parfait; mais il faut avoir attention de choisir pour
cet effet des substances qui n'affoiblissent pas
les parties qui colorent en noir, & qui doivent
leur succéder, car elles pourroient les déna-
turer. Hellot conseille de donner à la laine, au
drap & à l'étoffe, premièrement une couleur
brune avec du brou de noix, ou de la racine
de noyer, lorsqu'on ne veut pas lui donner un
fond bleu. Mais je me suis apperçu que la
couleur, que la laine prenoit ensuite, n'étoit
ni si agréable, ni si vive, que le sont celles des
n°s. 63 & 64, quoiqu'elle parût fort bonne. Si
on veut donner un fond pour teindre en noir,
il est certain que le drap ne peut en recevoir
un meilleur que le bleu de cuve. Mais l'expérience prouve qu'il n'est pas indispensablement nécessaire, & qu'on augmente les frais
presqu'inutilement; puisqu'on peut teindre parfaitement en noir, comme je viens de l'indiquer, sans donner un fond de bleu de cuve.
Jusqu'à présent je trouve que la préparation
du drap avec le bois de campêche & le vitriol bleu est la meilleure méthode pour lui
faire prendre une bonne couleur noire, d'autant plus que le vitriol bleu communique aux
parties colorantes du bois de campêche la pro-

priété de se consolider dans les filamens du drap, & qu'il donne au drap, comme la cuve, un pied foncé & approprié à la couleur noire, ce qu'on ne peut obtenir aussi bien avec les autres ingrédiens de teinture dont on fait usage pour préparer le drap. Parmi toutes les autres substances, qu'on emploie pour préparer le drap à recevoir la couleur noire, & qui peuvent lui donner un bon fond, j'ai reconnu que la sarrette, dont il a été fait mention comme substance colorante jaune, étoit très-favorable. On prépare un bain avec 2 parties de sarrette & 1 partie de vitriol verd, dans lequel on fait bouillir le drap pendant deux heures, il y reçoit une couleur brune. On achève ensuite de le teindre en noir dans un bain composé de 4 parties de noix de galle & de trois parties de vitriol verd. Par ce procédé on fait encore une bonne couleur noire qui peut servir, mais elle n'est pas si belle que les couleurs des numéros 63 & 64.

A l'égard des couleurs grises & brunes, il faut considérer celles qui peuvent se faire dans les bains qui ont servi à teindre en noir comme des véritables nuances du noir; puisqu'en ne faisant bouillir le drap que $\frac{1}{4}$ heure ou $\frac{1}{2}$ heure dans un bain à teindre en noir, il ne prend pas une couleur noire, mais seule-

ment une grife ou brune qui tire plus ou moins
au noir, fuivant la durée de fon ébullition dans
le bain.

Un bain propre à communiquer une couleur noire peut donc fournir diverfes couleurs
grifes & brunes noirâtres, & s'épuifer de parties colorantes fans qu'on produife de couleur
noire, en laiffant bouillir dedans chaque pièce
de drap moins de tems qu'il n'en faut pour
lui faire prendre une couleur noire. Par conféquent on peut opérer à volonté avec un
tel bain nouvellement préparé, & faire dès le
commencement ou des couleurs grifes & brunes,
ou commencer par des couleurs noires & finir par
d'autres nuances, avec la différence néanmoins
que les couleurs produites par un bain où l'on
n'aura pas teint en noir, feront plus fraîches
& plus vives, que celles faites dans un bain
dont l'on aura d'abord tiré des couleurs noires,
parce qu'un femblable bain contient non-feulement moins de parties qui colorent en noir;
mais parce qu'il perd auffi un peu des fubftances falines, qui occafionnent la vivacité des
couleurs, ce qui fait paroître mattes ces dernières couleurs. C'eft pour cela qu'il eft quelquefois à propos de faire dans un bain ainfi affoibli une addition d'un peu de vitriol verd,
de noix de galle & de bois de campêche, lorf-

qu'il doit servir à teindre ultérieurement, alors
on fera des couleurs plus fraîches & plus vives.
On peut aussi d'abord préparer un bain composé d'une moindre quantité de vitriol verd,
qui relativement à celle des noix de galle &
du bois de campêche, ne puisse communiquer
une couleur noire ; par ce moyen, on peut
faire bouillir long-tems une pièce de drap dans
un pareil bain, sans qu'il prenne une couleur
noire, mais une bonne couleur brune ou grise.
Ordinairement les couleurs faites avec la noix
de galle & le vitriol verd seuls sont plus brunes que grises ; mais celles dont les bains ont
été préparés avec du bois de campêche seul,
ou avec de la noix de galle en même-tems,
& du vitriol verd, sont plus grises que brunes ;
le vitriol bleu employé dans les bains de teinture leur donne aussi la propriété de produire
des couleurs plus grises que brunes. Par exemple, si on prépare un bain de teinture avec
5 onces de noix de galle, & $3\frac{1}{2}$ onces de
vitriol verd, 1 livre de drap bouilli dedans
pendant $\frac{1}{2}$ heure, 1 heure, & même plus,
prendra une couleur plus ou moins foncée,
brune, rougeâtre & noirâtre. En mettant encore
moins de vitriol verd, par exemple, $2\frac{1}{2}$ onces,
ou 10 gros sur 5 onces de noix de galle, on fera
une couleur brune rougeâtre encore plus claire.

Si on fait préalablement bouillir le drap dans
un bain de noix de galle fans vitriol verd, &
qu'on le teigne enfuite dans un bain, compofé
de 4 parties de noix de galle & de 4 parties
de vitriol verd, la couleur tirera moins fur le
rougeâtre, elle fe rapprochera davantage du
gris ; de cette façon, on peut faire diverfes
nuances de couleurs grifes brunâtres. La préparation du drap avec l'alun fait auffi prendre
au drap différentes couleurs dans les bains préparés diverfement avec la noix de galle & le
vitriol verd. Un bain compofé de parties égales
de noix de galle & de vitriol verd, qui fans
cela communique une couleur noire au drap
fimplement humeété d'eau, fait prendre au drap
aluné une très-jolie couleur grife noire rougeâtre, qui eft beaucoup plus claire, lorfqu'on
ne met qu'une partie de vitriol verd fur 2 parties de noix de galle.

Si on fait bouillir du drap préparé avec de
la noix de galle dans un bain compofé de
parties égales de bois de campêche & de vitriol bleu, les couleurs tireront fur le gris, &
ne conferveront plus rien d'une nuance rougeâtre, de même toutes les couleurs qui proviennent du bois de campêche & du vitriol
verd, tirent davantage fur le gris, & celles
qui font produites avec le bois de campêche

& le vitriol bleu font plus ou moins violettes.
En mettant plus de vitriol verd que de bois
de campêche, on peut les employer pour la
préparation du drap. Par exemple, fi on met
2 $\frac{1}{2}$ onces de bois de campêche, & 5 onces
de vitriol verd pour 1 livre de drap, qu'on
les faffe bouillir pendant 1 heure, qu'on y
faffe enfuite bouillir le drap pendant 1 heure,
& qu'on le faffe enfin bouillir fans le laver
dans un bain, compofé de 2 $\frac{1}{2}$ onces de bois
de campêche pendant $\frac{1}{2}$ heure, il fera teint
d'une jolie couleur grife, qui approchera du
gris de fouris. Si on veut préparer le drap encore d'une autre manière, par exemple, avec
l'alun & le tartre, ou avec le tartre feul, il
prendra auffi diverfes nuances de gris; mais
en ce cas, il faut toujours préparer les bains
de teinture avec du bois de campêche & de
la noix de galle, ou feulement avec le bois de
campêche & les vitriols verd & bleu, fans cela
on ne fera pas de bonnes couleurs grifes. Le
mélange de la diffolution d'indigo avec la noix
de galle & d'autres fubftances qui colorent en
rouge & en jaune, fournit les plus belles couleurs grifes; j'en indiquerai quelques préparations dans la dernière feétion.

Enfin pour ce qui regarde la préparation du
drap avec du vitriol verd feul, je ne puis la con-

seiller, parce que les filamens du drap font
affoiblis par l'action de ce sel, lorsqu'on ne
l'allie à aucun autre ingrédient; c'est pour cela
qu'on a recommandé de le faire bouillir environ une heure avec la noix de galle ou le
bois de campêche, avant de plonger le drap
dans le bain de teinture (a).

_____

(a) On peut s'y prendre de différentes manières pour
obtenir les gris, depuis les plus foncés jusqu'aux plus
clairs. On peut ajouter dans un bain chaud, mais non
bouillant, une quantité d'infusion de noix de galle &
de dissolution de vitriol, relative à la nuance qu'on
veut obtenir; ou bien l'on peut faire bouillir le drap
avec la noix de galle, & y ajouter ensuite la dissolution de vitriol.

L'on commence par les nuances les plus claires en
augmentant les ingrédiens à chaque nuance qu'on obtient, ou bien l'on commence par les nuances les plus
foncées, & elles s'éclaircissent à mesure que les ingrédiens s'épuisent. Les bons teinturiers préfèrent la première méthode.

Lorsqu'on est astreint à une nuance, & que celle
qu'on obtient est plus foncée qu'on ne l'a desirée, on
peut la rendre plus claire en faisant bouillir le drap
dans une infusion de noix de galle, qui redissout une
partie du précipité colorant.

C'est l'habitude, & sur-tout l'inspection, qui doivent
décider de la durée du bain & de la dose des ingrédiens, qui diffèrent tellement dans leurs propriétés,

SECONDE

SECONDE PARTIE.

Des Couleurs qui réfultent du mélange des couleurs primitives.

LORSQU'ON mêle différentes couleurs primitives, il fe forme un grand nombre de couleurs particulières, & en cela l'art imite la nature ; car dans plufieurs couleurs naturelles l'on apperçoit d'une manière non-douteufe une couleur primitive qui domine : l'on pourroit déduire de ces mélanges plufieurs propriétés des couleurs naturelles , relativement à leur folidité & à leurs variétés , fi ce n'étoit s'éloigner du but de cet ouvrage.

Mais il faut obferver qu'il réfulte de la va-

---

qu'on ne pourroit donner des préceptes précis, fur-tout pour les nuances qui ne font pas foncées.

Ordinairement pour les gris foncés , on donne un petit pied de paftel , proportionné à la nuance qu'on veut avoir ; enfuite on engale en ajoutant un peu de fantal & un peu de garance à la noix de galle , enfin on donne la bruniture en ajoutant plus ou moins de diffolution de vitriol.

Lorfque le gris doit avoir une nuance vineufe , tel que le gris d'agathe , on fait l'engallage dans la fuite d'un bouillon de cochenille.

R

riété des couleurs qui font formées par le mélange des couleurs primitives, relativement aux
dénominations qui leur conviennent. Il y a un
accord presque unanime fur celles par lefquelles
on défigne les couleurs primitives ; mais il n'en
eft pas de même pour les autres : quelques-uns,
par exemple, prétendent que la couleur orangée forme le nom propre & particulier d'une
couleur, tandis que d'autres la mettent au nombre des couleurs brunes jaunâtres, ou jaunes
brunâtres, delà naiffent des opinions différentes
& des dénominations arbitraires : ainfi pour éviter toute confufion, je diviferai les couleurs
mêlées fuivant les mélanges des fubftances colorantes, qui produifent les couleurs primitives, & dans chaque divifion je donnerai aux
couleurs & nuances qui proviennent des mélanges un nom rélatif à la nature & à la qualité de la couleur, & je me fervirai à peu de
chofe près des mêmes noms qui font admis
& prefque généralement connus. Par conféquent
à la cinquième feétion, qui traite des mélanges
du rouge & du jaune, je nommerai les couleurs où le rouge dominera, des couleurs
rouges jaunâtres, & lorfque je pourrai appliquer un nom connu à une couleur de ce genre,
par exemple, le rouge de feu, je l'adopterai
auffi ; de même je nommerai les couleurs où

le jaune domine, des couleurs jaunes rougeâtres, & à l'égard de plufieurs j'employerai
les noms prefqu'univerfellement connus, tels
qu'orange, brun, brun rougeâtre, brun jaunâtre, &c. &c. Mais quant aux couleurs dont le
nom n'eft pas adopté d'une manière affez générale, je leur donnerai de préférence une dénomination relative à la couleur primitive qui
domine dans le mélange, qui les aura produites.
Par la même raifon je nommerai les couleurs
de la fixième feéion, qui proviennent du mélange du rouge & du bleu, couleurs bleues
rougeâtres, ou rouges bleuâtres; mais je conferverai également le nom connu de la couleur violette & d'autres; de même j'appelle-
rai les couleurs de la feptième feéion, qui
proviennent du mélange du rouge & du noir,
des couleurs noires rougeâtres, ou rouges noirâtres, & je conferverai auffi les dénominations
des couleurs brunes & autres. Dans la huitième
feéion les couleurs produites avec le mélange
du jaune & du bleu conferveront le nom généralement connu de couleurs vertes; cependant
pour plus de clarté je me fervirai quelquefois du
nom d'une des couleurs primitives employées
dans le mélange, tels que verd jaunâtre, verd
bleuâtre, de même que d'autres noms, tels que verd

de ferin, verd naiſſant, verd de pré, &c. &c. Les
mélanges du jaune & du noir, de même que
ceux du bleu & du noir, devroient naturellement ſuivre les précédens, mais comme il n'en
réſulte aucune couleur qui diffère tellement du
bleu & du noir, qu'on puiſſe remarquer en elles quelque différence avec ces couleurs, &
comme on fait d'ailleurs ſouvent uſage du bleu
& du jaune pour les couleurs noires même,
j'indiquerai quelques mélanges dans la neuvième
ſection, où je ferai généralement mention des
préparations particulières de quelques couleurs
principales, & je communiquerai en même tems
la méthode de traiter les ſubſtances colorantes
qui contiennent naturellement des couleurs primitives déjà réunies. Je déſignerai les mélanges
de chaque ſection par les matières colorantes,
qui communiquent les couleurs, & je preſcri-
rai avec exactitude les préparations par leſquelles on fait des couleurs mêlées.

CINQUIÈME SECTION.

Des Couleurs qui réſultent du mélange du rouge
& du jaune.

Les ſubſtances qui teignent en rouge & en

jaune & dont on a parlé dans la première &
la deuxième section, feront encore employées
pour faire les mélanges du rouge & du jaune.
Conféquemment j'indiquerai fucceffivement les
mélanges de la cochenille en qualité de fubftance qui teint en rouge avec les fubftances
qui colorent en jaune, telles que la gaude,
la farrette, la géneftrole, les camomilles, le
bouillon blanc, le fénugrec, le bois jaune &
le curcuma, & enfuite les mélanges des deux
autres fubftances, qui teignent en rouge & qui
ont été fpécifiées ci-devant, favoir la garance
& le bois de fernambouc, en obfervant le même
ordre qui vient d'être indiqué, concernant les
fubftances qui colorent en jaune. On pourroit
encore augmenter le nombre des mélanges par
d'autres fubftances colorantes rouges & jaunes,
telles que le kermès pour le rouge, & plufieurs
autres fubftances végétales pour le jaune ; mais
probablement les mélanges qu'on va indiquer
avec les fubftances déjà fpécifiées qui font les
ingrédiens les plus ufités pour les teintures,
fuffiront pour faire connoître la manière de
faire plufieurs couleurs de diverfes nuances ;
je fuis même perfuadé, qu'on peut faire par
leur moyen une quantité prefqu'infinie de couleurs, en fe conformant aux préparations que
je vais prefcrire, & qu'on fera dans le cas de

faire des nuances particulières, qui pourront
satisfaire les curieux (a).

PREMIER MÉLANGE.

Avec la cochenille & la gaude.

Pour ce mélange on prépare le drap avec
du tartre & de la diffolution d'étain, ou avec
tous les deux, & de l'alun, ou avec de l'alun

(a) L'art de la teinture ne fe borne pas aux couleurs primitives, mais il s'enrichit de toutes les nuances
que l'on peut obtenir en les combinant. Il eft donc in-
téreffant d'obferver les effets de ces combinaifons avec
affez de détails, pour que les obfervations que l'on
connoît puiffent fervir de guide dans le nombre infini
de tentatives auxquelles les ingrédiens de teinture peuvent être foumis. On remarquera dans les exemples
que M. Poerner va nous donner, que la feule augmentation ou diminution d'une fubftance faline fuffit pour
apporter des changemens dans une couleur.

L'on n'a pas fait difficulté dans les obfervations qui
ont été faites dans les fections précédentes, d'indiquer
les additions ou mélanges qui pouvoient modifier une
couleur, & de s'éloigner en cela du plan de l'Auteur,
parce qu'il a paru naturel de réunir, par exemple, aux
opérations de l'écarlate, celles que l'on a coutume de
pratiquer, foit pour lui procurer une apparence un peu
différente, foit pour profiter des parties colorantes qui
font reftées dans le bain.

& du tartre fans diffolution d'étain. Selon les
proportions de ces fels les nuances des couleurs feront plus claires & plus vives, ou plus
foncées & plus pâles; de même les couleurs
tireront différemment fur le rouge à proportion de la quantité de la cochenille qu'on employera; ou elles formeront diverfes nuances de
couleurs jaunes rougeâtres particulières, lorfqu'on augmentera la proportion de la gaude
relativement à celle de la cochenille.

N°. L X V.

Couleurs rouges jaunâtres.

Pour 1 liv. de drap on compofe un bain
dans une chaudière d'étain avec 3 onces d'alun,
& 1 once de tartre; lorfqu'il bout, & que les
fels font diffouts, on y verfe 4 gros de diffolution d'étain, on remue bien le tout, & on
fait bouillir le drap dans ce bain pendant 1
heure; enfuite on l'en retire & on le laiffe ré-
froidir.

A. On prépare le bain de teinture en faifant bouillir pendant 1 heure 5 onces de gaude
mife dans un fac; on y ajoute enfuite 1 once
de cochenille réduite en poudre fine, & 2 onces de tartre, on remue bien le tout, & après
qu'il a bouilli pendant quelques minutes, on

R iv

abat & on fait bouillir le drap dans le bain
pendant 1 heure, on l'en retire après cela, &
on le lave proprement, il prend une couleur
rouge claire particulière qui tire fur le rouge
cramoifi & qui eft belle.

B. Bouilli dans un même bain, fi ce n'eft
qu'au lieu de deux onces de tartre, on en a
employé fix, le drap prend auffi une couleur
rouge claire comme la couleur *A*, mais d'une
autre nuance, qui eft un peu plus pâle.

C. Si on ne met qu'une once de tartre, ce
fera une jolie couleur rouge claire, qui tirera
un peu fur le jaunâtre.

D. Si on compofe le bain de 1 once de cochenille, 1 once de tartre, & de 10 onces de
gaude, le drap prendra une couleur rouge pâle,
qui tirera fur le jaunâtre, & elle approchera
de la couleur de brique.

E. Si le bain eft préparé avec 5 onces de
gaude, 1 once de cochenille & 2 onces d'a-
lun, le drap y recevra une couleur pâle rougeâtre tirant fur le jaune qui fera à-peu-près de
la couleur du cuir.

Obfervation.

Le mélange de la cochenille employée en
affez grande quantité avec la gaude produit des
couleurs rouges particulières, dans lefquelles

le jaune eft prefque invifible. Comme la cochenille eft riche en couleur, il faut mettre le
double de gaude pour changer vifiblement les
parties rouges de la cochenille. Les couleurs
A & *B* du n°. 65, font des rouges agréables qui
n'ont aucune reffemblance avec les couleurs
rouges fpécifiées dans la première feƈion, elles
forment des nuances particulières. Quoiqu'elles
ne manifeftent aucune trace du jaune de la gaude,
ce font cependant les parties jaunes de cette
plante qui ont modifié la couleur propre à la
cochenille.

La couleur *C* du n°. 65 eft auffi une couleur
rouge, mais plus pâle, elle tire déjà fur le jaunâtre. La couleur *D* du n°. 65 eft encore un
peu plus pâle; mais pour la faire on a employé
le double de gaude, que pour les couleurs précédentes. Pour chacune de ces quatre couleurs
il eft entré du tartre dans les bains de teinture, mais
en diverfe proportion. La couleur *A* du n°. 65,
qui eft la plus belle & la plus vive, en a eu 2
onces, & la couleur *B* 4 onces, ce qui a rendu
la couleur un peu plus pâle; les deux couleurs
fuivantes *C* & *D* n'en ont eu que 1 once chacune, & elles font cependant beaucoup plus
pâles que les deux premières. Mais il faut confidérer que le drap a été préparé avec de l'alun,
du tartre & de la diffolution d'étain, & que con-

féquemment la cochenille ne fe développe pas
affez , lorfqu'il n'entre pas une fuffifante quan·
tité de tartre dans le bain , & qu'en ce cas elle
eft comme retenue dans l'inaction par la grande
quantité d'alun contenu dans le drap , ce qui
rend les couleurs pâles. Il ne s'enfuit pas delà ,
qu'on puiffe mettre autant de tartre qu'on vou-
droit , parce qu'alors les parties colorantes de
la cochenille feroient trop atténuées , & la couleur ne feroit conféquemment pas fi pleine, que
fi on n'en avoit mis que la jufte proportion ,
qui confifte fuivant l'expérience faite dans la
couleur *A* du n°. 65 , en deux onces de tartre fur une once de cochenille , & cinq onces
de gaude. Si toutefois la couleur eft un peu
pâle , le drap étant préparé comme on l'a dit
ci-devant , on pourra augmenter la quantité du
tartre ; mais fi la couleur devenoit encore plus
pâle , & tiroit davantage vers le jaunâtre , on
n'auroit qu'à mettre un peu moins de tartre ,
que pour la couleur *A* du n°. 65 , parce que
dans ce cas ce font les parties colorantes de
la gaude , qui opèrent principalement , & qui
paroiffent davantage dans le mélange , parce
que l'alun les rend actives. Ce qui eft encore
rendu plus clair par la qualité de la couleur *E*
du n°. 65 , laquelle n'eft plus au nombre des
couleurs rouges , puifqu'elle eft jaunâtre tirant

fur le rouge. On n'a pas employé de tartre
pour cette couleur, mais de l'alun, ce qui
prouve, qu'il affoiblit la vertu teignante de la
cochenille, tandis qu'il augmente celle de la
gaude, & ce qui fait que la couleur eft tout-
à-fait différente des précédentes, mais c'eft une
belle couleur dans fon efpèce. Il faut obferver,
qu'en employant la cochenille avec la gaude,
lorfque le drap eft préparé avec une forte quantité d'alun, le tartre ajouté alors dans le bain
de teinture rend les couleurs plus rouges, &
que l'alun au contraire les rend plus jaunes; il
ne faut cependant mettre que 2 onces, ou
$1\frac{1}{2}$ once d'alun fur 1 once de cochenille; &
5 onces de gaude, fans cela la force de cochenille feroit trop diminuée, comme je fais par
expérience, que lorfqu'on met le double d'a-
lun, favoir 4 onces dans le bain de teinture,
il n'en refulte qu'une fimple couleur jaune bien
fuffifamment faturée, mais qui d'ailleurs n'eft
pas agréable. Cette obfervation avec fes détails
fervira, fans doute, d'inftruction fuffifante fur la
manière dont on doit procéder pour faire de
bonnes couleurs en mêlant la cochenille avec
la gaude fans être expofé à prodiguer la fubftance précieufe de la cochenille, au lieu d'en tirer bon parti; je confeille même de n'employer
les bains où entrent la cochenille & l'alun,

que pour les nuances qu'on ne peut obtenir par
d'autres mélanges ; mais on peut facilement
faire des couleurs femblables à la couleur *E*
du n°. 65, en fe fervant de la garance & de
la gaude , ou d'une autre fubftance colorante
jaune , par exemple, de la farrette & du bois
jaune , comme on le verra par la fuite.

N°. L X V I.

Couleurs rouges jaunâtres , & jaunes rougeâtres.

Pour ces couleurs on fait bouillir pendant
1 $\frac{1}{2}$ heure 1 liv. de drap dans un bain compofé de deux onces d'alun , & de 1 once de
tartre.

A. On prépare le bain de teinture en faifant bouillir 10 onces de gaude pendant une
heure ; on y ajoute enfuite 1 once de cochenille & 2 onces de tartre, on remue bien le
tout, & on le fait encore bouillir pendant $\frac{1}{4}$
d'heure. Après cela on y met & on y fait bouil-
lir le drap pendant $\frac{3}{4}$ d'heure , il prend une jolie
couleur rouge jaunâtre pâle, qui tire fur le rouge
de brique.

B. On remplit le bain avec de l'eau chaude,
& on y fait bouillir une deuxième pièce de
drap préparé de même pendant 1 heure ; le
drap prend auffi une couleur rouge pâle , mais

plus vive & un peu jaune ; c'eſt une jolie couleur, qui approche du rouge de roſe, elle forme cependant une couleur particulière.

C. Si on compoſe le bain de 2 ½ onces de gaude, 2 gros de cochenille, & de 4 gros de tartre, & qu'on y faſſe bouillir pendant 5 à 6 quarts d'heure du drap préparé de même, il prendra une couleur pâle rougeâtre, tirant ſur le jaune, qui ſera tout-à-fait agréable.

D. En mettant 5 onces de gaude, en place de 2 ½ onces, il prendra une jolie couleur jaune, qui tirera ſur le rougeâtre.

E. Si on met encore davantage de gaude, par exemple, 10 onces, le drap prendra une couleur preſque jaune de citron, excepté qu'elle tirera ſur le rougeâtre.

Obſervation.

La préparation du drap avec l'alun & le tartre, fait qu'on obtient de jolies couleurs de nuances particulières avec le mêlange de la cochenille & de la gaude, ſur-tout ſi on emploie du tartre, & non de l'alun dans les bains de teinture. En mettant beaucoup de gaude & de cochenille dans le bain, on peut y teindre 2 pièces de drap, & faire des couleurs agréables, telles que les deux couleurs rouges *A*, *B* du n°. 66, qui ſont très-différentes des couleurs rouges, dont on a parlé jusqu'ici; on remarque fensiblement que la couleur *A* est plus jaune que la couleur *B*. De plus, la dernière est encore plus rouge que la première. Ainsi il paroît que la première reçoit plus de parties colorantes de la gaude, que de celles de la cochenille, de forte que le bain dans lequel on teint la deuxième pièce, est en quelque façon plus riche en parties de cochenille qui colorent en rouge, qu'en parties de gaude qui teignent en jaune, c'est ce qui rend la couleur plus rouge, conféquemment moins jaune.

La nuance *C* du n°. 66, quoiqu'elle foit pâle, est une jolie couleur jaunâtre tirant fur le rouge. La raifon pour laquelle elle est pâle, est qu'il n'est pas entré beaucoup d'ingrédiens de teinture dans le bain, & qu'elle n'a conféquemment pas reçu affez de parties colorantes pour avoir eu la force de lui communiquer une couleur faturée. De plus, le bain est compofé de 10 parties de gaude, fur 1 partie de cochenille, ce qui fait que la couleur n'est pas rouge, mais feulement rougeâtre. Comme la couleur jaune ne domine pas, malgré cela, on voit clairement la fupériorité de la propriété colorante de la cochenille, en comparaifon de celle de la gaude, puifque 10 parties de gaude

ne font pas capables de rendre invifible la couleur rouge de la cochenille pour faire dominer
le jaune ; car la couleur tient prefque le milieu
entre le rouge & le jaune.

Il n'en eft pas de même à l'égard de la couleur *D* du n°. 66, pour laquelle on a employé
1 partie de cochenille fur 20 parties de gaude,
puifque les parties de la cochenille ont été
tellement furchargées, que la couleur eft devenue néceffairement jaune ; elle n'eft pas malgre
cela du nombre des couleurs parfaitement jaunes, mais elle forme une nuance particulière
des couleurs jaunes, car elle tire fenfiblement
fur le rougeâtre.

On peut encore augmenter le nombre de
ces nuances, en variant les proportions de la
gaude & de la cochenille, & en employant
l'alun feul, ou l'alun & le tartre, ou encore
d'autres fubftances falines.

N°. LXVII.

Couleurs rouges jaunâtres, & rouges brunâtres
d'autres nuances.

Pour ces couleurs on prépare 1 livre de drap
avec $1\frac{1}{2}$ once de tartre, & $1\frac{1}{2}$ once de diffolution d'étain, de la manière qui a été pref-
crite pour le n°. 1, & on le laiffe repofer pen-

dant quelques heures ou pendant une nuit dans le bain devenu froid.

A. On prépare le bain de teinture avec 5 onces de gaude, 1 once de cochenille, 5 onces de tartre, qu'on fait bouillir enfemble pendant 1 heure. On y ajoute enfuite 2 $\frac{1}{2}$ onces de diffolution d'étain, on remue bien le tout; après cela, on y fait bouillir le drap pendant 1 à 1 $\frac{1}{2}$ heure; il prend une jolie couleur rouge jaunâtre faturée, qui reffemble beaucoup au rouge de brique.

B. Si on compofe le bain de 5 onces de gaude, 1 once de cochenille, & 1 once de tartre; le drap prendra une couleur rouge brunâtre.

C. Si le bain eft compofé de 5 onces de gaude, 1 once de cochenille, & 2 onces d'alun; le drap reçoit une jolie couleur rougeâtre tirant fur le jaune, qui approche de la couleur de chair.

Obfervation.

La préparation du drap avec le tartre & la diffolution d'étain eft auffi favorable pour les bains de teinture, compofés de gaude & de cochenille, & elle donne encore naiffance à des nuances particulières de couleurs. Si on met dans un bain de cette efpèce du tartre &

de

de la diffolution d'étain, on fait des couleurs rouges jaunâtres claires, telle qu'est la couleur *A* du n°. 67 ; si on veut que la couleur ne soit pas si claire, on n'a qu'à diminuer la quantité du tartre. En omettant la diffolution d'étain, & en mettant du tartre en petite quantité, feulement 1 partie fur 5 parties de gaude & 1 partie de cochenille, la couleur fera d'une nuance tout-à-fait différente, telle qu'est la couleur *B* du n°. 67, qui est rouge brunâtre, prefque femblable à la couleur de rouille de fer, mais plus agréable.

Si l'on ne met ni tartre ni diffolution d'étain dans le bain, mais de l'alun, on fera une couleur totalement différente des deux précédentes, & femblable à la couleur *C* du n°. 67, qui approche de la couleur de chair, mais elle est beaucoup plus faturée & plus foncée. L'alun exerce encore dans cette occafion la propriété qu'il a de diminuer & de retenir la couleur de la cochenille ; c'est pour cela qu'on peut l'employer pour les mélanges de la cochenille avec la gaude, mais il faut en faire un ufage limité & modéré ; fi le drap n'avoit pas été préparé avec du tartre & de la diffolution d'étain, mais avec de l'alun, on ne feroit pas la couleur *C* du n°. 67, mais une autre qui feroit beaucoup plus pâle.

S

Si on compose le bain de teinture du double de gaude de ce qu'on a employé pour les couleurs *A*, *B*, *C* du n°. 67, on fera aussi d'autres nuances. Par conféquent, la couleur qui réfultera de 10 onces de gaude, 1 once de cochenille & 1 once de tartre, aura bien quelque reffemblance avec la couleur *B* du n°. 67, mais elle ne fera pas fi faturée, & beaucoup plus pâle. Si on ne met pas du tout de tartre, on fera encore une couleur plus pâle, & entièrement différente, elle tirera fur la couleur fauve ; car moins on employera de tartre, moins les parties colorantes de la cochenille feront développées, comme il a été prouvé par plufieurs exemples.

Toutes les couleurs fpécifiées aux numéros 65, 66 & 67, fuffifent pour inftruire comment on peut rendre avantageux les bains de teinture préparés avec le mélange de la gaude & de la cochenille, & faire par ce moyen des nuances nouvelles & particulières, & auffi comment on peut fe procurer avantageufement en grand les couleurs indiquées, en fuivant exactement les préparations décrites.

DEUXIÈME MÉLANGE.

Avec la garance & la gaude.

Le mélange de la garance avec la gaude eft avantageux, puifque non-feulement on peut faire nombre de nuances particulières, mais auffi en même-tems des couleurs très-folides, & à meilleur compte qu'avec le mélange de la cochenille & de la gaude. On peut préparer le drap avec l'alun feul, ou lui allier le tartre, ou fe fervir du tartre & de la diffolution d'é-tain; mais la préparation des bains de teinture peut fe faire avec plufieurs fels, par ce moyen, on obtiendra fur-tout des nuances particulières.

N°. LXVIII.

Couleurs rouges brunâtres & oranges.

Pour ces couleurs on fait bouillir 1 livre de drap pendant $1\frac{1}{2}$ à 2 heures avec 3 onces d'alun & 5 à 6 gros de tartre, & on le laiffe repofer pendant 24 heures dans le bain de mordant devenu froid.

A. On compofe le bain de teinture de 5 onces de gaude, $2\frac{1}{2}$ onces de garance, & de 5 onces de tartre, qu'on fait bouillir pendant 1 heure; après cela on y fait bouillir le drap pendant une heure, il prend une couleur rouge brunâtre claire qui tire sur le jaunâtre, & qui approche du rouge de brique.

B. Si on ne met que 3 onces de tartre dans le bain, la couleur fera femblable à la couleur A du n°. 68, mais elle fera un peu plus foncée.

C. Si on compofe le bain de 5 onces de gaude, de 3 onces de tartre & de 5 onces de garance, le drap prend une couleur entièrement femblable, mais elle eft beaucoup plus faturée & plus foncée.

D. Si le bain eft préparé avec 5 onces de gaude, 5 onces de garance, 2 onces de tartre, & 5 onces de diffolution d'étain, le drap y prend une jolie couleur rouge brunâtre, qui eft plus claire que la couleur *C*, mais plus foncée que la couleur *B*.

E. Si on fait le bain de teinture avec 5 onces de gaude, 2 ½ onces de garance & 3 onces d'alun, le drap prendra une belle couleur claire d'orange.

F. Dans un pareil bain compofé de 5 onces de garance au lieu de 2 ½, le drap reçoit une couleur d'orange, mais plus foncée, beaucoup plus faturée & plus vive.

Obfervation.

Parmi les fix couleurs mentionnées les quatre

premières A, B, C & D du n°. 68 ont quelque reſſemblance entr'elles, mais chacune forme une nuance particulière d'une couleur rouge brunâtre. Tous les bains de teinture ſont compoſés de gaude, de garance & de tartre. Au bain D du n°. 68, on a encore ajouté de la diſſolution d'étain. Ainſi la différence conſiſte uniquement dans la diverſe proportion de la gaude & de la garance, & dans le plus ou le moins de tartre ; les deux dernières couleurs E & F du n°. 68 ſont tout-à-fait différentes des 4 premières, & elles ſont orangées, mais elles forment deux nuances différentes, quoique les bains aient été préparés avec les mêmes ingrédiens. La raiſon de cette différence ne provient que de la quantité de garance, qui eſt plus petite pour la couleur E, que pour la couleur F du n°. 68. Mais l'alun employé dans les deux bains eſt cauſe que les couleurs tirent plus ſur le jaune que ſur le rouge. On voit par ces préparations, combien il eſt néceſſaire de peſer les ingrédiens, lorſqu'on veut produire de nouveau les couleurs qu'on a déjà faites une fois. Il faut avoir le même ſoin à l'égard de la préparation du drap, puiſqu'en variant la proportion des ſels qu'on y emploie, on fait également d'autres nuances, qu'on peut encore multiplier, lorſqu'au lieu d'alun & de tartre on em-

S iij

ploie , par exemple , la diſſolution d'étain &
le tartre en qualité de mordans; puiſqu'il en
réſulte des nuances de couleurs particulières &
tout-à-fait différentes de celles de A, B, C,
D, E, F, du n°. 68, quoique les bains ſoient
préparés abſolument de la même manière
qu'ils l'ont été pour ces 6 couleurs.

N°. LXIX.

Couleurs rougeâtres brunes jaunâtres.

Pour ces couleurs on prépare 1 liv. de drap
en le faiſant bouillir pendant 1 heure dans un
bain de mordant compoſé de 10 gros d'alun,
10 gros de tartre & de 5 gros de diſſolution
d'étain, & on le laiſſe repoſer pendant une
nuit dans le bain devenu froid.

A. On prépare le bain de teinture en faiſant
bouillir enſemble pendant $\frac{1}{2}$ heure 5 onces de
gaude , $2\frac{1}{2}$ onces de garance & 1 once de vitriol blanc; on y met enſuite le drap, qu'on
fait bouillir pendant 1 heure ; il prend une
couleur brune jaunâtre claire.

B. Si on met $2\frac{1}{3}$ onces de vitriol blanc dans
le bain au lieu de 1 once, on fera une couleur
ſemblable à la précédente, mais elle ſera beaucoup plus foncée.

Obſervation.

Le vitriol blanc eſt une ſubſtance ſaline, qui eſt compoſée de zinc & d'acide vitriolique, on le tire de Goſlar, il a une propriété aſtringente, & on peut l'employer avantageuſement dans la teinture, parce que non-ſeulement il ſert à conſolider les couleurs, mais qu'il contribue auſſi à la production de diverſes nuances. Mais il faut faire attention, qu'il rend les couleurs ſombres, de ſorte qu'il n'eſt pas convenable à toutes. On peut l'employer pour les mélanges de la garance avec la gaude, & faire par ſon interméde des couleurs brunâtres d'une nuance particulière, telles que ſont les couleurs A, B du n°. 69. Elles proviennent toutes les deux de bains compoſés des mêmes ingrédiens avec la ſeule différence, qu'on a employé plus de vitriol blanc pour la couleur B du n°. 69, que pour la couleur A du même numéro. Comme elle eſt plus foncée & plus brune que rougeâtre, il eſt évident, que ce vitriol rend plutôt les couleurs ſombres, qu'il ne les exalte; il ne les rend cependant pas à beaucoup près ſi ſombres, que le vitriol verd, lequel produit des couleurs jaunes brunâtres, qui tirent un peu ſur le rougeâtre, & qui ne ſont pas agréables lorſqu'on

l'emploie avec la gaude & la garance. Le vitriol bleu procure auſſi des couleurs jaunes brunâtres d'autres nuances, qui également ne ſont
pas agréables ; il n'en eſt pas de même du
vitriol blanc, qui procure de jolies couleurs (a).

TROISIÈME MÉLANGE.

Avec le fernambouc & la gaude.

Quoique le bois de fernambouc ſoit du nombre des ingrédiens de teinture, qui ne communiquent pas des couleurs bien ſolides, on
peut cependant l'employer pour quelques mêlanges, & on peut faire diverſes couleurs aſſez
ſolides, lorſqu'on prépare le drap convenablement, & qu'on fait uſage d'ingrédiens ſalins
dans les bains de teinture. Je trouve, que l'a-
lun avec le tartre, ou le tartre avec la diſſolution d'étain ſont avantageux pour la prépara-

---

(a) Le vitriol blanc, ou ſulfate de zinc, contient
toujours du fer, & il eſt probable qu'il ne rembrunit
les couleurs qu'en raiſon du fer. Si l'on vouloit le priver
de ce métal, il faudroit le diſſoudre, & faire bouillir
ſa diſſolution, en y ajoutant du zinc en limaille, qui
précipiteroit le fer; dépuré de cette manière, il pré-
ſenteroit d'autres propriétés en teinture, & il pourroit
être beaucoup plus utile dans quelques cas.

tion du drap; outre l'alun & le tartre, j'ai employé avec fuccès divers vitriols pour compofer les bains de teinture.

N°. L X X.

Couleurs rouges jaunâtres.

Pour ces couleurs on prépare le drap avec
de l'alun & du tartre, comme pour le n°. 68.

A. Pour 1 liv. de drap on prépare le bain
de teinture en faifant bouillir enfemble pendant 1 heure 5 onces de gaude, 5 onces de
copeaux de fernambouc & 5 onces d'alun; après
cela on met le drap dans le bain, on l'y fait
bouillir pendant 1 à 1 $\frac{1}{2}$ heure, il y prend une
couleur rouge jaunâtre, qui approche en quelque façon du rouge de brique, mais elle
eft beaucoup plus faturée, plus vive & plus
agréable.

B. Si on compofe le bain de teinture de 2 $\frac{1}{3}$
onces de gaude, 5 onces de fernambouc &
de 3 onces d'alun, le drap prendra une couleur rouge jaunâtre prefque brunâtre, qui aura
de la vivacité & qui tirera un peu fur le rouge
de feu.

C. Si le bain eft compofé de 2 $\frac{1}{2}$ onces de gaude,
1 once d'alun & 1 once de fernambouc, le
drap prendra une couleur rouge pâle, qui ti-

rera prefqu'imperceptiblement fur le jaunâtre.

D. Si on prépare le bain avec 5 onces de gaude, 5 onces de fernambouc, 5 onces de tartre & 5 onces de diffolution d'étain, le drap prend une couleur rouge, qui tire à peine fur le jaunâtre, & qui tend un peu au rouge cramoifi clair.

E. 1 liv. de drap préparé avec du tartre & de la diffolution d'étain, comme pour le n°. 1, & non avec de l'alun & du tartre, prend dans un bain, comme celui *D* du n°. 70, une couleur orangée qui eft agréable.

Obfervation.

Les couleurs qui réfultent du mélange de la gaude avec le fernambouc font d'un afpeɛt agréable, quelques-unes font fort vives & éclatantes, fur-tout celles qui ont été faites dans les bains de teinture, pour lefquels on n'a point épargné les ingrédiens. La quantité d'alun & de tartre paroîtra un peu trop confidérable relativement aux couleurs *A*, *B*, *D*, *E*, du n°. 70, mais elle ne l'eft réellement pas, fi l'on confidère les ingrédiens colorans, qu'on y a employés. Si la quantité de ces fubftances employées dans un bain devoit fembler trop forte, le fruit, qu'on doit naturellement en

attendre, convaincra, que la proportion prefcrite n'a pas d'excès, puifque de cette façon on
fait des couleurs très-faturées, qui acquièrent
par-là en même tems plus de folidité, ce qui
eft prouvé par la couleur rouge pâle *C* du n°.
70, qui n'eft pas fi folide que les autres. Auffi
eft-elle faite avec une bien plus petite quantité
de fubftances colorantes & d'alun, que les autres,
c'eft ce qui l'a rendue fi pâle & fi peu folide.

Les couleurs *D*, *E* du n°. 70, dont l'une eft
rouge, l'autre orange, font forties de bains
compofés des mêmes ingrédiens de teinture,
& même en proportion égale ; mais comme la
préparation du drap pour les deux a été faite
très-différemment, les parties colorantes, qui
pénétrent dans les filamens du drap, éprouvent
un tel changement, que les couleurs doivent
néceffairement être differentes.

N°. LXXI.

Couleurs grifes rougeâtres, & brunes rougeâtres.

Pour ces couleurs on fait bouillir 1 liv. de
drap pendant 1 heure avec 2 ½ onces d'alun.

A. On compofe le bain de teinture de 5
onces de gaude, de 2 ½ onces de fernambouc,
& de 1 once de vitriol verd. Après qu'il a bouilli

pendant 1 heure, on y met le drap, qu'on y fait bouillir pendant 1 heure ; il y prend une couleur grife rougeâtre.

B. Si à la place d'une once de vitriol verd on met 2 onces de vitriol bleu dans un pareil bain, le drap y prend une couleur brune rougeâtre foncée.

Obſervation.

Les vitriols verd & bleu rendent, comme on le fait, les couleurs fombres, fur-tout lorfqu'il fe trouve dans une fubſtance colorante quelques parties terreufes aſtringentes ; car le fernambouc en contient ; c'eſt pour cette raifon que lorfqu'on lui unit le vitriol verd, il communique au drap fimplement humeoté d'eau des couleurs brunes très-fombres, ou même tout-à-fait noires. La gaude avec le vitriol verd fournit aufli des couleurs brunes, mais elles ne font pas fi fombres, qu'avec le fernambouc ; par conféquent en mettant du vitriol verd, on fait avec le mêlange de la gaude & du fernambouc des couleurs brunes moins foncées qu'avec le fernambouc feul, mais beaucoup plus fombres qu'avec la gaude feule ; fi l'on defire que les couleurs ne foient pas fi fombres, il faut mettre moins de vitriol.

La couleur *A* du n°. 71 a environ la huitième

partie de vitriol verd relativement aux proportions de la gaude & du fernambouc ; mais on
peut en mettre la fixième partie , & même plus,
lorfqu'on veut faire des couleurs plus fombres,
fur-tout lorfque le drap eft fimplement humecté
d'eau. Mais fi on prépare le drap avec de l'alun ,
cela modère beaucoup la propriété de rendre
les couleurs fombres, que poffède le vitriol verd ;
on fera conféquemment des couleurs de nuances
bien différentes, telle qu'eft la couleur A du n°.
71 , laquelle eft plutôt au nombre des grifes,
que des brunes rougeâtres.

Le vitriol bleu & la gaude communiquent
au drap fimplement humecté d'eau une couleur verte de ferin pâle , & avec le fernambouc une couleur brune fombre. Si on emploie la gaude & le fernambouc enfemble avec
le vitriol bleu, le drap prend à la vérité une
couleur brune , mais elle forme une nuance
toute différente. La couleur B du n°. 71 a auffi
une nuance particulière brune rougeâtre , à quoi
l'alun qui a été employé à la préparation du
drap contribue beaucoup. Conféquemment les
vitriols verd & bleu peuvent fervir dans les mélanges de la gaude avec le fernambouc ; il faut
feulement ne pas mettre trop de vitriol verd,
fur-tout quand le drap n'a pas été préparé avec
de l'alun , mais fimplement humecté d'eau. Au

contraire on peut mettre plus de vitriol bleu,
il faut cependant aussi prendre en considération la
préparation du drap & se diriger en conséquence.

Nº. LXXII.

Couleurs brunes rougeâtres, & rouges brunâtres.

Pour ces couleurs on prépare 1 liv. de drap
avec de l'alun, du tartre & de la dissolution
d'étain, comme pour le nº. 69.

A. On compose le bain de teinture avec 5
onces de gaude, 2 ½ onces de fernambouc,
& 1 once de vitriol blanc. Après avoir fait
bouillir ce bain pendant une heure, on y fait
bouillir le drap encore pendant une heure, il
prend une couleur brune rougeâtre claire.

B. Si au lieu d'une once on met 2 ½ onces de
vitriol blanc dans le bain, le drap prendra aussi
une couleur brune rougeâtre, qui sera différente & plus claire.

C. Si au lieu de vitriol blanc on met 2 ½
onces de verd de gris en cristaux dans un semblable bain, le drap prend une couleur rouge
brunâtre, qui tire sur le rouge de cérise foncé.

Observation.

Ces trois couleurs sont très-bonnes. Comme

le drap a été préparé avec de l'alun, du tartre
& de la diffolution d'étain, le vitriol blanc employé dans le bain de teinture procure des
nuances particulières de couleurs qui ne font
pas fi fombres qu'elles font ordinairement,
lorfque le drap a reçu une préparation différente.

Le verd-de-gris en criftaux eft auffi un ingrédient avantageux dans les bains de teinture
deftinés à communiquer des couleurs brunes.
Le verd-de-gris contient un acide acéteux très-
concentré, qui contient quelque chofe d'une
fubftance huileufe volatile. En faifant ufage du
verd-de-gris il faut fur-tout avoir égard à cette
acidité concentrée, de même qu'à la fubftance
huileufe; lefquelles développent & changent
les fubftances réfino-terreufes de la gaude &
du fernambouc. Comme le cuivre uni au vinaigre dans les parties du verd-de-gris n'eft pas
expofé à un fi grand changement dans fes propriétés métalliques, que par l'acide vitriolique,
il ne peut s'unir beaucoup de parties cuivreufes
avec les parties colorantes de la gaude & du
fernambouc, par conféquent on n'a pas tant à
craindre de la caufticité de la terre de cuivre,
qu'à l'égard du vitriol bleu, & les filamens du
drap ne font pas fi vivement attaqués par l'a-
cidité du vinaigre quoique très-concentrée, que

par l'acide vitriolique. Il faut cependant faire
attention, que tous les acides concentrés opé-
rent fur les parties vifqueufes & graffes des
filamens laineux des animaux, & les deffèchent
en quelque façon, fur-tout lorfqu'ils s'y attachent çà & là, & qu'ils fe réuniffent à des parties
terreufes aftringentes, ce qui les rend plus
roides, & plus fragiles. Mais cette propriété
n'eft, à beaucoup près, pas fi dangereufe dans
les acides végétaux concentrés, que dans les acides minéraux, il faut cependant y prendre garde
en s'en fervant.

QUATRIÈME MÉLANGE.

Avec la cochenille & la farrette.

La farrette eft, comme il a été dit à la 2ᵉ fection, une plante qui teint en jaune, laquelle fans
autre ingrédient communique au drap fimplement humecté d'eau, une couleur jaune verdâtre. Mais fi le drap eft préparé avec de l'a-
lun feul, ou avec de l'alun & du tartre, les
couleurs feront jaunes de citron, elles feront
cependant d'une autre nuance que les couleurs
jaunes qu'on fait avec la gaude. Par conféquent les couleurs qui réfultent du mêlange de
la farrette avec la cochenille doivent différer
de celles qui font produites par le mêlange de

la

la gaude & de la cochenille. Il ne s'agit donc
que de varier de même que pour la gaude &
la cochenille les préparations du drap & les
ingrédiens falins : les procédés fuivans éclaire-
ront fur cet objet.

N°. LXXIII.

Couleurs jaunes rougeâtres, & rouges jaunâtres.

Pour ces couleurs on prépare **1** liv. de drap
avec de l'alun & du tartre, comme pour le
n°. 68.

A. On compofe le bain de teinture avec **5**
onces de farrette, 2 gros de cochenille, & **4**
gros de tartre. Après que le tout a bouilli enfemble pendant 1 heure, on y fait bouillir le
drap pendant 1 heure ; il prend une couleur
jaune de citron, qui tire fur le rougeâtre.

B. Si le bain eft préparé avec **5** onces de
farrette, 4 gros de cochenille, & 1 once de
tartre, le drap prend une couleur rougeâtre
pâle, qui tire fur la couleur de chair faturée.

C. Si le drap eft préparé avec de la diffolution d'étain & du tartre, comme pour le n°.
1, & fi le bain eft compofé de **5** onces de
farrette, 1 once de cochenille, **5** onces de
tartre & 2 $\frac{1}{2}$ onces de diffolution d'étain, le
drap qu'on fait bouillir dedans pendant 1 $\frac{1}{2}$

T

heure, prend une couleur rouge jaunâtre, qui tire fur le rouge de brique.

Obfervation.

Comme il n'eſt entré dans le bain de teinture *A* du n°. 73, qu'une partie de cochenille fur 20 parties de farrette, la nature du bain eſt telle que le jaune doit néceſſairement dominer, ce qui rend la couleur prefque jaune de citron, mais elle eſt d'une nuance particulière, puifqu'elle tire un peu fur le rougeâtre. Si on met davantage de cochenille, la couleur fera plus rouge, comme la couleur *B* du n°. 73, qui tire fur ia couleur de chair. Si on met encore plus de cochenille, par exemple, 1 partie fur 5 parties de farrette, la couleur fera tout-à-fait rouge, elle manifeſtera peu de jaune, & formera un joli rouge prefque femblable au rouge de brique. Si on continue d'augmenter la cochenille, la couleur fera encore plus rouge, on s'appercevra à peine de quelque chofe de jaunâtre. Conféquemment on peut faire par ce moyen des nuances particulières de rouge d'écarlate, qui tireront à peine fur le jaunâtre, fi toutefois le drap eſt préparé avec du tartre & de la diſſolution d'étain, comme pour la couleur *C* du ʀ°. 73, & qu'on compofe le

bain de teinture d'une suffisante quantité de
cochenille avec de la sarrette, du tartre & de
la diffolution d'étain en même-tems. Mais fi on
teint dans un femblable bain du drap préparé
avec de l'alun & du tartre, on ne fera point d'é-
carlate, mais d'autres couleurs rouges, qui tireront plus ou moins fur le jaunâtre. Au refte, il
faut remarquer que les deux couleurs *A*, *B* du
n°. 73, forment des nuances toutes différentes
des couleurs des numéros 66 & 67, obtenues
prefque de la même manière, parce que la
couleur *D* du n°. 66 eft auffi un jaune qui tire
beaucoup plus fur le rougeâtre que la couleur *A* du n°. 73; ce qui prouve que le mélange d'une fubftance qui teint en jaune, avec
une fubftance qui teint en rouge, n'eft pas in-
diftinctement égal, & conféquemment que les
couleurs font de nuances toutes différentes.

CINQUIÈME MÉLANGE.

Avec la farrette & la garance.

Pour ce mélange, on prépare le drap avec
de l'alun & du tartre, ou avec du tartre &
de la diffolution d'étain, de même qu'avec
tous les trois enfemble, ou avec l'alun feul.
Les meilleurs ingrédiens pour les bains de
teinture font l'alun & le tartre; cependant les

vitriols verd, bleu & blanc, de même que le verd de gris, peuvent être employés avantageusement.

N°. LXXIV.

Couleurs rouges jaunâtres & oranges.

Pour ces couleurs, on prépare 1 livre de drap avec de l'alun & du tartre, comme pour le n°. 68.

A. On prépare le bain de teinture avec 5 onces de farrette, $2\frac{1}{2}$ onces de garance & 3 onces d'alun, qu'on fait bouillir enfemble pendant $\frac{5}{4}$ d'heure. On y met enfuite le drap, & on l'y fait bouillir pendant 1 heure; il prend une belle couleur orange.

B. Si au lieu d'alun, on met 5 onces de tartre dans le bain, le drap reçoit une jolie couleur rouge jaunâtre, qui tire fur le rouge de brique.

C. Le drap préparé comme pour le n°. 1, & bouilli dans le même bain, mais feulement compofé de 3 onces de tartre, au lieu de 5 onces, prend une belle couleur orange très-faturée, & beaucoup plus foncée que la couleur *A* du n°. 74.

Obſervation.

Le mélange de la ſarrette avec la garance
fournit des couleurs ſaturées très-bonnes, mais
il ne faut pas épargner les ingrédiens de teinture dans les bains, & y mettre de l'alun ou
du tartre. On peut bien préparer les bains de
teinture ſans y mettre des ingrédiens ſalins ;
mais dans ce cas, les couleurs ſeront d'une
autre eſpèce de nuances. On peut auſſi mettre
moins d'alun & de tartre qu'il n'eſt preſcrit
pour les couleurs *A*, *B*, *C* du n°. 74; cela
procurera également d'autres nuances. On peut
opérer à volonté, pourvu qu'on ne mette pas
les ingrédiens ſalins en trop grande quantité,
parce que cela atténueroit trop les parties colorantes de la garance & de la ſarrette, &
qu'alors les couleurs deviendroient trop pâles,
& que leur ſolidité feroit trop diminuée ; il
faut ſur-tout modérer la quantité du tartre,
lorſque le drap n'a pas été préparé avec de
l'alun, mais ſeulement avec du tartre & de la
diſſolution d'étain, comme cela eſt arrivé pour
la couleur *C* du n°. 74, laquelle tire beaucoup
moins ſur le rouge que la couleur *B* du n°. 74,
pour laquelle on a cependant employé beaucoup plus de tartre. Mais à cet égard, il faut

T iij

faire attention que pour la couleur *B* du n°. 74,
le drap a été préparé avec environ 4 parties
d'alun fur 1 partie de tartre, & que pour la
couleur *C* du n°. 74, il a été préparé avec du
tartre & de la diſſolution d'étain; c'eſt pour
cela que les parties colorantes de la farrette &
de la garance, déja développées dans le bain
par le tartre, deviennent encore plus atténuées
& avivées par le tartre & la diſſolution d'étain
contenus dans le drap, de ſorte que la couleur incline davantage ſur le jaune que ſur le
rouge, & qu'il en réſulte conſéquemment une
couleur orange.

N°. LXXXV.

Couleurs brunes rougeâtres, brunes jaunâtres & jaunes brunâtres.

Pour ces couleurs, on prépare 1 livre de
drap avec de l'alun, du tartre & de la diſſolution d'étain, comme pour le n°. 69.

A. On compoſe le bain de teinture de 5 onces de farrette, 2 ½ onces de garance, 2 ½
onces de vitriol blanc, & on opère comme
pour la couleur *A* du n°. 74; le drap prend
une bonne couleur brune rougeâtre, qui approche de la couleur de cannelle, mais elle
eſt un peu plus rouge.

B. Si on compofe le bain de teinture de
1 once de vitriol bleu, au lieu de vitriol blanc,
le drap bouilli dedans prendra une couleur
brune jaunâtre.

C. Si on augmente la quantité du vitriol
bleu, & qu'au lieu d'une once on en mette
2 ½ onces dans un femblable bain, le drap y
recevra une couleur jaune de terre foncée,
qui tirera un peu fur le verdâtre.

Obfervation.

Le vitriol blanc ne change pas tant les parties
colorantes de la garance que le vitriol bleu ;
celui-ci, mis en même quantité, les change
tellement, que la couleur qui réfulte du mêlange de la garance avec la farrette, ne tire
plus du tout fur le rouge, mais fur le jaune.
Par conféquent la couleur *C* du n°. 75 n'eft
pas agréable ; mais comme on cherche quelquefois de femblables couleurs pour l'affortir
à la mode, fon ufage peut avoir lieu.

La couleur *B* du n°. 75, pour laquelle on
a employé moins de vitriol bleu, incline davantage fur le brun que fur le jaune, parce
que les parties colorantes de la garance ne font
pas fi fortement changées que pour la couleur *C.* Par conféquent il faut employer une

.T iv

modique quantité de vitriol bleu pour ces fortes de mêlanges, & fur-tout n'en pas mettre plus qu'il n'en eft entré pour la couleur *C* du n°. 75. Mais on peut mettre plus de vitriol blanc, on fera par ce moyen des couleurs brunes rougeâtres un peu plus claires. Cependant la proportion de vitriol blanc, prefcrite pour la couleur *A* du n°. 75, relativement à la quantité de garance & de farrette, eft la meilleure à conferver, quoiqu'une moindre quantité de cet ingrédient communique au drap d'autres nuances brunâtres, dont on peut faire ufage.

Le vitriol verd ne fournit pas de bonnes couleurs lorfqu'il eft allié à la garance & à la farrette, c'eft pour cela que je n'en confeille pas l'ufage; au contraire, le verd-de-gris fait un effet un peu meilleur : car fi on en met 2 $\frac{1}{2}$ onces avec 5 onces de farrette & 2 $\frac{1}{2}$ onces de garance, le drap prend une couleur jaune brunâtre particulière, qui tire fur le verdâtre; mais elle n'eft pas du nombre des belles couleurs vives; elle peut cependant être employée fuivant le goût, qui fixe les couleurs de mode.

S I X I È M E   M É L A N G E.

Avec la farrette & le bois de fernambouc.

Les meilleures préparations du drap pour
ces couleurs se font avec l'alun & le tartre,
ou avec le tartre & la diffolution d'étain, ou
avec l'alun feul. Pour les bains de teinture,
on peut faire ufage du tartre, de la diffolution
d'étain, de même que du verd-de-gris, & des
vitriols verd, blanc & bleu.

N°.   L X X X V I.

Pour ces couleurs, on prépare 1 livre de
drap avec de l'alun & du tartre, comme pour
le n°. 68.

A. On compofe le bain de teinture de 5 onces de farrette, 2 ½ onces de fernambouc en
copeaux & de 1 once de vitriol bleu, qu'on
fait bouillir enfemble pendant 1 ½ heure; après
cela, on y fait bouillir le drap pendant 1 heure;
il prend une bonne couleur brune rougeâtre,
qui tire fur la couleur de cannelle.

B. Si on compofe le bain de 4 onces de
farrette, 4 onces de copeaux de fernambouc,
4 onces de tartre & 4 onces de diffolution
d'étain, le drap prend une jolie couleur rouge

jaunâtre, qui tire fur le rouge vif de brique.

C. Du drap préparé avec du tartre & de la diffolution d'étain, bouilli dans le même bain, prend une couleur toute différente, c'eft même une couleur orange, qui forme une nuance particulière, & qui a de l'éclat.

Obfervation.

Ordinairement on emploie un peu d'alun dans le mélange de la farrette avec le fernam-bouc, on fait par ce moyen de bonnes couleurs rouges jaunâtres. Mais les couleurs font bien plus vives, quand l'alun feul, ou uni au tartre, a fervi à la préparation du drap, & qu'il entre du tartre & de la diffolution d'étain dans le bain de teinture. Par cette méthode, on fait non-feulement d'autres nuances de couleurs rouges jaunâtres, mais auffi des couleurs qui font très-vives à la vue.

La couleur *B* du n°. 76 eft un rouge de brique très-vif, qui eft prefque couleur de feu. Si l'on veut que la couleur ne foit pas fi vive, mais plus rouge, on n'a qu'à diminuer le tartre & la diffolution d'étain; on fera diverfes nuances de couleurs rouges jaunâtres; mais on ne peut en confeiller une plus grande quantité qu'il n'en eft entré pour la couleur précédente, parce

que les parties colorantes de la farrette & du
fernambouc feroient trop atténuées, & alors
on ne feroit plus des couleurs rouges jaunâtres, mais des couleurs oranges, qui feroient
en même-tems un peu mattes. Si on veut faire
des couleurs oranges avec ce mêlange, il vaut
mieux qu'on prépare le drap avec du tartre &
de la diffolution d'étain, que d'en trop mettre
dans le bain de teinture. On fera par ce moyen
des couleurs oranges beaucoup plus vives,
telles qu'eft la couleur *C* du n°. 76, & qui
ne fe détruiront pas fi facilement, quoiqu'elles
ne foient pas fort folides.

Le vitriol bleu employé dans le bain de
teinture de la couleur *A* du n°. 76, paroît être
avantageux; il eft caufe qu'on fait des bonnes
couleurs brunes jaunâtres avec le fernambouc
& la farrette. Mais il n'en faut pas trop mettre, car les couleurs deviennent trop fombres.
On peut cependant en mettre avec fuccès 2 à
3 onces, fur 5 onces de farrette.

N°. LXXXVII.

*Couleurs grifes rougeâtres, & brunes rougeâtres
d'autres nuances.*

Pour ces couleurs, on prépare 1 livre de
drap en le faifant bouillir pendant 2 heures

dans un bain de mordant, compofé de $2\frac{1}{2}$ d'alun, & repofer une nuit dans le bain devenu froid.

A. On compofe le bain de teinture de 5 onces de farrette, $2\frac{1}{2}$ de fernambouc & 1 once de vitriol verd, qu'on fait bouillir enfemble pendant 1 heure ; on y fait bouillir enfuite le drap pendant 1 heure ; il prend une couleur grife rougeâtre, qui tire fur le brunâtre.

B. Si l'on met $2\frac{1}{4}$ onces de vitriol bleu dans un femblable bain, le drap prendra une couleur brune rougeâtre.

C. Au contraire fi on y met $2\frac{1}{2}$ onces de vitriol blanc, le drap prend une couleur brune rougeâtre claire, qui tire un peu fur le jaunâtre.

D. Si on y met $2\frac{1}{2}$ onces de verd-de-gris, le drap reçoit une couleur brune rougeâtre foncée.

Obfervation.

Les couleurs précédentes font connoître la différence de la qualité des vitriols relativement aux fubftances colorantes. Par le moyen du vitriol verd employé dans le bain de teinture on fait des couleurs grifes rougeâtres, qui font plus ou moins fombres proportionnellement à la quàntité qu'on en met relativement

au mélange de la farrette avec le fernambouc.
Comme le vitriol verd avec la farrette feule
communique au drap préparé avec de l'alun
une couleur grife noirâtre qui tire fur le jaune,
& avec le fernambouc feul une couleur violette, il eft évident qu'il doit en réfulter un
changement dans le mélange des parties colorantes, qui occafionne la production des couleurs d'autres nuances; auffi le mélange de la
farrette avec le fernambouc & le vitriol verd
communique des couleurs grifes rougeâtres.

Les couleurs brunes rougeâtres B, C du n°.
77, faites avec des vitriols blanc & bleu, différent totalement de la couleur A du n°. 77;
les deux premières n'ont pas même de reffemblance entr'elles, car la couleur B eft beaucoup plus foncée que la couleur C, de-plus
celle-ci tire fur le jaunâtre.

La couleur brune rougeâtre foncée D du
n°. 77, obtenue avec du verd-de-gris, forme
auffi une nuance particulière, elle tire fur la
couleur de rouille de fer. Toutes ces couleurs
font bonnes, les trois dernières fur-tout font
recommandables. On peut donc employer avantageufement les vitriols bleu & blanc & le verd-
de-gris dans les mélanges de la farrette avec
le fernambouc, principalement parce que ces
couleurs font affez folides.

SEPTIÈME MÉLANGE.

Avec la géneſtrole & la cochenille.

La géneſtrole fournit, comme il a été dit à
la deuxième ſection, diverſes couleurs jaunes
de citron, jaunes de ſoufre, & des jaunes encore plus pâles, ſur-tout quand le drap eſt préparé avec de l'alun, & qu'on en met en même
tems dans le bain de teinture. Mais comme
outre l'alun, le tartre & la diſſolution d'étain
ſont très - avantageux avec la cochenille, on
peut ſe ſervir pour ce mélange de l'alun, du
tartre & de la diſſolution d'étain pour préparer le drap, & employer l'alun & le tartre de
préférence ſans diſſolution d'étain pour compoſer les bains de teinture.

N°. LXXVIII.

Couleurs rouges jaunâtres.

Pour ces couleurs on prépare 1 liv. de drap
de la même manière que pour le n°. 77.

A. On compoſe le bain de teinture de 5
onces de géneſtrole, 4 gros de cochenille & 2 ½
onces de tartre, qu'on fait bouillir enſemble pendant ¼ d'heure; enſuite on y fait bouillir douce-

ment le drap pendant 1 heure, il prend une couleur rougeâtre jaunâtre, qui tire sur la couleur de chair.

B. Du drap préparé avec du tartre & de la diffolution d'étain comme pour le n°. 1, bouilli dans un femblable bain, prend une couleur rouge pâle, qui tire à peine sur le jaunâtre.

Obfervation.

Quoique les bains foient les mêmes pour ces deux couleurs, elles font cependant toutes différentes, parce que le drap a été diverfement préparé. Pour la couleur *A* du n°. 78, les parties colorantes de la cochenille ne font pas fi actives, parce que les parties de l'alun contenues dans le drap retiennent en quelque façon les parties colorantes de la cochenille, comme il a été dit au fujet de diverfes couleurs, & elles les empêchent de s'attacher fi abondamment aux filamens du drap : ce qui fait paroître davantage les parties colorantes de la généftrole rendues actives par l'alun, d'où il réfulte une couleur, qui incline autant fur le jaune que fur le rouge. Tandis que pour la couleur *B* du n°. 78, qu'a prife le drap préparé avec du tartre & de la diffolution d'étain, les parties de la cochenille font plus actives, & celles de la

géneſtrole plus foibles, parce qu'il n'y a point
d'alun ni dans les filamens du drap, ni dans le
bain, mais du tartre, qui atténue extrêmement
les parties colorantes de la géneſtrole, à quoi
la préparation du drap avec de la diſſolution
d'étain contribue tellement, que les parties colorantes de la cochenille dominent pour peu
qu'il s'en trouve dans le bain ; ainſi il en réſulte une couleur, qui eſt au nombre des rouges, quoiqu'elle tire un peu ſur le jaunâtre à
cauſe du mêlange des parties jaunes de la géneſtrole. Si on veut faire d'autres nuances de
couleurs rouges jaunâtres, ou jaunes rougeâtres
avec le mêlange de la géneſtrole & de la cochenille, ſi on veut qu'elles tirent plus ſur le
jaune, il faut augmenter la quantité de la géneſtrole relativement à celle de la cochenille,
ou augmenter celle de la cochenille, ſi on veut
que les couleurs ſoient plus rouges. Il ſe fait
auſſi un changement viſible, lorſqu'on emploie
de l'alun au lieu du tartre, par exemple, dans
les bains de teinture *A*, *B* du n°. 7ʒ, ce qui
produit auſſi des nuances différentes de couleurs
jaunes rougeâtres. Ces deux couleurs ſont d'un
bel aſpect, on peut les conſeiller.

HUITIÈME

HUITIÈME MÉLANGE.

Avec la géneſtrole & la garance.

Pour ce mêlange on doit préparer le drap
de préférence avec de l'alun, parce qu'il s'accorde avec la garance, mais on peut auſſi le
préparer avec le tartre & la diſſolution d'étain,
parce que cela relève & avive les couleurs.
A l'égard des bains de teinture le tartre &
l'alun ſont les ingrédiens les plus convenables.

N°. LXXIX.

Couleurs rouges jaunâtres & oranges.

Pour ces couleurs on prépare 1 liv. de drap
de la même manière que pour le n°. 77.

A. On compoſe le bain de teinture de 5
onces de géneſtrole, 2 ½ onces de garance &
de 2 ½ onces de tartre, qu'on fait bouillir enſemble pendant 1 heure. Enſuite on y fait bouillir le drap pendant 1 heure; il prend une couleur rouge jaunâtre, qui tire ſur un beau rouge
de brique.

B. Du drap préparé avec du tartre & de la
diſſolution d'étain, prend dans un ſemblable
bain une jolie couleur orange.

V.

Observation.

La préparation du drap avec l'alun de même qu'avec le tartre & la diſſolution d'étain eſt très-avantageuſe pour le mêlange de la garance avec la géneſtrole, car on fait par ce moyen de très-jolies couleurs. La couleur rouge jaunâtre *A* du n°. 79, vient d'un bain compoſé de deux parties de géneſtrole, 1 partie de garance & 1 partie de tartre. Quand le drap eſt préparé avec de l'alun, cette proportion eſt très-bonne. On peut auſſi augmenter la quantité de la garance, ou de la géneſtrole, mais à l'égard du tartre il faut plutôt le diminuer, ſans cela les couleurs deviennent plus pâles, & en même tems plus mattes. 1 partie de tartre ſur 3 parties tant de garance que de géneſtrole, ou 2 parties de tartre ſur 5 parties de ces deux ſubſtances ſont ſuffiſantes; on peut auſſi en mettre moins, par exemple, 1 partie ſur 4 de ces deux mêmes ſubſtances, & malgré cela on fera encore des couleurs ſaturées.

Quand le drap eſt préparé avec du tartre & de la diſſolution d'étain, on fait des couleurs toutes différentes avec le même bain, qui communique des couleurs rouges jaunâtres au drap préparé avec de l'alun, parce que les parties

colorantes de la garance font atténuées par
celles du tartre unies à l'alun contenu dans
le drap, de forte que les couleurs inclinent
davantage fur le jaune que fur le rouge, &
font conféquemment oranges femblables à la
couleur *B* du n°. 79, qui eft un orange clair.
Si elles font trop foncées, il faut diminuer la
quantité de tartre dans les bains, & y mettre
un peu plus de garance, par ce moyen on fait
diverfes nuances oranges avec le mélange de
la garance & de la géneftrole.

NEUVIÈME MÉLANGE.

Avec la géneftrole & le bois de fernambouc.

Quoique le mélange de la géneftrole avec
le fernambouc ne fournifſe pas des couleurs
auffi folides que le précédent avec la garance,
on fait néanmoins des couleurs, qui peuvent
fervir, lorfqu'on prépare le drap avec de l'a-
lun, ou avec du tartre & de la diffolution
d'étain, & qu'on emploie de préférence de
l'alun dans le bain de teinture.

N°. LXXX.

Couleurs rouges jaunâtres.

Pour ces couleurs on prépare 1 liv. de drap

avec de l'alun, comme pour le n°. 77, ou avec
du tartre & de la diſſolution d'étain, comme
pour le n°. 1.

A. On compoſe le bain de teinture avec 10
onces de géneſtrole, 2 ½ onces de fernambouc
& 2 ½ onces d'alun, qu'on fait bouillir enſemble pendant 1 heure ; on y fait bouillir le
drap pendant 1 heure, il prend une couleur
rouge jaunâtre, qui tire ſur le jaune de feu.

B. Si au lieu de 10 onces de géneſtrole on
n'en met que 5 onces dans le bain, le drap
prend une couleur rouge jaunâtre, qui tire
alors ſur le rouge de brique.

C. Du drap préparé avec du tartre & de la
diſſolution d'étain, & bouilli dans un bain pareil à celui *B* du n°. 80, prend une couleur rouge jaunatre pâle, qui tire ſur le rouge
de brique pâle.

Obſervation.

Le rouge jaunâtre *A* du n°. 80, eſt beaucoup plus vif que les deux autres. Le bain de
cette couleur étoit compoſé d'une plus grande
quantité de géneſtrole. On en a mis pour la
première couleur quatre parties ſur une de
fernambouc & une d'alun. Par conſéquent
on peut employer plus de géneſtrole que de

fernambouc. Cinq à fix parties de géneftrole fur 1 partie de fernambouc communiquent encore une couleur qui tire fur le rouge.
On fera bien de mettre la géneftrole la première dans le bain, & de la faire bouillir feule
pendant une demi-heure ; on peut enfuite y
mettre le fernambouc & l'alun, & faire encore bouillir le tout enfemble pendant ½ heure
avant que d'y abattre le drap. De cette manière la partie colorante fera mieux extraite,
& la couleur fera plus faturée & plus confolidée.

Comme pour la couleur rouge jaunâtre C
du n°. 80, le drap a été préparé avec du tartre & de la diffolution d'étain, & comme la
couleur eft plus pâle que les deux autres, il
faut que les parties colorantes tant de la géneftrole que du fernambouc ayent été plus atténuées & divifées par le tartre uni à la diffolution d'étain, ce qui produit des couleurs pâles.
Si l'on veut faire des couleurs encore plus pâles,
on peut mettre du tartre dans le bain au lieu
d'alun, & ajouter la diffolution d'étain, & de
l'alun en même tems, ce qui fait toujours un meilleur effet, que de diminuer la quantité des ingrédiens de teinture pour rendre les couleurs plus
pâles ; dans le dernier cas les couleurs font moins
folides, que dans le premier, parce qu'alors il

V iij

n'y a pas une quantité suffisante de parties colorantes.

DIXIÈME MÉLANGE.

Avec la camomille & la cochenille.

La camomille ne fournit pas, comme il a été dit à la deuxième section, des couleurs bien saturées, mais des jolis jaunes de citron, jaunes de soufre, & d'autres de nuances de jaune différentes de celles qui proviennent de la gaude, de la farrette & de la géneſtrole. Conſéquemment on peut les employer en les mêlant avec les ſubſtances qui colorent en rouge. Il faut préparer le drap de préférence avec l'alun, ou avec le tartre & la diſſolution d'étain, & pour les bains de teinture on peut ſe ſervir utilement de l'alun, du tartre & du vitriol blanc.

Nº. LXXXI.

Couleurs rouges pâles.

Pour ces couleurs on prépare 1 liv. de drap avec de l'alun, comme pour le nº. 77, ou avec du tartre & de la diſſolution d'étain, comme pour le nº. 1.

A. On prépare le bain de teinture avec 5

onces de camomille, 4 gros de cochenille &
2 ½ onces de tartre, qu'on fait bouillir enfemble pendant 1 heure, on y fait enfuite bouillit
le drap pendant une heure ; il prend un joli
rouge jaunâtre pâle, qui tire fur la couleur
de chair.

B. Le drap préparé avec du tartre & de la
diffolution d'étain, en bouillant dans un pareil
bain, prend un joli rouge pâle, qui tire à peine
fur le jaunâtre, & qui approche de la couleur
des fleurs de pêcher.

Obfervation.

Il n'eft pas hors de propos de faire bouillir
la camomille 1 heure avant que de mettre la
cochenille, parce que plus long-tems elle éprouve
l'ébullition, plus fa fubftance colorante fe développe, ce qui rend le bain plus actif & plus
concentré. Après cela on peut mettre la cochenille & le tartre & faire encore bouillir le
bain pendant ¼ d'heure avant que d'y mettre
le drap. Les couleurs produites avec ce mêlange font douces & agréables, la dernière *B*
du n°. 81, tire à peine fur le jaunâtre. Comme
la camomille contient une fubftance qui produit peu de couleur, il ne faut mettre qu'une
petite quantité de cochenille. Lorfqu'on défire

V iv

que les couleurs tirent davantage fur le jaune,
on peut mettre 12, 15 & même 20 parties de
camomille fur 1 partie de cochenille. On fera
de jolies couleurs rougeâtres tirant fur le jaune,
fur-tout en préparant le drap avec du tartre &
de la diffolution d'étain, & en employant auffi
du tartre dans les bains. D'autres ingrédiens
falins, tels que le fel marin, le fel ammoniac,
font encore bons & fur-tout pour confolider
les couleurs, mais alors elles ne font plus fi
agréables; elles le font au contraire avec l'alun;
mais elles font plus pâles qu'avec le tartre.

ONZIÈME MÉLANGE.

Avec la camomille & la garance.

Avec ce mélange on fait, comme je l'ai dit
dans le deuxième volume de mes Effais & Remarques, page 526 & les fuivantes, de très-
bonnes couleurs, qui changent très-peu à l'air,
& qui font par conféquent folides; mais il faut
préparer le drap de préférence avec l'alun;
le tartre & la diffolution d'étain ne font cependant pas défavorables. Dans les bains de teinture on peut employer le fel marin & le fel
ammoniac, mais fur-tout l'alun & le tartre,
de même que le vitriol blanc.

N°. LXXXII.

Couleurs rouges jaunâtres oranges, & brunes jaunâtres.

Pour ces couleurs on prépare 1 liv. de drap avec de l'alun, comme pour le n°. 77, ou avec du tartre & de la diffolution d'étain, comme pour le n°. 1, ou on l'imbibe fimplement d'eau.

A. On compofe le bain de teinture avec 5 onces de camomille, $2\frac{1}{2}$ onces de garance & $2\frac{1}{2}$ onces de tartre, qu'on fait bouillir enfemble pendant 1 heure. On y fait enfuite bouillir le drap aluné pendant 1 heure; il prend une couleur rouge jaunâtre, qui tire fur le rouge de feu.

B. Le drap préparé avec du tartre & de la diffolution d'étain, bouilli pendant 1 heure dans ce même bain, prend une belle couleur orange.

C. Si on prépare le bain avec 4 onces de camomille, 2 onces de garance & 2 onces de vitriol blanc, qu'on fait bouillir enfemble pendant $\frac{1}{4}$ d'heure; fi après cela on y met du drap fimplement humecté d'eau, & qu'on l'y faffe bouillir pendant 1 heure, il prend une couleur brune jaunâtre claire, qui tire fur la couleur de cuir.

D. Du drap aluné & teint dans un bain

pareil au précédent reçoit une couleur rougeâtre
brune jaunâtre faturée.

Obſervation.

La couleur *A* du n°. 82 eſt une belle couleur rouge jaunâtre , qui fait une nuance très-
vive de couleur de chair ; cet effet provient
tant de la préparation du drap avec l'alun, que
fur-tout du tartre employé dans le bain de teinture. Mais quand le drap eſt préparé avec du
tartre & de la diſſolution d'étain, les parties colorantes de la garance font beaucoup plus atténuées. Ce qui occaſionne la production d'une
couleur qui tire beaucoup plus fur le jaune,
comme la couleur orange *B* du n°. 82. Pour
la dernière couleur, ſi on ne met pas de tartre
dans le bain, mais de l'alun à fa place, on fera
une autre couleur, qui tirera un peu plus fur le
rouge. Si on emploie du vitriol blanc dans le
bain , on fera des couleurs toutes différentes
qui tireront peu ou point du tout fur le rouge,
mais fur le brun jaunâtre. Par conféquent la
préparation du drap occaſionne une différence;
puiſque le drap ſimplement humeété d'eau prend
la couleur brune jaunâtre *C* du n°. 82 , dans laquelle on ne voit rien de rouge ; mais quand
le drap eſt préparé avec de l'alun, on fait à la

vérité auſſi une couleur brune jaunâtre *D* du
n°. 82; mais elle n'a pas de reſſemblance avec
la précédente, elle eſt plus claire & plus vive,
& elle tire d'ailleurs ſur le rougeâtre, ce qui
prouve clairement que le vitriol blanc fonce
un peu les couleurs. Toutes les deux couleurs
ſont d'une bonne qualité, & elles peuvent ſervir avantageuſement, d'autant plus qu'elles ſont
paſſablemem ſolides.

Douzième Mélange.

Avec la camomille & le bois de fernambouc.

Pour ce mélange on prépare le drap avec
l'alun, ou avec le tartre & la diſſolution d'étain;
mais dans les bains de teinture on fait uſage
de tartre, & ſur-tout d'alun & de vitriol blanc.

N°. LXXXIII.

Couleurs rouges jaunâtres, brunâtres, & rouges
foncées.

Pour ces couleurs on prépare 1 liv. de drap
avec de l'alun, comme pour le n°. 77, &
auſſi avec du tartre & de la diſſolution d'é-
tain, comme pour le n°. 1.

A. On compoſe le bain de teinture de 5
onces de camomille, $2\frac{1}{2}$ onces de fernambouc

& 2 ½ onces d'alun, qu'on fait bouillir enfemble pendant 1 heure; enfuite on y fait bouillir le drap aluné pendant 1 heure; il prend une
couleur rouge jaunâtre, qui reffemble beaucoup au rouge de brique naturelle.

B. Le drap préparé avec du tartre & de la
diffolution d'étain prend dans un pareil bain
une couleur rouge jaunâtre, qui eft un peu plus
jaunâtre, & qui reffemble au rouge pâle de
brique.

C. Si on compofe le bain de 5 onces de camomille, 2 ½ de fernambouc & 1 once d'alun,
le drap préparé avec le tartre & la diffolution
d'étain y prend auffi une couleur rouge jaunâtre, qui eft un peu plus foncée que les deux
précédentes, & qui tire fur le brunâtre.

D. Si au lieu d'alun on met 2 ½ onces de
tartre dans un bain femblable au précédent, le
drap aluné y prendra une couleur rouge jaunâtre, qui tirera fur le rouge de brique, mais
qui fera beaucoup plus faturée & plus vive
que les couleurs *A*, *B* du n°. 83.

E. Au contraire, fi au lieu d'alun & de tartre
on met 2 ½ onces de vitriol blanc dans le même
bain, le drap aluné y prendra une couleur
rougeâtre particulière, qui approchera de la
couleur de la rouille de fer.

F. Le drap fimplement humecté d'eau reçoit

dans un bain, femblable au dernier, une couleur rouge foncée, qui tire fur le rouge de cerife foncé.

Obfervation.

Les couleurs rouges jaunâtres A, B, C du n°. 83 font 3 nuances toutes différentes de rouges de brique. La première eft la plus claire; & la couleur D du n°. 83, eft la plus vive. La couleur C du n°. 83 en diffère, en ce qu'elle incline fur le brunâtre, & elle forme par conféquent une nuance particulière. On a employé le moins d'alun pour cette couleur, cela eft caufe qu'elle n'eft pas fi vive que les autres. Les couleurs qui proviennent du vitriol blanc diffèrent totalement des quatre premières, car la couleur E du n°. 83 eft un rougeâtre particulier, qui ne laiffe rien appercevoir de jaune, & la couleur F du n°. 83, tire tout-à-fait fur le rouge foncé, & elle a encore moins de traces de jaune. Ainfi quoique la teinture de la camomille foit foible, elle occafionne cependant un tel changement dans le mélange avec les fubftances qui colorent en rouge, qu'on fait des nuances toutes particulières de couleurs, c'eft pour cela que l'on recommande l'ufage de cette plante jaune.

TREIZIÈME MÉLANGE.

Avec le bouillon blanc & la cochenille.

La fleur de bouillon blanc fournit encore des couleurs jaunes plus foibles que la camomille ; elles font cependant d'une nuance particulière , de forte que le mêlange de cette plante avec les fubftances qui colorent en rouge eft utile, parce qu'il produit des couleurs de nuances particulières. Pour ce mêlange , on prépare le drap avec le tartre & la diffolution d'étain , & auffi avec l'alun, & on emploie le tartre dans les bains de teinture.

N°. LXXXIV.

Couleurs rouges de nuances particulières.

Pour ces couleurs , on prépare 1 livre de drap avec de l'alun, comme pour le n°. 77 , ou avec le tartre & la diffolution d'étain, comme pour le n°. 1.

A. On prépare le bain de teinture avec 5 onces de fleurs de bouillon blanc , 4 gros de cochenille, & $2\frac{1}{2}$ onces de tartre ; on fait bouillir le bouillon blanc feul pendant 1 heure, puis $\frac{1}{4}$ d'heure avec la cochenille & le tartre ; on y abat le drap aluné, on l'y fait bouillir pendant

1 heure ; il prend un rouge vif qui reſſemble au rouge de la roſe.

B. Le drap préparé avec du tartre & de la diſſolution d'étain, prend dans un ſemblable bain une couleur rouge pâle d'une nuance unique.

Obſervation.

Ces deux couleurs rouges ſont d'une qualité particulière ; la couleur rouge *A* du n°. 84 approche beaucoup du rouge de la roſe, mais elle diffère fort de toutes les couleurs véritablement rouges roſes, dont on a fait mention dans la première ſection, & elle forme une nuance particulière ; de même la couleur rouge pâle *B* du n°. 84 eſt une nuance particulière. On voit par-là que les parties colorantes de la cochenille ſont tellement changées par le mêlange de la ſubſtance jaune du bouillon blanc, qu'il en réſulte néceſſairement des couleurs rouges particulières. Malgré la petite quantité de cochenille, en comparaiſon de celle des fleurs de bouillon blanc, la force teignante de la cochenille ſurpaſſe celle des fleurs de bouillon blanc, parce que leur ſubſtance colorante ne communique que des couleurs jaunes foibles, c'eſt pour cela que la cochenille qui eſt forte en teinture domine, &

que fa couleur reffort dans ce mélange, quoiqu'elle ait fubi une altération. Si on veut faire
plus de nuances avec ce mélange, on peut
mettre encore moins de cochenille, par exemple, feulement 1 partie, fur 15 à 20 parties
de bouillon blanc; on fera par ce moyen des
couleurs rouges encore plus pâles de nuances
particulières. Mais fi on augmente la quantité
de la cochenille, la fubftance colorante du
bouillon blanc fe trouvera tellement couverte,
que les parties colorantes de la cochenille ne
fouffrent que peu de changement, de forte
qu'on fera des couleurs rouges, qui différeront
peu de celles produites avec la cochenille
feule.

Quatorzième Mélange.

Avec le bouillon blanc & la garance.

Pour ces couleurs on prépare auffi le drap
avec de l'alun, comme pour le n°. 77, ou avec
le tartre & la diffolution d'étain, comme pour
le n°. 1.

N°. LXXXV.

*Couleurs rouges jaunâtres, brunes jaunâtres
& couleurs oranges.*

A. Pour 1 liv. de drap on prépare le bain
de

de teinture avec 5 onces de bouillon blanc, 2 ½ onces de garances & 2 ½ onces de tartre, qu'on fait bouillir ensemble pendant 1 heure; on y met ensuite le drap aluné, & on l'y fait bouillir pendant 1 heure; il prend une couleur rouge jaunâtre semblable à la couleur de feu.

B. Le drap préparé avec le tartre & la dissolution d'étain reçoit, dans un pareil bain, une couleur brune jaunâtre, qui tire sur la couleur d'orange foncée.

C. Si on compose le bain de 4 onces de bouillon blanc de 2 onces de garance, & de 2 onces de vitriol blanc, le drap aluné prendra une couleur rougeâtre jaunâtre, qui tire bien sur l'orange clair, mais qui en diffère cependant.

D. Le drap simplement humecté d'eau, bouilli dans un bain semblable au dernier, prend bien une couleur brunâtre, mais toute différente, car elle approche beaucoup de la couleur de cuir.

Observation.

Ces couleurs diffèrent très-visiblement les unes des autres, & forment des nuances toutes particulières. La couleur *A* du n°. 85 a un aspect vif & ardent; la couleur *B* du n°. 85 est aussi brune jaunâtre très-saturée, d'une qualité particulière,

X

& très-vive. La couleur *C* du n°. 85 forme également une nuance toute particulière, qui incline
à la vérité fur les couleurs oranges, elle tire cependant plus qu'elles fur le rougeâtre. Ces trois
couleurs peuvent plaire, elles ont beaucoup de
folidité, ce qui les rend recommandables. J'ai
trouvé l'ufage du tartre & du vitriol blanc ex-
cellent pour le mêlange du bouillon blanc avec
la garance ; on peut auffi employer l'alun dans
les bains, il procurera encore d'autres nuances.

QUINZIÈME MÉLANGE.

Avec le bouillon blanc & le bois de fernambouc.

Pour ce mêlange on prépare le drap comme
pour les précédens avec de l'alun, ou avec du
tartre & de la diffolution d'étain.

N°. LXXXVI.

Couleurs rouges jaunâtres & rouges brunâtres.

A. Pour 1 liv. de drap on compofe le bain
de teinture avec 5 onces de bouillon blanc, $2\frac{1}{2}$
onces de fernambouc & $2\frac{1}{2}$ onces d'alun, qu'on
fait bouillir enfemble pendant 1 heure ; on y
met enfuite le drap aluné, & on l'y fait bouillir
pendant 1 heure ; il prend une couleur rouge

jaunâtre, qui tire fur la couleur de chair faturée.

B. Le drap préparé avec le tartre & la
diffolution d'étain, prend dans un pareil bain
une couleur rouge pâle, qui tire fur le jaunâtre.

C. Dans un bain compofé de 5 onces de
bouillon blanc, de 2 ½ onces de fernambouc
& d'une once d'alun; le drap aluné prend un
rouge plein, qui tire à peine fur le jaunâtre.

D. Si on fait bouillir dans un bain, tel que le
dernier, du drap préparé avec du tartre & de la
diffolution d'étain, il prendra une couleur rouge
jaunâtre faturée.

E. Si on prépare le bain de teinture avec
4 onces de bouillon blanc, 2 onces de fernambouc & 2 onces de vitriol blanc, bouillis
tous enfemble pendant 5 à 6 quarts-d'heure,
& qu'on y faffe enfuite bouillir pendant une
heure du drap aluné, il prendra une couleur
rouge claire, qui tirera fur le rouge rofe faturé.

F. Le drap fimplement humecté d'eau prend
dans un bain pareil au dernier, une couleur
rouge jaunâtre foncée, qui eft femblable au
rouge de cerife foncé.

X ij

Observation.

Aucune de ces six couleurs ne se ressemble, chacune forme une nuance particulière. Si l'on désire de faire diverses couleurs avec le mêlange du bouillon blanc & du fernambouc, on peut employer le tartre seul, ou allié à l'alun dans les bains de teinture ; mais je me suis apperçu que les couleurs faites sans alun étoient moins solides. Parmi ces couleurs on distingue les deux couleurs rouges C, D du n°. 86, parce qu'elles sont très-jolies, & qu'elles forment une espèce unique de couleurs rouges, qu'on ne feroit pas aisément avec des autres mêlanges. Il y a eu moins d'alun dans les bains de ces deux couleurs, que dans ceux des couleurs A, B du n°. 86. Comme il est d'ailleurs entré dans tous la même quantité de bouillon blanc & de fernambouc, on voit par-là, qu'à l'égard du mêlange des fleurs de bouillon blanc avec le fernambouc, il faut modérer l'usage de l'alun, sans cela il est préjudiciable à la solidité des couleurs. Pour faire de bonnes & jolies couleurs, 1 partie d'alun sur 5 parties de fleurs de bouillon blanc & 2 $\frac{1}{2}$ à 3 parties de fernambouc, est suffisante. Le vitriol blanc, qu'on a employé pour les couleurs E & F du n°. 86, est

auſſi favorable ; car par ſon intermède on a obtenu de jolies couleurs de nuances différentes.
On a fait bouillir du drap humecté d'eau pour
toutes ces préparations , il a pris une couleur
rouge brunâtre foncée qui eſt particulière. Si
on veut que la couleur ſoit plus claire , on n'a
qu'à diminuer la quantité du vitriol blanc , ou ,
ce qui vaut encore mieux , mettre un peu d'alun
dans le bain de teinture , ou bien employer moins
d'alun à la préparation du drap , par exemple ,
n'en mettre que 4 ou ſeulement 2 gros pour 1
liv. de drap dans le bain de mordant , cela em-
pêchera la couleur d'être ſi exaltée & ſi claire
que la couleur E du n°. 86 , & cependant
elle ne ſera pas ſi foncée que la couleur F du
n°. 86.

SEIZIÈME MÉLANGE.

Avec le fénugrec & la cochenille.

Le fénugrec fournit , comme il a été dit à la
deuxième ſection , des couleurs jaunes d'une eſpèce particulière , leſquelles n'ont aucune reſſemblance avec les couleurs produites avec les
autres ſubſtances jaunes , mais elles forment des
nuances particulières. Par conſéquent on doit
auſſi faire des couleurs de nuances particulières.
Comme l'alun employé tant dans les bains de

mordant, que ceux de teinture, procure de bonnes couleurs jaunes avec le fénugrec, il doit être aussi favorable dans le mélange du fénugrec avec la cochenille. Il faut cependant considérer, qu'à l'égard de la cochenille, on fait des couleurs plus belles & plus vives par le moyen du tartre & de la dissolution d'étain. C'est pour cela qu'il faut préparer le drap avec du tartre & de la dissolution d'étain, ou leur allier l'alun en même tems. On peut se servir des mêmes ingrédiens pour les bains de teinture, & aussi du vitriol blanc.

N°. LXXXVII.

Couleurs rouges jaunâtres.

Pour ces couleurs on prépare le drap avec du tartre & de la dissolution d'étain, comme pour le n°. 1.

A. Pour 1 liv. de drap on compose le bain de teinture avec 5 onces de fénugrec, qu'on fait bouillir pendant 1 heure, on y ajoute ensuite 1 once de cochenille & $2\frac{1}{2}$ onces de tartre, on remue bien le tout, on fait encore bouillir pendant $\frac{1}{4}$ d'heure, alors on y verse $2\frac{1}{2}$ onces de dissolution d'étain, on remue de rechef le tout, enfin on y fait bouillir le drap pendant 1 heure; il prend une jolie couleur rouge claire, qui tire un peu fur le jaunâtre, & fur la couleur nommée incarnat.

B. Si on omet la diffolution d'étain, le drap prendra une autre couleur rouge plus pâle qui tirera à peine fur le jaunâtre.

Obfervation.

Il n'eft pas extraordinaire, qu'on employe auffi le fénugrec pour la préparation d'un bain d'écarlate, mais il faut alors en mettre en moindre quantité que pour les couleurs fpécifiées au n°. 87. Si on en met une plus grande quantité dans le bain, il doit en réfulter une autre efpèce de rouge, que celui des couleurs *A*, *B* du n°. 87. Quoiqu'il y ait 5 parties de fénugrec fur 1 partie de cochenille, les parties colorantes de la cochenille dominent, de forte que le rouge l'emporte de beaucoup fur le jaune. On peut néanmoins faire dans le mélange des changemens qui diminuent l'influence du rouge. On n'a qu'à diminuer la quantité du tartre, qui atténue & affoiblit beaucoup la partie colorante du fénugrec. Par conféquent fi on ne met que 4 gros de tartre, & 4 ou 8 gros de diffolution d'étain dans le mêlange de 5 onces de fénugrec avec 1 once de cochenille, on fera une autre couleur rouge, où le jaune fera déjà plus vifible. Si on met de l'alun dans le bain au lieu de la diffolution d'étain, il en réfultera encore une autre efpèce de couleur rouge. Enfin fi l'on diminue la quantité de la cochenille, on fera une couleur rougeâtre, qui tirera fur le jaune, & qui fera femblable à la couleur de chair. Toutes ces couleurs forment des nuances particulières, qui ne peuvent être produites avec d'autres fubftances jaunes. Ce font des nuances très-agréables, & tout-à-fait particulières, qui tirent fur le jaunâtre fans qu'on y remarque du jaune, & que cela nuife à la beauté des couleurs. Par conféquent on peut en toute sûreté recommander l'ufage du mélange du fénugrec avec la cochenille, & on peut faire par ce moyen plufieurs efpèces de couleurs rouges, fur-tout parce qu'il n'eft guère poffible qu'on foit induit en erreur fur la quantité requife du fénugrec pour la préparation des bains de teinture.

DIX-SEPTIÈME MÉLANGE.

Avec le fénugrec & la garance.

Pour ce mélange, la préparation du drap doit fe faire avec de l'alun, du tartre & de la diffolution d'étain, & auffi avec l'alun feul, & dans les bains de teinture, on peut employer avantageusement le tartre, l'alun & le vitriol blanc.

N°. LXXXVIII.

Couleurs rouges jaunâtres & oranges.

Pour ces couleurs, on prépare un bain avec 3 onces d'alun, & 4 gros de tartre; quand ces sels sont dissous, on y verse 1 once de dissolution d'étain, on remue bien le tout, & on y met aussitôt 1 livre de drap préalablement humecté d'eau; on l'y fait bouillir pendant 1 $\frac{1}{2}$ heure, & reposer pendant une nuit dans le bain devenu froid.

A. On prépare le bain de teinture avec 5 onces de fénugrec, 2 $\frac{1}{2}$ onces de garance, & 2 $\frac{1}{2}$ onces de tartre, qu'on fait bouillir ensemble pendant 1 heure; on y fait ensuite bouillir le drap pendant 1 heure; il prend une couleur rouge jaunâtre, qui tire sur le rouge de brique, & qui est presque semblable au rouge de feu.

B. Si à la place de tartre, on met 2 $\frac{1}{2}$ onces d'alun dans le bain, & qu'on y teigne du drap préparé de la manière indiquée pour la couleur *A* du n°. 88, il prendra une couleur rougeâtre jaunâtre très-claire, qui formera une nuance toute particulière.

C. 1 livre de drap préparé avec 2 $\frac{1}{2}$ onces

d'alun, comme pour le n°. 77, & bouilli dans
un bain de teinture, compofé de 5 onces de
fénugrec, 2 ½ onces de garance, & 2 ½ onces
de vitriol blanc, prend encore une couleur
rougeâtre tirant fur le jaune, un peu plus foncée
que la précédente, qui forme auffi une nuance
particulière.

D. Le drap fimplement humeété d'eau pour
toute préparation, & bouilli dans un bain pareil au dernier, prend une couleur rougeâtre
grife jaunâtre, femblable à celle de cuir.

Obfervation.

Le mélange du fénugrec avec la garance
fournit des nuances tout-à-fait particulières.
La couleur *A* du n°. 88 eft rouge jaunâtre,
& elle reffemble au véritable rouge de brique;
elle a beaucoup de vivacité, de forte qu'elle
eft au nombre des couleurs de feu. J'ai prefcrit de mettre 2 ½ onces de tartre dans le bain
pour 1 livre de drap, c'eft la plus forte quantité qu'on en puiffe employer dans ce mélange.
Si on en met davantage, la couleur fera plus
pâle, & elle ne fera pas fi folide ; mais on
peut en mettre un peu moins, & faire d'autres
nuances par ce moyen. Si au lieu de tartre on
met de l'alun dans le bain, on fera une cou-

leur particulière jaunâtre rougeâtre, telle qu'est la couleur *B* du n°. 88. Dans cette couleur, ni le rouge ni le jaune ne dominent l'un plus que l'autre, ce qui fait qu'elle forme une nuance unique. Il en est de même de la couleur *C* du n°. 88, qui provient du vitriol blanc. Cette couleur ressemble un peu à celle *B* du n°. 88, elle est plus foncée, mais on peut aussi dire que ni le rouge ni le jaune ne prédomine. Elles font toutes les deux de nature à devenir du goût du public, alors on lui donnera une dénomination particulière. Mais si on veut faire ces couleurs, il faut exactement observer la proportion prescrite pour les ingrédiens, sans cela on fera d'autres nuances qui seront bonnes & qui pourront servir.

La couleur *D* du n°. 88 diffère totalement des deux précédentes, quoiqu'elle provienne d'un bain égal à celui qui a produit la couleur *C* du n°. 88. Mais comme le drap a été simplement humecté d'eau, le vitriol blanc employé dans le bain n'a subi aucun changement dans ses propriétés & son action, ce qui a occasionné une autre couleur, qui forme aussi une nuance particulière, & qui ne fait nombre ni des rougeâtres ni des jaunâtres. Par conséquent le mélange du fénugrec avec la garance est d'autant plus recommandable, que les couleurs qui en réfultent font paffablement folides, fur-tout lorfque le drap eft préparé avec l'alun, le tartre & la diffolution d'étain.

DIX-HUITIÈME MÉLANGE.

Avec le fénugrec & le bois de fernambouc.

Pour ce mélange on peut auffi préparer le drap avec de l'alun, du tartre & de la diffolution d'étain, ou avec de l'alun feul, & pour les bains de teinture, on doit également employer le tartre ou le vitriol blanc ou l'alun.

N°. LXXXIX.

Couleurs rouges jaunâtres, rougeâtres & rouges foncées.

Pour ces couleurs, il faut préparer 1 livre de drap comme pour le n°. 88, avec de l'alun, du tartre & de la diffolution d'étain.

A. On prépare le bain de teinture avec 4 onces de fénugrec, 4 onces de fernambouc & 2 onces de tartre, qu'on fait bouillir enfemble pendant 1 $\frac{1}{2}$ heure ; enfuite on y fait bouillir le drap pendant 5 à 6 quarts-d'heure ; il prend une couleur rouge jaunâtre vive, qui incline fur l'écarlate.

B. Si au lieu de tartre, on met 2 onces

d'alun dans le bain, le drap prendra aussi une couleur rouge jaunâtre, mais d'une autre nuance, de sorte qu'elle tirera davantage sur le rouge de feu.

C. Si on fait bouillir pendant $1\frac{1}{2}$ heure du drap préparé avec de l'alun, comme pour le n°. 77, dans un bain de teinture composé de 5 onces de fénugrec, 5 onces de fernambouc & $2\frac{1}{2}$ onces de vitriol blanc; il prendra une couleur rougeâtre, qui tirera à peine sur le jaunâtre.

D. Le drap simplement humecté d'eau recevra dans un bain pareil au dernier une couleur rouge foncée.

Observation.

La couleur rouge jaunâtre *A* du n°. 89, est belle & assez semblable à l'écarlate, mais elle n'est pas si solide que la véritable écarlate; cette teinture peut cependant servir à diverses étoffes, qui ne sont pas sujettes à être exposées à l'air, ou au soleil, sur-tout parce qu'elle se fait à beaucoup meilleur marché. La couleur *B* du n°. 89 tire un peu plus sur le jaune, elle approche beaucoup du rouge de feu; elle peut être d'usage quoiqu'elle ne soit pas au nombre des couleurs les plus solides. Le tartre employé pour la couleur *A* du n°. 89, & l'alun employé

pour celle de *B* du n°. 89, font tous les deux
des ingrédiens convenables pour le mêlange
du fénugrec avec le fernambouc. Mais on ne
peut faire ces couleurs qu'en préparant le drap
avec l'alun, le tartre & la diffolution d'étain.
En général j'ai trouvé cette préparation très-
bonne pour le mêlange des fubftances jaunes
avec celles qui teignent en rouge ; elle exalte
& embellit les couleurs, & même elle fert à
les confolider. L'on obtient mieux ces avantages lorfqu'on emploie le tartre & la diffolution d'étain fans alun, fur-tout quand on met
le double d'alun de la proportion réunie du
tartre & de la diffolution d'étain, comme par
exemple, 6 parties d'alun fur 1 partie de tartre, & 2 parties de diffolution d'étain.

Les deux autres couleurs *C, D* du n°.89, produites par le moyen du vitriol blanc, différent
entièrement des couleurs *A, B*, du n°. 89. La
couleur rouge foncée *D* du n°. 89, doit particulièrement être diftinguée, parce qu'elle eft
prefque femblable à la couleur du fang de bœuf ;
mais la couleur *C* du n°. 89 reffemble à la couleur du bol rouge. Quoique ces deux couleurs
ne foient pas auffi vives que celles *A, B*,
elles font cependant bonnes dans leur efpèce,
& elles peuvent fervir comme des rouges de
nuances particulières.

DIX-NEUVIÈME MÉLANGE.

Avec le bois jaune & la cochenille.

Le bois jaune , comme il a été dit à la deuxième fection , eft plus riche en couleur que les autres fubflances jaunes dont on a parlé juf- qu'ici. On peut faire diverfes qualités de jaune fuivant les ingrédiens employés tant à la pré- paration du drap , que dans les bains de tein- ture. Comme la préparation du drap avec le tartre , la diffolution d'étain & l'alun procure de jolies couleurs jaunes avec le bois jaune , & que cette même préparation produit de belles couleurs rouges avec la cochenille , fur- tout quand on met du tartre & de l'alun dans les bains de teinture de ces deux fubflances , elle fervira pour ce mêlange. Et dans les bains de teinture on employera le tartre & l'alun ; les vitriols verd & blanc peuvent auffi procu- rer de bonnes couleurs.

N°. XC.

Couleurs rouges jaunâtres.

Pour ces couleurs on prépare 1 liv. de drap avec de l'alun , du tartre & de la diffolution d'étain , comme pour le n°. 88.

A. On compose le bain de teinture avec 5 onces de bois jaune, qu'on fait bouillir pendant une heure, on y ajoute ensuite 1 once de cochenille & 3 onces de tartre, & on fait encore bouillir le tout pendant $\frac{1}{4}$ d'heure. Après cela on fait bouillir le drap dans ce bain pendant 1 heure, il y prend une couleur rouge, qui tire sur le jaunâtre.

B. Dans un bain préparé avec 5 onces de bois jaune, 1 once de cochenille, 5 onces de tartre & $2\frac{1}{2}$ onces de dissolution d'étain, le drap prend une couleur rouge jaunâtre, qui tire sur le rouge de feu.

Observation.

Ces deux couleurs diffèrent considérablement entr'elles, la couleur *B* du n°. 90, est plus jaunâtre que la couleur *A*, & elle est aussi plus vive. Par conséquent la dissolution d'étain est bien favorable pour ce mélange. On peut mettre moins de tartre, par exemple, $1\frac{1}{2}$, 2 jusqu'à $2\frac{1}{2}$ onces, cela rendra la couleur moins jaune, & en même tems plus rouge & plus vive. La quantité prescrite pour la couleur *B* du n°. 90, est la plus forte qu'on puisse employer ici, une plus considérable rendroit la couleur matte; de même la couleur *A* du n°. 90, pour

laquelle

laquelle on a employé feulement du tartre, &
non de la diffolution d'étain, n'eft pas fi vive
que la couleur *B.* On ne fauroit aifément fe
paffer de tartre dans le bain de teinture, parce
que les parties colorantes de la cochenille ne
fe développeroient pas fuffifamment ; & le
tartre & la diffolution d'étain contenus dans le
drap, ne feroient pas fuffifans pour rendre actives les parties colorantes de la cochenille,
fur-tout parce qu'il s'y trouve de l'alun.

V I N G T I È M E M É L A N G E.

Avec le bois jaune & la garance.

Pour ce mélange, on prépare auffi le drap
avec de l'alun, du tartre & de la diffolution
d'étain, ou avec de l'alun feul ; & pour les
bains de teinture on peut faire ufage du tartre,
de l'alun & des vitriols verd & blanc.

N°. X C I.

Couleurs rouges jaunâtres oranges , brunes jaunâtres , & jaunâtres tirant fur le brun.

Pour ces couleurs, on fait bouillir 1 livre
de drap pendant 1 $\frac{1}{2}$ heure dans un bain, compofé de 2 gros d'alun, 2 gros de tartre &

Y

de 5 gros de diffolution d'étain, & on le laiffe
repofer pendant 24 heures dans le bain devenu froid.

A. On prépare le bain de teinture avec
5 onces de bois jaune, 2 $\frac{1}{2}$ onces de garance
& 2 $\frac{1}{2}$ onces de tartre, qu'on fait bouillir enfemble pendant 1 $\frac{1}{2}$ heure ; enfuite on y fait
bouillir le drap pendant 1 heure ; il prend une
couleur rouge jaunâtre, qui tire fur la couleur
rouge de feu.

B. Si au lieu de tartre, on met 2 $\frac{1}{2}$ onces
d'alun dans le bain, & qu'on obferve d'ailleurs
ce qui vient d'être preferit, le drap y prendra
une couleur orange, qui aura de la beauté &
de la vivacité.

C. Si on compofe le bain de teinture de
5 onces de bois jaune & de 2 $\frac{1}{2}$ onces de
garance, qu'on fait bouillir $\frac{1}{2}$ heure enfemble,
fi on y ajoute 1 once de vitriol verd, & fi on
fait encore bouillir le tout pendant $\frac{1}{2}$ heure,
1 livre de drap fimplement humecté d'eau,
prendra par l'ebullition d'une heure une couleur
brune jaunâtre foncée.

D. Si au lieu de vitriol verd, on en met
2 $\frac{1}{2}$ onces de blanc dans ce même bain, le drap
fimplement humecté d'eau prendra une couleur
jaunâtre tirant fur le brun.

E. Le drap préparé avec de l'alun, comme

pour le n°. 77, & bouilli pendant 1 heure dans un bain pareil au dernier, recevra une couleur jaune brunâtre, qui tire sur la couleur d'orange foncée.

Observation.

Le mélange du bois jaune avec la garance fournit des couleurs qui sont très-propres à être employées ; la couleur rouge jaunâtre *A* du n°. 91, & la couleur *B* du n°. 91 sont toutes deux agréables, & différentes de toutes celles dont il a été fait mention jusqu'à présent. La couleur rouge jaunâtre forme une nuance unique des couleurs de feu ; de même la couleur orange fait une nuance particulière, qui tire d'une manière agréable sur le rouge. Le drap préparé avec l'alun seul, ou avec le tartre & la dissolution d'étain, prend bien de semblables couleurs, mais non de cette même nuance, quoique les bains de teinture soient préparés absolument de la même manière.

La couleur brune foncée *C* du n°. 91 tire un peu sur le jaunâtre, elle a quelque ressemblance avec celle qu'on appelle couleur de café. Si on la desire encore plus foncée, on n'a qu'à augmenter la quantité de vitriol verd dans le bain de teinture, il faut cependant

Y ij

avoir attention de n'en pas trop mettre, foit parce que la couleur deviendroit trop fombre, foit parce qu'elle feroit fujette à changer à l'air, qui la rendroit encore un peu plus fombre, tandis que la couleur eft prefque inaltérable à l'air, lorfqu'on emploie la cinquième ou fixième partie de vitriol verd dans le mêlange du bois jaune avec la garance.

Les couleurs brunes jaunâtres D, E du n°. 91, faites avec le vitriol blanc, ne reffemblent nullement à la couleur brune foncée C; elles font beaucoup plus claires & plus jaunes; elles ne fe reffemblent pas non plus. La couleur jaune brunâtre D eft beaucoup plus foncée que la couleur E; de plus, cette dernière tire un peu fur le rougeâtre, ce qu'on n'apperçoit pas à l'égard de l'autre. Conféquemment la préparation du drap avec l'alun eft avantageufe pour les bains de teinture dans lefquels on fait ufage du vitriol blanc, elle contribue à la production de nuances brunes jaunâtres, ou jaunes brunâtres particulières, qui font bonnes & agréables.

On peut faire ufage du mêlange du bois jaune avec la garance, fans employer d'autres ingrédiens, on n'a qu'à fimplement humecter le drap d'eau, ou le préparer avec de l'alun, ou même d'une autre manière. Par exemple,

on peut le préparer avec 6 parties de bois
jaune & 1 partie de vitriol verd ou blanc, &
le teindre enfuite dans un bain de teinture,
compofé de parties égales de bois jaune & de
garance, ou de 1 partie de bois jaune & de
2 parties de garance, fans autre ingrédient ; on
peut auffi faire bouillir le drap fimplement humecté d'eau dans des bains de cette efpèce ;
on fera ainfi diverfes couleurs brunes jaunâtres
de bonne qualité. En un mot, ce mélange eft
très-recommandable, parce qu'il fournit des
couleurs folides de plufieurs nuances brunes
jaunâtres.

V i n g t - u n i è m e   M é l a n g e.

Avec le bois jaune & le bois de fernambouc.

Pour ce mélange, on peut préparer le drap
comme pour le précédent, avec de l'alun, du
tartre & de la diffolution d'étain, ou avec de
l'alun feul. On peut auffi employer les mêmes
ingrédiens dans les bains de teinture, favoir,
l'alun, le tartre & les vitriols verd & blanc.

N°.   X C I I.

Couleurs rouges jaunâtres, brunes foncées,
rouges brunâtres, & rouges brunes.

Pour ces couleurs on prépare 1 liv. de drap

avec de l'alun , du tartre & de la diffolution
d'étain, comme pour le n°. 91.

A. On compofe le bain de teinture de 5
onces de bois jaune, 5 onces de fernambouc &
2 ½ onces de tartre , qu'on fait bouillir enfemble
pendant 1 heure. On met enfuite le drap dans
le bain , & on l'y fait bouillir pendant 1 ½ heure;
il prend une couleur rouge jaunâtre, qui tire fur
un beau rouge de brique.

B. Si au lieu de tartre on met 2 ½ onces d'a-
lun dans le bain , le drap y prendra une couleur
rouge , qui tirera à la vérité fur le jaune , mais
beaucoup moins que la précédente , car elle
fera beaucoup plus rouge.

C. Si le bain eft compofé de 5 onces de bois
jaune , 2 ½ onces de fernambouc & de 1 once
de vitriol verd , & qu'on y faffe bouillir du drap
fimplement humecté d'eau, on fera une couleur brune fombre , qui tirera un peu fur le
verdâtre.

D. Si à la place du vitriol verd on met du
vitriol blanc dans un pareil bain , & qu'on y
faffe bouillir du drap fimplement humecté d'eau,
il y prendra une couleur rouge brunâtre, qui reffemblera beaucoup à la couleur de rouille de
fer.

E. Enfin fi on fait bouillir du drap préparé
avec de l'alun, comme pour le n°. 77 , dans

un bain de teinture femblable à celui de *D* du n°. 92, le drap y prendra une couleur rouge brunâtre, qui tirera fur le jaunâtre.

Obfervation.

Quoique les couleurs qui réfultent du mêlange du bois jaune avec le fernambouc ne foient pas fi folides que celles qui proviennent du mélange du bois jaune avec la garance, elles peuvent cependant fervir. La couleur brune foncée *C* du n°. 92 produite avec le vitriol verd, fe foutient paffablement à l'air. C'eft une couleur très-foncée & très-différente de la couleur brune foncée *C* du n°. 91, car elle eft non-feulement beaucoup plus foncée, mais encore elle tire fur le verdâtre, tandis que la précédente eft jaunâtre. Elles font toutes les deux brunes foncées de nuances particulières.

Les deux couleurs rouges jaunâtres *A, B* du n°. 92 ne font pas fort folides, elles peuvent cependant fervir pour teindre certaines étoffes, par exemple, des étoffes pour doublure, ou pour teindre du fil pour faire des étoffes mêlées, ce qui peut auffi fe pratiquer à l'égard des deux autres couleurs rouges brunâtres, quoique ces dernières foient encore bien plus solides, & qu'elles puissent aussi servir de teinture au drap (a).

SIXIÈME SECTION.

Couleurs qui résultent du rouge & du bleu.

Les mélanges du rouge & du bleu ne sont pas si nombreux que ceux du rouge & du jaune, sur-tout si l'on ne vouloit employer que des substances qui communiquent une couleur rouge

(a) Dans la suite des mélanges qui viennent d'être présentés, il y en a plusieurs dont on obtient des couleurs si peu solides, qu'elles peuvent à peine être de quelqu'usage en teinture : l'on a cru cependant que les observations de l'Auteur pouvoient trouver leur utilité; mais les exemples donnés jusqu'ici sont assez nombreux, & doivent suffire pour guider les artistes, & l'on a pensé qu'il seroit superflu de présenter encore les combinaisons du curcuma avec la cochenille, la garance & le fernambouc, parce que malgré les moyens indiqués ci-devant de donner quelque fixité aux belles nuances qu'on obtient du curcuma, on ne produit cependant par les combinaisons de cette substance, sur-tout lorsqu'elle entre en quantité considérable, que des couleurs qui séduisent par leur éclat, mais qui trompent dans la consommation par leur fugacité. Les combinaisons du curcuma sont dans l'original l'objet des numéros 93, 94, 95 & 96.

pure & fans mêlange, telle que la cochenille.
Alors on n'obtiendra avec le bleu que des violets & des couleurs dont les unes inclineroient
plus au bleu & les autres au rouge. On donnera
aux premières le nom de bleues rougeâtres, &
aux fecondes celui de rouges bleuâtres.

Mais on peut aufli tirer avantage de la garance & du fernambouc qui, outre les parties
rouges, contiennent d'autres parties colorantes;
on obtient en mêlant ces fubftances avec le
bleu, des couleurs qui s'éloignent du violet.
Comme ces mêlanges font utiles, on en trai-
tera dans cette feâion.

Pour le bleu, il n'y a guère que l'indigo
qui le procure; le paftel en fournit trop peu.
A l'égard du campêche ou bois bleu, comme
il ne peut donner qu'un bleu de mauvaife qualité, il n'en fera queftion que lorfqu'on trai-
tera du mêlange du rouge & du noir, parce
que c'eft un bon ingrédient pour cette couleur. On fe bornera donc à l'indigo pour les
couleurs qui proviennent du rouge & du bleu.

VINGT-DEUXIÈME MÉLANGE.

Avec la cochenille & la diffolution d'indigo B.

Parmi les diffolutions d'indigo, qu'on emploie pour de femblables mêlanges, j'ai trouvé

celle d'indigo qui eſt faite avec l'huile de vitriol & la potaſſe, & qui eſt indiquée dans la 3ᵉ
ſection ſous le nom de diſſolution d'indigo *B*,
préférable & meilleure que la diſſolution d'indigo ordinaire faite avec l'acide vitriolique ſeul,
c'eſt pour cela que je la preſcris pour les mêlanges avec la cochenille, la garance & le fernambouc, & que j'en recommande l'emploi de
préférence.

Pour le mélange de la cochenille avec la diſſolution d'indigo *B*, on peut préparer le drap
avec l'alun ſeul, ou avec l'alun & le tartre, ou
avec l'alun, le tartre & la diſſolution d'étain, ou
enfin avec le tartre & la diſſolution d'étain ſans
alun. Le tartre eſt employé avec ſuccès dans les
bains de teinture, on peut cependant lui allier
l'alun, ou ſe ſervir de l'alun ſeul.

Nᵒ. XCIII.

Couleurs violettes, & bleues rougeâtres foncées.

Pour ces couleurs on prépare 1 liv. de drap
en le faiſant bouillir pendant 1 ½ heure dans
un bain préparé avec 3 onces d'alun, en le laiſſant repoſer pendant une nuit dans le bain devenu froid.

A. On compoſe le bain de teinture de 1 ½

once de cochenille & de 2 onces de tartre, qu'on fait bouillir enfemble pendant $\frac{3}{4}$ d'heure, on y verfe enfuite 2 $\frac{1}{2}$ onces de diffolution d'indigo *B*, on remue bien le tout, après quoi on fait encore bouillir pendant $\frac{1}{4}$ d'heure ; enfuite on y fait bouillir le drap pendant 1 heure ; il prend une très-belle couleur violette.

B. Si on verfe 3 $\frac{3}{4}$ onces de diffolution d'indigo *B* dans un femblable bain au lieu de 2 $\frac{1}{2}$ onces, le drap aluné y prendra auffi une très-belle couleur violette, mais elle fera un peu plus foncée.

C. Si on met 5 onces de diffolution d'indigo *B* dans le bain, le drap y recevra une couleur bleue rougeâtre foncée très-belle.

D. Si on prépare le bain avec 1 once de cochenille, 2 onces de tartre & 2 $\frac{1}{2}$ onces de diffolution d'indigo *B* de la manière prefcrite, & qu'on y faffe bouillir pendant 1 heure 1 liv. de drap préparé avec du tartre & de la diffolution d'étain, comme pour le n°. 1, il prendra une couleur violette plus foncée que les couleurs *A*, *B* du n°. 93, mais elle ne fera pas fi vive.

E. Si on met 5 onces de diffolution d'indigo *B* dans ce bain, le drap préparé avec 3 onces d'alun, 4 gros de tartre & 1 once de diffolution d'étain, y prendra une couleur bleue rou-

geâtre qui fera un peu plus foncée que la couleur *C*.

F. Si on met 7 $\frac{1}{2}$ onces de diffolution d'indigo *B* dans le bain, le drap de même préparation que celui de *E* du n°. 93, y prendra une
couleur bleue foncée, qui tirera à peine vifiblement fur le rougeâtre.

G. Si on ne met que 3 $\frac{3}{4}$ onces de diffolution
d'indigo *B* dans le bain, 1 liv. de drap préparé
avec 2 $\frac{1}{2}$ onces d'alun & 10 gros de tartre, y
prendra une belle couleur bleue rougeâtre foncée, qui fera prefque femblable à la couleur *C*.

Obfervation.

On fait ordinairement les violets de bon
teint de la manière fuivante : on teint le
drap en bleu dans la cuve, après cela on le
fait bouillir pendant 1 $\frac{1}{2}$ heure dans un bain
compofé de 2 $\frac{1}{2}$ onces d'alun & de 4 gros de
tartre pour 1 liv. de drap. Enfuite on prépare
avec 1 once de cochenille & 4 gros de tartre
un bain dans lequel on fait bouillir pendant
1 $\frac{1}{2}$ heure le drap teint en bleu, & il prend
une couleur violette. Si on diminue la quantité
de la cochenille, & qu'on n'en mette que 4,
3, 2 gros ou encore moins pour 1 livre de
drap bleu, & préparé avec de l'alun & du tartre, on fait diverfes nuances de couleur violette

plus ou moins foncées ou claires, qui tirent,
tantôt plus fur le bleuâtre, tantôt plus fur le
rougeâtre. Cela ne dépend pas feulement de
l'augmentation ou de la diminution de la quantité de cochenille, mais auffi de la couleur
bleue qu'a reçue le drap, laquelle exige plus
ou moins de cochenille, fuivant qu'elle eft plus
ou moins foncée, & fuivant qu'on veut que le
violet tire plus ou moins fur le bleu ou fur le
rouge; la quantité d'alun & de tartre employée
dans le mordant, concourt auffi à cet effet ;
car les parties colorantes de la cochenille, qui
s'attachent au drap dans le bain, font tantôt
plus, tantôt moins élevées en couleur, fuivant la
proportion de ces fels; la couleur bleue du drap
eft auffi fujette à diverfes altérations, felon la
quantité de l'alun & du tartre, de forte que
le drap perd déjà plus ou moins de fa couleur
bleue avant que d'entrer dans le bain de cochenille. Il faut auffi prendre en confidération
la quantité de tartre employée dans le bain de
cochenille, puifqu'il relève plus ou moins la
couleur, felon fa proportion avec la cochenille.
L'on voit par toutes ces circonflances qu'il
n'eft pas facile de teindre le drap en violet
par la méthode ordinaire, fur-tout lorfqu'on
eft obligé de fe conformer à un échantillon
d'une nuance déterminée.

On peut faire des couleurs violettes, & d'autres bleues rougeâtres, ou rouges bleuâtres, par un procédé plus facile, & sujet à moins de frais & d'inconvéniens, en faisant usage de la dissolution d'indigo faite avec l'huile de vitriol ou autrement, & de la cochenille, ou d'autres substances qui teignent en rouge. Les divers procédés du n°. 93 fournissent une instruction claire & exacte sur cet objet. Il est vrai que les violets & autres couleurs que l'on communique avec la cochenille au drap, préalablement teint en bleu dans la cuve, sont très-solides ; mais il faut aussi convenir que les frais & la peine sont beaucoup plus considérables que lorsqu'on se sert d'un bain de teinture, composé de cochenille & de dissolution d'indigo, & qu'on n'a besoin que d'une opération ; les deux couleurs violettes A, B du n°. 93 sont très-belles, elles ne sont pas des plus fugitives, quoiqu'elles perdent successivement plus que les couleurs produites avec la cochenille & le bleu de cuve.

La teinture d'indigo B, dans laquelle on met de la potasse après que la dissolution de l'indigo est effectuée par l'huile de vitriol, réussit mieux avec le mélange des substances rouges que la teinture d'indigo A, faite avec l'huile de vitriol seule sans potasse. Les couleurs violettes produites avec la dissolution d'indigo B

font non-feulement plus jolies , mais auffi plus
folides. Avec cette diffolution & la cochenille,
on peut faire diverfes nuances de couleurs violettes, & bleues rougeâtres , ou rouges bleuâtres,
& cela fuivant qu'on varie la proportion de la
diffolution d'indigo & celle de la cochenille.
On a employé 2 $\frac{1}{2}$ onces de diffolution d'indigo B pour la couleur A du n°. 93; mais il
en eft entré 3 $\frac{3}{4}$ onces pour la couleur B du
n°. 93; c'eft ce qui la rend un peu plus foncée,
& qui la fait tirer davantage fur le bleuâtre.
A l'égard de la préparation de la diffolution
d'indigo B , il faut remarquer qu'il n'entre dans
2 $\frac{1}{2}$ onces de cette diffolution, qu'un demi-gros
d'indigo pur, lequel a été tellement développé
& rendu actif par 2 gros d'huile de vitriol, que
la teinture bleue de l'indigo perce prefque plus
que celle de la cochenille, quoiqu'elle poffède
d'ailleurs à un très-haut degré la propriété de
teindre; il en eft entré 1 $\frac{1}{2}$ once dans le bain,
par conféquent 2 $\frac{1}{4}$ fois autant que d'indigo ,
mais elle eft tellement changée par la diffolution d'indigo , qu'il en réfulte une couleur qui
n'eft ni parfaitement rouge , ni parfaitement
bleue, mais qui forme une nuance particulière
& unique, à laquelle on a donné le nom de
couleur violette , parce qu'elle reffemble à la
couleur naturelle des fleurs de violiers. Dans

le bain de teinture C du n°. 93, il eſt entré
$1\frac{1}{2}$ once de cochenille & 2 onces de tartre,
par conſéquent autant que dans les bains de
teinture A & B du n°. 93 ; mais on y a employé 5 onces de diſſolution d'indigo B, par
conſéquent le double de ce qui a été employé
dans le bain A, & le quart de plus que pour
le bain de B du n°. 93 ; c'eſt pour cela qu'il
n'en eſt pas réſulté une couleur violette, mais
une couleur bleue rougeâtre foncée. Cette couleur eſt d'un aſpect très vif & de toute beauté ;
elle eſt au nombre des couleurs bleues foncées qui tirent ſenſiblement ſur le rouge, &
qui approchent des couleurs violettes. Elle pénètre le drap dans tout l'intérieur, de ſorte
qu'elle a beaucoup de ſolidité, & elle ſe ſou-
tient long-tems à l'air ſans perdre. En un mot,
on peut ſe ſervir de ce procédé avec avantage
& ſans crainte. Mais ſi l'on veut mettre trop
d'épargne, ſoit dans la quantité, ſoit dans la
qualité des ingrédiens, l'on ne peut ſe procurer
de bonnes couleurs. Par exemple, la couleur
violette D du n°. 93 eſt véritablement bonne,
mais elle n'eſt pas ſi jolie que les deux couleurs violettes A, B ; & la couleur bleue foncée E du n°. 93, qui tire ſur le rougeâtre, n'a
pas non plus autant de vivacité que la couleur C
du n°. 93 ; de plus, elles ne ſont pas ſi ſolides,
&

& elles changent plus vîte à l'air que les couleurs *A* , *B* , *C.* Aussi est-il entré moins de cochenille dans les bains qui ont produit ces deux couleurs. J'ai encore remarqué que les parties colorantes de l'indigo dissous avec l'huile de vitriol, s'attachoient plus solidement aux filamens du drap par le moyen de la cochenille, sur-tout lorsque le drap étoit préparé avec de l'alun & du tartre, ou même avec de l'alun seul, que lorsqu'on employoit la teinture d'indigo seule. Je me suis de même apperçu que la préparation de l'indigo, dont j'ai fait mention à la troisième section, & que je ne puis encore communiquer au public, procuroit des couleurs encore plus solides & plus agréables que la dissolution d'indigo *B.* Par conséquent si on met trop peu de cochenille avec la dissolution d'indigo *B* , ou qu'on ne l'emploie pas en proportion convenable, les couleurs ne sont alors ni si agréables ni si solides que celles pour lesquelles on en a employé la quantité convenable (*a*).

(*a*) Le bleu & le rouge de la cochenille, ou plutôt le cramoisi, donnent selon leurs différentes combinaisons le pourpre, l'amaranthe, le violet, la pensée, le lilas, la mauve, le gris de lin, &c. Dans le procédé ordinaire , après avoir teint le drap en bleu, on le fait

Z

N°. XCIV.

Couleurs bleuâtres rougeâtres , & rougeâtres bleuâtres.

Pour ces couleurs , on prépare 1 livre de drap avec 3 onces d'alun , 4 gros de tartre & 1 once de diffolution d'étain.

A. On compofe le bain de teinture de 1 once de cochenille , de 2 onces de tartre & de 10 gros de diffolution d'indigo *B* ; on ne met la dernière qu'après que les deux premières

---

bouillir avec de l'alun & un peu de tartre ; enfuite on le paffe dans la rougie pour laquelle on n'emploie point de compofition , mais feulement du tartre avec la cochenille.

La nuance du bleu qu'on donne au drap doit être plus ou moins foncée , felon la couleur plus ou moins foncée que l'on veut obtenir ; & l'on proportionne auffi à cette nuance la quantité d'alun qui entre dans le bain , ainfi que la quantité de cochenille qui entre dans la rougie ; on diminue le tems de l'ébullition pour les nuances claires , mais on ne diminue pas la quantité du tartre.

L'on ne peut douter qu'on n'obtienne par le moyen du bleu de cuve des couleurs plus folides que par les procédés décrits par l'Auteur ; mais ceux-ci peuvent procurer à moins de frais un plus grand nombre de nuances.

ont bouilli pendant 1 heure, & on continue de faire bouillir doucement pendant $\frac{1}{4}$ d'heure. On y fait enfuite bouillir le drap pendant 1 heure; il prend une couleur bleuâtre rougeâtre, qui approche du violet clair.

B. Si on ajoute 1 once d'alun dans un pareil bain, la couleur fera rougeâtre bleuâtre.

C. 1 livre de drap préparé avec du tartre & de la diffolution d'étain, bouilli pendant 1 heure dans un bain pareil à celui *B* du n°. 94, prend une femblable couleur, mais un peu plus foncée.

D. Si le bain eft compofé de 1 once de cochenille, de 2 onces de tartre & de 5 gros de diffolution d'indigo *B*, 1 livre de drap préparé avec du tartre & de la diffolution d'étain, & bouilli dedans pendant 1 heure, prend une couleur rougeâtre, qui tire à peine fur le bleuâtre.

E. 1 livre de drap préparé avec 2 $\frac{1}{2}$ à 3 onces d'alun, y reçoit une couleur rougeâtre bleuâtre, qui reffemble à la couleur lilas, mais elle eft un peu plus foncée.

Obfervation.

Ces couleurs ne font pas des violets, mais feulement des couleurs rougeâtres bleuâtres,

quoiqu'aucune des deux couleurs primitives,
favoir, la rouge & la bleue, ne prédomine pour
ainfi dire, on apperçoit cependant le rouge
un peu plus que le bleu. La couleur A du n°.
97 fur-tout eſt de cette nature, elle incline
cependant encore plus vers le violet. C'eſt une
jolie couleur, qui, comparée à la couleur naturelle d'un corps connu, approche beaucoup de
celle des giroflées rougeâtres bleuâtres. Les couleurs B, C, E du n°. 94 tirent beaucoup plus
fur le rougeâtre, & elles forment chacune une
nuance particulière ; cependant la couleur E
approche le plus de la couleur lilas rougeâtre
bleuâtre. La couleur D du n°. 94, n'eſt prefque pas bleuâtre, & elle forme une nuance
unique & particulière. On a employé très-peu
de diſſolution d'indigo pour toutes ces couleurs. Les couleurs A, B, C en ont conſommé
chacune 10 gros, & les deux autres D & E
feulement chacune 5 gros. Comme 10 gros de
diſſolution d'indigo ne contiennent que 18
grains d'indigo, ce qui eſt le quart d'un gros,
& que dans 5 gros de diſſolution d'indigo il
ne fe trouve que 9 grains d'indigo, ce qui fait
le huitième d'un gros, la proportion de l'indigo avec celle de la cochenille, dont il eſt
entré 1 once dans le bain de chacune de ces
cinq couleurs, eſt comme 1 à 32 pour les cou-

leurs *A*, *B*, *C* du n°. 97, & pour les deux
dernières couleurs *D*, *E* du n°. 94, comme 1
à 64; ou chacun des trois premiers bains de
teinture contient 1 partie d'indigo & 32 parties
de cochenille, & chacun des deux derniers, 1
partie d'indigo & 64 parties de cochenille. On
voit par-là, quelle est la vertu teignante de l'indigo, & combien il faut en mettre peu, lorfqu'on mêle une autre fubftance colorante avec
lui, pour qu'il n'en couvre pas abfolument
la couleur.

Il faut encore faire attention au fujet des
deux couleurs *B*, *C* du n°. 94, que le bain de
chacune a été compofé de la même manière,
& qu'il exifte cependant une différence notable
entr'elles, car la couleur *B* eft plus claire, &
elle tire un peu plus fur le rougeâtre, tandis
que la couleur *C* eft plus foncée, & qu'elle
incline davantage fur le bleuâtre, ce qui provient de la préparation du drap; puifque pour
la couleur *B* il a été préparé avec de l'alun,
du tartre & de la diffolution d'étain, & pour
la couleur *C* feulement avec du tartre & de
la diffolution d'étain fans alun; d'où il faut
conclure, que l'alun intercepte, comme on
l'a déjà fait obferver plufieurs fois, la force de
la cochenille, le tartre modère auffi la force
de l'indigo. Les couleurs *D*, *E* du n°. 94, prou-

Z iij

vent cela encore plus clairement : car leurs
bains font abfolument d'une préparation égale,
& les couleurs qui en réfultent font totalement différentes l'une de l'autre, puifque la
couleur D eft rougeâtre, & qu'elle a à peine
un veftige de bleu, tandis que la couleur E
tire fenfiblement fur le bleuâtre, même plus
que fur le rougeâtre. En voici la raifon, le
drap pour la couleur D du n°. 94 a été préparé avec du tartre & de la diffolution d'étain;
& celui pour la couleur E du n°. 94, a été
préparé avec de l'alun feul. Par conféquent
dans le premier cas le tartre déjà contenu dans
le bain, où il n'y a point du tout d'alun, étant
renforcé par celui qui a fervi à la préparation
du drap, modère la force de l'indigo, & augmente en quelque façon celle de la cochenille.

VINGT-TROISIÈME MÉLANGE.

Avec la garance & la diffolution d'indigo B.

On ne fauroit employer le mélange de la
garance avec l'indigo diffous par l'huile de vitriol dans la vue d'en extraire des couleurs
violettes, ou rougeâtres bleuâtres, parce que
l'acide vitriolique contenu dans la diffolution
d'indigo agit tellement fur les parties colo-

rantes de la garance, que celles qui font rouges
ne communiquent pas en ce cas des couleurs
rouges, mais plutôt des couleurs qui tirent fur
le jaune & le brunâtre. D'après cela, fi l'on a
l'intention de faire d'autres couleurs, que des
violets ou bleuâtres rougeâtres avec le mélange de la garance & de la diffolution d'indigo *B*, il peut être mis en ufage fans difficulté, d'autant plus qu'il fournit des couleurs
de nuances particulières. Pour cela on peut
préparer le drap avec de l'alun feul, ou lui
allier le tartre en même tems. Mais pour les
bains de teinture il faut fe fervir de préférence
du tartre & non de l'alun.

N°. XCV.

Couleurs brunes rougeâtres, & brunes foncées.

Pour ces couleurs on prépare 1 liv. de drap
avec de l'alun de la manière prefcrite pour le
n°. 93.

A. On prépare le bain de teinture avec 5
onces de garance & 2 $\frac{1}{2}$ onces de tartre, qu'on
fait bouillir enfemble pendant $\frac{1}{2}$ heure, on y
ajoute enfuite 10 gros de diffolution d'indigo
B, on remue bien le tout ; on continue de
faire bouillir doucement encore pendant $\frac{1}{4}$
d'heure, & on y fait enfin bouillir le drap aluné

pendant 1 heure, il prend une couleur brune rougeâtre.

B. Si l'on met 2 ½ onces de diffolution d'indigo B dans un pareil bain, le drap aluné y prendra une couleur brune foncée, qui tirera un peu fur le rougeâtre.

C. Si on met 5 onces de diffolution d'indigo B dans ce même bain, & qu'on y faffe bouillir pendant 1 heure du drap préparé avec 2 onces d'alun & 1 once de tartre, il prendra une couleur brune noirâtre, qui tirera fur le jaunâtre.

Obfervation.

Ces trois couleurs font connoître, que par le mélange de la garance avec l'indigo diffous par l'huile de vitriol il furvient un changement tant dans le mélange de la garance, que dans celui de l'indigo, de forte que le dernier n'a plus la propriété de teindre en bleu, que la première perd beaucoup de fa propriété de teindre en rouge, & qu'il ne peut en réfulter des couleurs violettes, ni des rouges bleuâtres, ni des bleues rougeâtres, mais des couleurs de toutes autres nuances. On voit par la couleur brune rougeâtre A du n°. 98, que la fubftance rouge de la garance eft non-feulement très-avivée & tournée au jaune tant par le tartre contenu dans le bain, que par l'acide vitriolique répandu dans le bain par la teinture d'indigo, mais aussi tellement changée, qu'il a été extrait plus de la substance jaune contenue dans la garance, laquelle s'est conséquemment réunie à la substance rouge, car s'il n'y avoit pas eu de dissolution d'indigo dans le bain, elle auroit nécessairement communiqué au drap une couleur brune jaunâtre claire qui auroit tiré sur l'orange. Mais à cause des parties de l'indigo mêlées avec elle, il en a résulté une autre couleur brune rougeâtre plus foncée, qui forme une nuance unique & particulière.

La couleur *B* du n°. 95 est encore plus foncée, elle ne tire qu'un peu sur le rougeâtre. Cette couleur sort d'un bain composé à la vérité de la même quantité de garance & de tartre, mais du double de dissolution d'indigo, que la couleur *A* du n°. 95, à laquelle elle ne ressemble nullement, elle tire sur la couleur de noyer foncée, tandis que l'autre approche de la couleur de cannelle foncée.

La couleur *C* du n°. 95, pour laquelle on a employé le plus de dissolution d'indigo, est une nuance très-foncée & particulière. Elle paroit presque noire & a une teinte jaunâtre très-agréable. Elle ressemble a la suie de cheminée luisante; elle a beaucoup d'éclat. Par conséquent quoique le mélange de la garance avec l'indigo dissous par l'huile de vitriol soit incapable de communiquer des couleurs violettes ou bleues rougeâtres, on peut cependant en extraire d'autres couleurs d'un bon usage, car elles sont foncées & très-saturées, de plus elles sont assez solides. Mais il faut avoir grande attention d'employer de l'alun pour préparer le drap, & de n'en pas mettre dans les bains de teinture, parce que les couleurs seroient toutes différentes, qu'elles ne seroient pas si agréables, & qu'elles seroient sujettes à être biingées; par exemple, si l'on prépare un bain de teinture avec 5 onces de garance, $2\frac{1}{2}$ onces d'alun & 10 gros de dissolution d'indigo B, on fera un gris verdâtre, qui tirera aussi sur le rougeâtre, qui sera peu agréable, mais qui pourra plaire à quelques personnes; cependant il ne faut pas croire, que la couleur seroit meilleure, si on employoit plus de dissolution d'indigo avec la quantité de garance & d'alun spécifiée; puisqu'une plus grande quantité de cette dissolution occasionneroit une toute autre couleur foncée, qui tireroit sur le verd bleuâtre, & qui seroit encore moins agréable. Le vitriol blanc feroit en effet un peu meilleur que l'alun, il change tellement le bain, lorsqu'on en met $2\frac{1}{2}$ onces

avec 5 onces de garance, & $2\frac{1}{2}$ onces de dis-
folution d'indigo *B*, qu'il en réfulte une couleur grife bleuâtre très-foncée, qui tire fur le
brunâtre, & qui forme conféquemment une
nuance tout-à-fait particulière. Outre ces deux
ingrédiens, on peut encore employer le vitriol
bleu & le verd-de-gris, &c. ; mais il faut faire
attention qu'il n'en faut mettre qu'une très-mé-
diocre quantité, lorfqu'on veut les allier aux
mêlanges de la garance & de la diffolution
d'indigo pour faire quelques couleurs qui foient
dans le cas de fervir; pour éviter les inégalités
des couleurs, ils ne doivent être employés qu'en
proportion d'environ 1 partie fur 4 parties de
garance. Il faut confidérer à ce fujet que la
diffolution d'indigo contient de l'acide vitriolique, qui attaque trop fubitement les filamens
extérieurs du drap, lorfqu'on emploie des ingrédiens vitrioliques, & fur-tout des fels métalliques, de forte que les filamens intérieurs
du drap prennent une autre couleur que les
filamens extérieurs, ce qui donne fouvent des
apparences de taches à la couleur, qui la rendent d'un afpect défagréable ; de plus, comme
la fuperficie du drap eft teinte d'une autre
couleur que l'intérieur, elle fubit un tel changement à l'air, qu'elle préfente dans peu de
tems un afpect tout différent, & qui fouvent

contrafte avec fa couleur primitive. De tous les
ingrédiens , le tartre eft le plus convenable ,
parce que l'acide vitriolique contenu dans la
diffolution d'indigo s'unit avec lui, & que cela
difpofe tellement les parties colorantes, qu'elles
pénètrent également dans tout l'intérieur du
drap , ce qui donne de l'éclat & de la folidité
à la couleur (a).

VINGT-QUATRIÈME MÉLANGE.

Avec le bois de fernambouc & la diffolution d'indigo B.

On fait non-feulement des couleurs bleuâtres
rougeâtres & violettes avec le mélange du fernambouc & de l'indigo diffous avec l'huile de
vitriol , mais aufli beaucoup d'autres couleurs
toutes différentes , fuivant la diverfe préparation du drap , & les différens ingrédiens employés dans les bains de teinture. Les meilleures

---

(a) L'action de la diffolution d'indigo altère , comme
l'obferve l'Auteur , la couleur de la garance , que les
acides font facilement tirer au jaune , & il eft bien
douteux qu'on puiffe en employer le mélange d'une manière avantageufe. L'on a indiqué , page 108 , les couleurs que l'on obtient par l'union du bleu de cuve &
du rouge de garance.

préparations du drap fe font avec l'alun feul, ou avec l'alun & le tartre ; dans les bains de teinture on fe fert d'alun, de tartre, du vitriol blanc, du verd-de-gris, & fur-tout du plâtre.

N°. XCVI.

Couleurs grifes bleuâtres, & bleues rougeâtres foncées.

Pour ces couleurs on prépare 1 liv. de drap, en le faifant bouillir pendant $1 \frac{1}{2}$ à 2 heures avec $2 \frac{1}{2}$ onces d'alun & 5 gros de tartre, & repofer pendant une nuit dans le bain de mordant devenu froid.

A. On prépare le bain de teinture avec $2 \frac{1}{2}$ onces de fernambouc & $2 \frac{1}{2}$ onces de tartre, qu'on fait bouillir enfemble pendant $1 \frac{1}{2}$ heure ; on y ajoute enfuite $2 \frac{1}{2}$ onces de diffolution d'indigo *B*, on remue bien le bain, on fait encore bouillir pendant quelques minutes ; après cela on y fait bouillir le drap pendant $1 \frac{1}{2}$ à 2 heures ; il prend une couleur grife bleuâtre, qui tire en même-tems fur le rougeâtre.

B. Si au lieu de tartre, on met $2 \frac{1}{2}$ onces d'alun dans un pareil bain, la couleur fera plus foncée, & elle tirera davantage fur le rougeâtre.

C. Si le bain eft compofé de $2 \frac{1}{2}$ onces de

fernambouc, & de 2 ½ onces d'alun, & qu'on n'y mette que 10 gros de dissolution d'indigo *B*, la couleur sera plus grise rougeâtre, & tirera un peu sur le bleuâtre.

D. Si on met 5 onces de dissolution d'indigo dans un pareil bain, 1 livre de drap aluné comme pour le n°. 93, y prendra une couleur bleue foncée, qui tirera à peine sur le rougeâtre.

E. Si on compose le bain de 5 onces de fernambouc, 5 onces d'alun & 7 ½ onces de dissolution d'indigo *B*, le drap y prendra une couleur bleue très-foncée, qui tirera très-agréablement sur le rougeâtre.

Observation.

Ces cinq couleurs sont très-jolies & très-vives. Les couleurs *A*, *B* du n°. 96 ont eu la même quantité de fernambouc & de dissolution d'indigo ; mais pour la couleur *A* on a employé du tartre, & de l'alun pour la couleur *B*. La dernière est plus foncée, & tire davantage sur le rougeâtre que la première, qui est plus claire, & qui tire davantage sur le bleuâtre ; mais à l'égard des couleurs rouges, j'ai fait remarquer à la première section qu'on faisoit des couleurs rouges avec l'alun & le fernambouc,

& qu'on ne pouvoit en faire avec le tartre feul, mais qu'il en réfultoit plutôt des couleurs brunâtres, ou brunes jaunâtres. Si on n'avoit pas mis plus d'alun que de tartre pour préparer le drap, la couleur *A* n'auroit pas feulement tiré fur le rougeâtre ; c'eft pour cela qu'elle tire néceffairement davantage fur le bleuâtre. La couleur *C* eft toute différente des deux précédentes, elle eft plus rougeâtre que bleuâtre, parce qu'elle a eu beaucoup moins de diffolution d'indigo. Les couleurs *D*, *E* font d'une toute autre efpèce, puifqu'elles tirent totalement fur le bleu, & même fur le bleu foncé ; elles diffèrent cependant entr'elles, parce que la dernière eft beaucoup plus foncée, & qu'elle tire auffi davantage fur le rougeâtre que la couleur *D*. La couleur *E* du n°. 96 fur-tout eft très-jolie, c'eft une auffi belle couleur qu'on puiffe en faire dans la cuve d'une efpèce foncée ; auffi on a compofé fon bain de 5 onces de fernambouc, & de 7 ½ onces de diffolution d'indigo, par conféquent d'une quantité bien plus confidérable qu'on n'en a employé pour les quatre autres couleurs. De plus, cette couleur eft paffablement folide, de forte qu'elle fe foutient long-tems à l'air fans perdre, & quoiqu'elle change, il refte encore une bonne couleur bleue foncée, de forte qu'on peut en faire ufage én toute fûreté. La production de cette couleur prouve encore que diverfes couleurs, confidérées jufqu'ici comme peu folides, font fufceptibles d'acquérir une certaine folidité, lorfqu'on emploie une fuffifante quantité d'ingrédiens.

N°. XCVII.

Couleurs brunes rougeâtres, & rouges brunâtres.

Pour ces couleurs on prépare 1 liv. de drap avec de l'alun, comme pour le n°. 93.

A. On compofe le bain de teinture de 5 onces de fernambouc & de 2 ½ onces d'alun, qu'on fait bouillir enfemble pendant 1 heure; on y ajoute enfuite 10 gros de diffolution d'indigo *B*, on remue le bain & on le fait encore bouillir pendant quelques minutes; on y fait enfin bouillir le drap pendant 1 à 1 ½ heure; il prend une couleur brune rougeâtre qui tire fur le bleuâtre.

B. Si au lieu d'alun on met 2 ½ onces de tartre dans le bain, la couleur fera auffi brune rougeâtre, mais on n'y remarquera rien de bleuâtre, elle fera au contraire plus rougeâtre.

C. Si le bain eft compofé de 5 onces de fernambouc, de 2 ½ onces de vitriol blanc & de 10 gros de diffolution d'indigo *B*, le drap y prendra une couleur rouge brunâtre, qui tirera fur le rouge de cerife.

D. Si on met 2 ½ onces de diffolution d'indigo B dans un femblable bain, le drap y prendra une couleur brune rougeâtre très-foncée, elle tirera fur le violet.

E. Si on compofe le bain de 5 onces de fernambouc, 5 onces de plâtre & 2 ½ onces de diffolution d'indigo B, le drap y prendra auffi une couleur brune rougeâtre foncée, qui tirera auffi un peu fur le violet.

F. Si le bain eft compofé de 5 onces de fernambouc, 2 ½ onces de verd-de-gris & 2 ½ onces de diffolution d'indigo B, le drap y prendra une couleur brune rougeâtre foncée.

Obfervation.

Toutes ces couleurs font au nombre des couleurs brunes foncées, mais elles diffèrent beaucoup l'une de l'autre. Tous les ingrédiens qu'on y emploie, favoir, l'alun, le tartre, le vitriol blanc, le plâtre & le verd-de-gris, produifent un bon effet : le verd-de-gris, le vitriol blanc & le plâtre fur-tout procurent des couleurs admirables avec le mêlange du fernambouc & de la diffolution d'indigo. La couleur brune rougeâtre F du n°. 97, obtenue avec

A a

le verd-de-gris est très-jolie , elle forme une nuance agréable d'une couleur de cerise brune. La couleur rouge brunâtre *C* du n°. 97, produite avec le vitriol banc, tire aussi sur la couleur de cerise ; mais elle est plus rougeâtre. La couleur *D* du n°. 97, faite aussi avec le vitriol blanc, diffère totalement de la précédente ; c'est à la vérité une couleur brune rougeâtre , mais elle est très-foncée, & elle tire sur le violet. On a employé la même quantité de fernambouc & de vitriol blanc pour ces deux couleurs, mais il est entré le double de dissolution d'indigo pour la dernière, cela a rendu la couleur plus foncée & plus approchante du violet. La couleur brune rougeâtre *E* du n°. 97 qui est très-foncée a été faite avec le plâtre. Elle n'est pas tout-à-fait si foncée que la précédente , mais elle lui ressemble un peu, elle forme une nuance particulière , qui tire d'une manière agréable sur le violet.

Les deux couleurs *D* , *E* du n°. 97 sont des couleurs charmantes, elles approchent des couleurs de pourpre. Quoiqu'on n'ait pas suffisamment déterminé la nature de la couleur pourpre , autrefois tant vantée , il paroît par les anciens livres , qu'elle étoit très - foncée, d'un éclat supérieur , & qu'elle tiroit sur le rouge très-foncé , & en même tems sur le vio-

let. Parmi les corps naturels, qui ont quelque
rapport avec cette couleur, j'ai quelquefois
apperçu dans les pennes des canards, de même
que dans les plumes de leur tête & de leur
poitrine, des couleurs admirables qui paroiſſent
approcher de la pourpre véritable. Mais on
donne communément le nom de pourpre à la
couleur violette très-foncée, qui en approche
véritablement; cependant je crois que le violet
foncé tire encore trop ſur le bleu, & que la
pourpre véritable n'y tire qu'un peu, & en
même tems ſur le rouge foncé.

Quant à ce qui concerne les deux premières
couleurs A, B du n°. 97, produites avec l'alun
& le tartre, quoiqu'elles ſoient de bonnes couleurs brunes rougeâtres, elles ſont plus claires,
& n'ont pas autant d'agrément que les quatre
dont on a parlé. Par conféquent l'alun n'eſt pas
ſi avantageux dans le mélange du fernambouc
& de la diſſolution d'indigo, que le vitriol blanc,
le plâtre & le verd-de-gris; le tartre l'eſt encore
moins, ſur-tout, parce qu'il ne communique
pas une couleur ſolide, & qui ait autant de
vivacité. Le plâtre & le vitriol blanc ſont donc
les meilleurs & les plus favorables ingrédiens
dans le mélange du fernambouc avec la diſſolution d'indigo B, parce que par leur moyen
on fait non-ſeulement des couleurs belles &

bonnes , mais auffi paffablement folides. Par
la même raifon le verd-de-gris n'eft pas moins
recommandable , fur-tout lorfque le drap eft
préparé avec de l'alun feul.

Nᵒ. XCVIII.

Couleurs bleues rougeâtres foncées.

Pour ces couleurs on prépare 1 liv. de drap
en le faifant bouillir pendant 1 $\frac{1}{2}$ heure dans
un bain compofé de 2 $\frac{1}{2}$ onces d'alun & de 10
gros de tartre, & repofer pendant une nuit
dans le bain devenu froid.

A. On compofe le bain de teinture de 2 $\frac{1}{2}$
onces de fernambouc & de 2 $\frac{1}{2}$ onces d'alun,
qu'on fait bouillir enfemble pendant 1 heure,
on y ajoute enfuite 5 onces de diffolution d'indigo *B*, on remue le bain, qu'on continue de faire
bouillir encore pendant quelques minutes ; après
cela on y fait bouillir le drap pendant 1 heure,
il prend une couleur bleue foncée , qui tire
prefqu'imperceptiblement fur le rougeâtre.

B. Si le bain de teinture eft préparé avec 5
onces de fernambouc & 5 onces de plâtre bouillis enfemble pendant 1 $\frac{1}{2}$ heure , & qu'après
cela on y ajoute 5 onces de diffolution d'indigo *B* en fe conformant à ce qui eft d'ailleurs
prefcrit , le drap préparé avec de l'alun & du

tartre, & bouilli pendant $1\frac{1}{2}$ heure dans ce bain, prendra une couleur bleue très-foncée, qui tirera un peu fur le rougeâtre.

C. Si on compofe le bain de teinture de 5 onces de fernambouc, de $2\frac{1}{2}$ onces de vitriol blanc & de 5 onces de diffolution d'indigo *B*, qu'on le traite pour le furplus comme le précédent, & qu'on y faffe bouillir pendant une heure 1 livre de drap aluné comme pour le n°. 93, il y prendra une couleur violette très-foncée.

Obfervation.

Le tartre qu'on emploie avec l'alun pour la préparation du drap, produit un tel changement dans fes filamens, qu'ils ne prennent alors dans le bain de teinture préparé avec l'alun, le fernambouc & la diffolution d'indigo *B*, qu'une couleur bleue qui tire à peine fur le rouge, comme on le voit par la couleur *A* du n°. 98 ; cette couleur tient le milieu entre les bleux foncés & les bleux céleftes, elle eft cependant plutôt au nombre des premiers, que des derniers. Mais la couleur *B* du n°. 98 eft beaucoup plus foncée, pour celle-ci on a employé la même quantité de diffolution d'indigo, mais le double de fernambouc & de plus du plâtre au lieu d'alun. Elle eft au nombre des couleurs bleues très-foncées, qui tirent fur le rougeâtre. L'augmentation du fernambouc, de même que l'ufage du plâtre rendent cette couleur plus faturée, plus foncée & en même tems plus folide que la précédente. La couleur *C* du n°. 98, eſt au moins auſſi foncée, & même un peu davantage, mais elle eſt d'une autre nuance; malgré cela elle eſt auſſi au nombre des couleurs bleues rougeâtres très-foncées, qui diffèrent cependant des couleurs bleues tirant fur le rougeâtre, parce qu'elles forment une efpèce de nuance particulière, où le rouge ni le bleu ne prédomine, c'eſt pour cela qu'on les nomme couleurs violettes. Celle-ci eſt une couleur violette très-foncée d'une nuance particulière & ſi jolie, qu'elle approche de la couleur pourpre. Par conféquent le vitriol blanc eſt très-bon dans le mêlange de fernambouc avec la diſſolution d'indigo *B*, puifqu'on fait par fon intermède des couleurs très-jolies, comme on l'apperçoit à l'égard de prefque toutes les couleurs fpécifiées dans les numéros 96, 97 & 98; conféquemment le mêlange de la diffolution d'indigo *B* avec le fernambouc eſt très-avantageux, & communique diverfes couleurs, de nuances particulières, fur-tout lorfqu'on emploie du plâtre ou du vitriol blanc, & qu'on prépare le drap avec de l'alun.

SEPTIÈME SECTION.

*Couleurs qui réfultent du mélange du rouge
& du noir.*

On dit communément , que le rouge mêlé
avec le noir communique des couleurs brunes
ou rouges brunes. Cela eft vrai lorfqu'on mêle
un rouge pur avec une couleur déjà noire.
Mais quand on mêle en même tems les ingrédiens de teinture , qu'on emploie pour le
rouge fans en extraire préalablement la teinture , avec ceux qui fervent à la couleur noire,
& qu'on fait ufage des mêmes ingrédiens dans
les bains , tels que les vitriols verd & bleu ,
par le moyen defquels on produit les couleurs
noires , outre des couleurs brunes ou rouges
brunes, on fait auffi des couleurs grifes, & autres
nuances fombres : fi on ne fait pas ufage de ces
ingrédiens , & qu'on en emploie d'autres , tels
que le tartre & le vitriol blanc , on fait encore d'autres couleurs , qui s'éloignent plus ou
moins du brun , ou du rouge brun. Hellot
confeille, dans fon art de la Teinture, pag. 244
& les fuivantes , de teindre préalablement la
laine en rouge , & de la paffer enfuite dans un
bain de noix de galle & de vitriol verd , &
dit qu'on fera par ce moyen des couleurs

rouges brunes, & toutes fortes de nuances de
couleurs brunes ou femblables, felon le pied
rouge qu'on aura donné à la laine, & que de
cette manière toutes les couleurs rouges de
quelle nuance qu'elles foient, deviennent brunâtres. Cette méthode n'eft pas à rejetter, elle
eft fort bonne, mais je donnerai un autre procédé, par lequel on peut faire des couleurs
brunes, rouges brunâtres, brunes rougeâtres,
grifes & d'autres d'une bonne qualité. Je me
bornerai pour le rouge à traiter des mêlanges
de la cochenille, de la garance & du fernambouc, comme étant les fubftances qui font
le plus ordinairement employées, & pour le
noir, de celles dont on fait également le plus
d'ufage, telles que la noix de galle, le campêche, les vitriols verd & bleu (a).

(a) L'acide vitriolique qui tenoit l'indigo en diffolution agit fur les molécules colorantes noires, & en
diffout la plus grande partie. On peut s'affurer de cet
effet en verfant de l'acide vitriolique fur l'encre, dont
la couleur difparoît auffi-tôt. Il n'eft donc pas furpre-
nant que la teinture d'indigo ne puiffe pas être employée, lorfqu'on veut que les molécules noires fe fixent
fur l'étoffe, & entrent dans la combinaifon d'une couleur.

VINGT-CINQUIÈME MÉLANGE.

Avec la cochenille & la noix de galle.

Quoique le tartre & la diffolution d'étain ou feuls ou réunis, développent davantage les parties colorantes de la cochenille, & augmentent fa propriété de teindre en rouge, on ne peut cependant en faire ufage conjointement avec la noix de galle & le vitriol verd, parce que cela empêche le vitriol verd, uni à la noix de galle, de communiquer une couleur noire fufceptible d'en former, conjointement avec la cochenille, une qui puiffe être d'ufage. Par conféquent il faut mettre dans le bain de teinture la cochenille & la noix de galle en mêmetems, fans autre ingrédient, pour qu'enfuite au moyen de la noix de galle & du vitriol verd, il réfulte de ce mêlange une couleur d'une nuance particulière.

N°. XCIX.

Couleurs grifes rougeâtres.

Pour ces couleurs on humecte feulement le drap, ou on le fait bouillir dans de l'eau pendant $\frac{1}{2}$ heure, & repofer jufqu'à ce qu'il foit refroidi.

A. Pour 1 livre de drap on prépare le bain de teinture avec 5 onces de noix de galle & 1 once de cochenille, qu'on fait bouillir enſemble pendant $\frac{1}{2}$ heure, on y ajoute après cela 5 onces de vitriol verd, on remue promptement le bain, qu'on fait encore bouillir pendant $\frac{1}{4}$ d'heure ; on y fait enſuite bouillir le drap pendant 1 $\frac{1}{2}$ heure, il y prend une couleur griſe foncée, qui tire ſur le rougeâtre.

B. Si le bain n'eſt compoſé que de 2 $\frac{1}{2}$ onces de noix de galle, 1 once de cochenille & 2 $\frac{1}{2}$ onces de vitriol verd, le drap y prendra une couleur griſe, qui ſera beaucoup plus claire, & qui tirera auſſi ſur le rougeâtre.

Obſervation.

J'ai fait remarquer dans le deuxième volume de mes Eſſais & Remarques, pages 276 & 295, qu'on faiſoit des couleurs griſes avec la cochenille & le vitriol verd, qui étoient inaltérables à l'air. Les couleurs ici mentionnées *A*, *B* du n°. 99, diffèrent totalement de celles qu'on fait avec la cochenille, ſans mêlange de noix de galle. Celles-là ſont griſes foncées, & tirent ſur le rougeâtre, tandis que les couleurs produites avec la cochenille ſeule ſont griſes très-

pâles, & ne tirent pas fur le rougeâtre. Les
deux couleurs dont on vient de parler font
d'une jolie nuance ; la première eſt griſe foncée, elle a en même-tems un aſpeɕt rougeâtre
très-agréable ; la dernière eſt beaucoup plus
claire, elle eſt cependant encore au nombre
des couleurs griſes foncées, & elle tire auſſi
agréablement ſur le rougeâtre. Elle a eu moins
de noix de galle & de vitriol verd que la première, c'eſt pour cela qu'elle eſt plus claire.
A l'égard du mélange de la noix de galle avec
la cochenille, on peut varier de différentes
manières les proportions. On peut mettre encore moins de noix de galle & de vitriol verd ;
par exemple, 1 partie de cochenille, 2 parties
de noix de galle & 2 ou 3 parties de vitriol
verd, cela rendra les couleurs encore plus
claires. Mais on peut auſſi mettre 1 partie de
cochenille & 5 parties de noix de galle, comme
on a fait pour la couleur *A* du n°. 99, & y
ajouter 6 parties de vitriol verd ; dans ce cas
la couleur fera encore plus foncée. Mais il faut
faire attention que lorſqu'on met trop peu de
noix de galle & de vitriol verd, la couleur eſt
véritablement plus claire, mais elle eſt auſſi
moins folide, tandis que les deux couleurs
dont on vient de faire mention ſe ſoutiennent
bien, & peuvent ſervir long-tems ſans s'altérer,

& lorſqu'elles changent un peu, elles conſervent toujours un bel aſpect (a).

VINGT-SIXIÈME MÉLANGE.

Avec la noix de galle & la garance.

Pour le mélange de la garance avec la noix
de galle, on humecte auſſi ſimplement le drap
avec de l'eau, & on fait uſage du vitriol verd
dans le bain de teinture. On peut, à la vérité,
employer d'autres ingrédiens, tels que le ſel
ammoniac & le vitriol bleu, & faire par leur
moyen de bonnes couleurs. Mais comme il ne
s'agit de faire connoître ici que la préparation
des couleurs qui réſultent du mélange de la
garance avec la teinture noire, qui provient
naturellement de la noix de galle & du vitriol
verd; je ne ferai pas mention ici d'autres ingrédiens, & je communiquerai ſeulement la
méthode de compoſer le mélange de la garance avec la noix de galle & le vitriol verd.

(a) L'on a remarqué ci-devant que pour quelques
eſpèces de gris, on faiſoit uſage des bains qui avoient
ſervi à la teinture de l'écarlate & à ſes ſuites. Il eſt
plus avantageux de tirer parti de ces bains, que d'employer la cochenille elle-même, qui a une valeur conſidérable.

N°. C.

Couleurs brunes foncées.

Pour ces couleurs, on humecte fimplement le drap avec de l'eau, comme pour le n°. 99.

A. Pour 1 liv. de drap, on prépare le bain de teinture avec 5 onces de garance & 5 onces de noix de galle, qu'on fait bouillir enfemble pendant 1 heure; on y ajoute enfuite 5 onces de vitriol verd, on remue bien le bain, qu'on fait encore bouillir pendant ½ heure; & on y fait bouillir le drap pendant 1 heure; il y prend une couleur brune foncée, qui tire fur la couleur de noyer.

B. Si le bain eft compofé de 5 onces de garance, de 2 ½ onces de noix de galle & de 2 ½ onces de vitriol verd, le drap y prendra une couleur plus claire, qui tirera fur le rougeâtre.

Obfervation.

La garance bouillie avec du vitriol verd fans mélange de noix de galle, communique déjà une couleur brune au drap, comme je l'ai fait connoître dans le deuxième volume de mes Effais & Remarques, pag. 166, mais c'eft une couleur claire, qui tire fenfiblement fur le rouge ou le jaune rougeâtre. Les deux couleurs *A*, *B* du n°. 100, en diffèrent en ce qu'elles font beaucoup plus foncées, & qu'elles tirent moins fur le rougeâtre ; elles font auffi plus folides que les couleurs produites avec la garance & le vitriol verd fans noix de galle, & elles ne changent prefque pas à l'air, tandis que celles-là y perdent le rougeâtre, & deviennent plus fombres. Conféquemment le mélange de la garance avec la noix de galle & le vitriol verd, peut fort bien être employé, & on peut encore faire d'autres nuances de couleur brune foncée, en mettant plus ou moins de vitriol verd, mais il faut avoir attention de n'en pas mettre trop peu, fans cela les couleurs ne feront pas folides. Une plus grande quantité, qu'on n'en a prefcrit pour le bain *A* du n°. 100, ne peut nuire à la folidité, pourvu que fa quantité n'excède pas celle de la garance & de la noix de galle enfemble.

Comme le campêche mêlé avec le vitriol verd fournit auffi des couleurs noires, on peut faire des couleurs brunes avec le mélange de ce bois & de la garance par le moyen du vitriol verd, mais elles formeront d'autres nuances. Par exemple, on peut faire bouillir enfemble 3 onces de garance & 3 onces de campêche, y ajouter enfuite 3 onces de vitriol verd, traiter le bain, & humecter le drap d'eau, comme il est expliqué pour la couleur *A* du n°. 100; on fera une couleur brune, qui sera plus foncée que la couleur *B* du n°. 100, & un peu claire que la couleur *A* du n°. 100, mais elle formera d'ailleurs une autre nuance.

VINGT-SEPTIÈME MÉLANGE.

Avec le fernambouc & la noix de galle.

Le fernambouc mêlé avec le vitriol verd produit diverses couleurs rouges noirâtres foncées, & aussi des couleurs presque noires, surtout lorsque la quantité de vitriol verd excède un peu celle du fernambouc, comme on le voit dans le deuxième volume de mes Essais & Remarques, page 21; mais si l'on met par exemple, une partie de vitriol verd sur deux parties de fernambouc, ou encore moins, les couleurs, quoique foncées, sont de plus en plus rouges, de sorte que dans le commencement elles forment des nuances rouges noirâtres, & enfin seulement des nuances d'un rouge plus ou moins foncé. Par conséquent on peut faire un usage avantageux du mélange du fernambouc avec les bains de teinture noire composés de noix de galle ou de campêche & faire par cette méthode diverses couleurs de nuances foncées particulières.

N°. C I.

Couleurs rouges noirâtres , brunes rouges ,
& rouges brunâtres.

Pour ces couleurs on prépare le drap en l'humectant simplement d'eau, comme pour le n°. 99.

A. Pour 1 liv. de drap on compose le bain de teinture de 5 onces de fernambouc & de 5 onces de noix de galle, qu'on fait bouillir ensemble pendant 1 $\frac{1}{2}$ heure ; on y ajoute ensuite 5 onces de vitriol verd, on remue le bain, qu'on fait encore bouillir pendant $\frac{1}{2}$ heure, on y fait enfin bouillir le drap pendant 1 heure ; il prend une couleur rouge noirâtre, qui tire sur le violet.

B. Si on prépare le bain avec 5 onces de fernambouc, 2 $\frac{1}{2}$ onces de noix de galle & 2 $\frac{1}{2}$ onces de vitriol verd, la couleur sera semblable à la précédente, mais plus claire.

C. Si on compose le bain comme celui de la couleur *A* du n°. 98, & qu'on y fasse bouillir 1 liv. de drap aluné, comme pour le n°. 93, il y prendra une couleur brune rouge, qui tirera sur le brun de la cerise.

Observation.

Observation.

Les deux premières couleurs *A*, *B* du nº. 101, tirent du rouge au noir & ont en même tems un coup d'œil violet; ce font deux nuances foncées, cependant la dernière eft beaucoup plus claire que la première, & il n'y eft pas entré autant de noix de galle, ni de vitriol verd; mais fi on en met davantage, fur-tout du vitriol verd, les couleurs feront encore plus foncées, & même prefque noires; on les diftingue cependant toujours, parce qu'elles tirent fur le rouge. A la vérité on peut faire des couleurs noires avec la noix de galle & le vitriol verd feuls, qui tirent fur le rougeâtre; mais cette tendance au rouge eft trompeufe, & d'une autre nature que la nuance qui provient du mêlange du fernambouc avec la noix de galle. Quoique les couleurs foient fi foncées, qu'elles paroiffent prefque noires à la vue, elles tirent cependant d'une manière fi éclatante fur le rougeâtre & le violet, qu'elles approchent prefque des couleurs de pourpre.

La couleur *C* du nº. 101 diffère des précédentes, elle eft brune rouge, & femblable à ces couleurs de cerife, qui tirent davantage fur le rouge foncé que fur le brun. Comme le bain

B b

pour cette couleur a été fait de la même manière, que le bain pour la couleur rouge noirâtre *A* du n°. 101, & que le drap teint dedans avoit été préparé avec de l'alun, on doit attribuer la raison de cette différence dans la couleur à l'alun seul.

VINGT-HUITIÈME MÉLANGE.

Avec le fernambouc & le campêche.

Le bois de campêche, bouilli avec parties égales de vitriol verd, communique au drap & à la laine une couleur noire, qui tire un peu sur le violet. Parties égales de bois de campêche & de vitriol bleu bouillies ensemble, produisent une couleur noire, qui tire sur le bleu. Mais 2 parties de bois de campêche, & 1 partie de vitriol bleu bouillies ensemble, communiquent une couleur bleue très-foncée au drap, comme je l'ai fait observer au n°. 64. Par conséquent on peut aisément juger qu'avec le mélange du fernambouc & du bois de campêche, on fait des couleurs foncées de diverses nuances brunes, qui tirent nécessairement sur le rougeâtre ou le violet, lorsqu'on n'ajoute pas d'autres ingrédiens que les vitriols verd & bleu, comme on le verra par les préparations suivantes, qui serviront d'instruction pour faire diverfes couleurs foncées, qui pourront être d'ufage.

N°. CII.

Couleurs grifes foncées, rouges noirâtres,
& brunes foncées.

Pour ces couleurs, on humecte uniquement le drap avec de l'eau, comme pour le n°. 99.

A. Pour 1 livre de drap, on compofe le bain de teinture de 5 onces de fernambouc, & 5 onces de bois de campêche, qu'on fait bouillir enfemble pendant 1 heure; on y ajoute enfuite 5 onces de vitriol verd, on remue le bain, qu'on fait encore bouillir pendant ½ heure, on y met enfin le drap, qu'on fait bouillir pendant 1 ½ heure; il prend une couleur grife noirâtre, qui approche de la couleur du plomb.

B. Si on compofe le bain de 5 onces de fernambouc, 5 onces de bois de campêche & de 5 onces de vitriol bleu, le drap prendra une couleur rouge noirâtre, qui tirera fur le violet.

C. Si au lieu de 5 onces de vitriol bleu, on en met 7 ½ onces dans le bain, le drap recevra une couleur brune rougeâtre foncée, à-peu-près femblable à la couleur des prunes qui n'ont pas encore atteint leur parfaite maturité.

B b ij

D. Si l'on met 10 onces de vitriol bleu dans un bain semblable, le drap y prendra une couleur brune rougeâtre foncée, qui tirera sur la couleur brune foncée de la cerise.

E. Si l'on compose le bain de 5 onces de fernambouc, 5 onces de bois de campêche & 10 onces de plâtre, le drap prendra une couleur rouge brune, qui tirera à peine sur le bleuâtre.

F. Si le bain est composé de 5 onces de fernambouc, 5 onces de campêche, $2\frac{1}{2}$ onces de vitriol verd & $2\frac{1}{2}$ onces de vitriol bleu, le drap aura une couleur brune noire, qui tirera sur le violet.

G. Si on prépare le bain avec 5 onces de bois de campêche, 10 onces de fernambouc, $2\frac{1}{2}$ onces de vitriol verd & $2\frac{1}{2}$ onces de vitriol bleu, 1 livre de drap aluné, comme pour le n°. 93, recevra une couleur brune rougeâtre très-foncée, qui approchera de la couleur de pourpre.

H. Si on remplit le restant de ce bain avec de l'eau chaude, une seconde livre de drap aluné, & bouilli dedans pendant $1\frac{1}{2}$ heure, prendra une couleur brune rougeâtre, qui tirera sur le violet.

Observation.

Les huit couleurs dont on vient de parler
sont toutes belles, & peuvent très-bien servir,
lorsqu'on prépare soigneusement les bains, suivant ce qui est prescrit; elles sont d'une solidité
passable. La couleur A du n°. 102 est grise
foncée très-jolie, elle a été produite par le
moyen du vitriol bleu, qui uni au fernambouc
seul, communique au drap une couleur noire
rougeâtre, & uni au bois de campêche, il lui
en communique une noire. Comme il n'a été
employé pour cette couleur que 1 partie de
vitriol bleu sur 2 parties, tant de fernambouc
que de bois de campêche, la couleur s'est
écartée du noir pour se rapprocher du gris;
principalement par la raison que le bain contient en même-tems du fernambouc & du bois
de campêche, ce qui change tellement les parties rouges du fernambouc, qu'on n'apperçoit
presque rien de rouge. Les couleurs B, C, D
du n°. 102, produites par le mélange du fernambouc avec le bois de campêche & le vitriol bleu, qui sont rouges noirâtres & brunes
rougeâtres, sont différentes. La couleur rouge
noirâtre B a eu le moins de vitriol bleu, &
elle est la plus foncée; elle est même très-foncée,

mais belle, & elle tire agréablement fur le violet. La couleur *C* a bien eu la même proportion de fernambouc & de bois de campêche, mais plus de vitriol bleu, & elle eft bien plus claire que la précédente, & auffi d'une autre nuance. Elle eft plus rougeâtre, & elle tire moins fur le bleuâtre. La couleur *D* eft encore un peu plus claire, elle a eu encore plus de vitriol bleu, & même le double de la couleur *B*; elle eft encore plus rougeâtre, & elle tire prefqu'imperceptiblement fur le bleuâtre ou le violet. Au furplus, elles font l'une & l'autre au nombre des couleurs brunes rougeâtres foncées, & elles diffèrent entr'elles, parce que la première incline fur le brun de prunes, & la dernière tire davantage fur le brun de cerife. Cela prouve que plus on met de vitriol bleu dans le mêlange du fernambouc avec le bois de campêche, plus les couleurs qui en proviennent font claires. Il faut cependant remarquer que 1 partie de vitriol bleu fur 1 partie, tant de fernambouc que de bois de campêche, eft la plus grande quantité qu'on en puiffe employer dans ce cas. Une plus forte rend les couleurs moins agréables, & elle eft en même-tems préjudiciable, parce qu'elle ronge & attaque trop vivement les filamens du drap. 1 partie de vitriol bleu, fur 2 parties de

ces deux bois de teinture, est la meilleure proportion ; la couleur qui en provient est à la
vérité la plus foncée, mais en même-tems la
plus solide ; la proportion prescrite pour la couleur *D* du n°. 102 est la plus forte qui puisse
avoir lieu sans nuire, & on ne doit pas ha-
sarder d'en mettre une plus grande quantité.

La couleur *E* du n°. 102, produite avec le
plâtre, est rouge brune, & d'une nuance particulière ; elle est toute différente des véritables
couleurs rouges foncées ; elle diffère également
des couleurs brunes rouges ; parce qu'elle tire
davantage sur le rouge, & qu'étant comparée
avec les rouges foncées, elle incline davantage
vers le brun. On voit par-là que le plâtre peut
être employé avantageusement.

La couleur brune noire *F* du n°. 102, produite par le mélange du fernambouc avec le
bois de campêche & les vitriols verd & bleu,
est aussi au nombre des couleurs très-foncées.
Elle tire tellement sur le violet, qu'on pourroit
presque la placer parmi les violets les plus
foncés, conséquemment une couleur d'une
nuance tout-à-fait particulière.

La couleur *G* du n°. 102 diffère de la précédente, elle est aussi très-foncée, mais elle ne
l'est cependant pas autant que la couleur *F* ;
de plus, elle tire davantage sur le rougeâtre,

de forte qu'elle peut être placée parmi les
couleurs brunes rougeâtres les plus foncées.
Elle est très-jolie, elle tire en même-tems sur
le violet, & elle approche des couleurs qui
méritent le nom de pourpre. Si on veut réussir
à obtenir cette couleur, il faut exactement se
conformer aux quantités prescrites, tant du fernambouc que du bois de campêche, de même
qu'aux proportions des vitriols verd & bleu.
Quoique la quantité des bois de teinture &
celle des vitriols paroisse excessive, le total des
frais n'est pas considérable; car on peut teindre
2 pièces de drap du poids de 32 liv. chacune
dans un bain de teinture préparé avec 10 liv.
de bois de campêche, 20 liv. de fernambouc,
5 liv. de vitriol verd & 5 liv. de vitriol bleu,
& communiquer à la première pièce l'admirable
couleur *G* du n°. 102, qui est une espèce de
pourpre, & à la deuxième pièce la couleur
brune rougeâtre *H* du n°. 102. L'on voit par-
là que lorsqu'on met suffisamment d'ingrédiens
& de substances colorantes dans les bains de
teinture, on fait des couleurs solides & de très-
bonne qualité, aussi toutes les couleurs produites par le mélange du fernambouc avec le
bois de campêche & les vitriols bleu & verd
dont on vient de faire mention, sont d'une
solidité passable.

HUITIÈME SECTION.

Couleurs qui résultent du mélange du jaune & du bleu.

L'on fait que les couleurs vertes proviennent du mélange du jaune & du bleu; dans l'art de la teinture, on emploie enfemble diverfes fubf-tances jaunes & l'indigo pour faire les plus belles & les meilleures couleurs vertes. L'indigo s'emploie de différentes manières; quelques-uns teignent préalablement en bleu dans la cuve le drap auquel ils veulent appliquer une cou-leur verte; d'autres fe fervent de la diffolution d'indigo faite avec l'huile de vitriol, ils la mêlent avec les fubftances jaunes dans les bains de teinture, & ils y font bouillir le drap fans l'avoir teint en bleu dans la cuve; plufieurs donnent au drap un fond bleu de cuve, & achèvent de le teindre dans un bain de tein-ture, compofé des fubftances jaunes & de la diffolution d'indigo. Quand on veut teindre en vert une pièce de drap qui a paffé dans la cuve, on la fait premièrement bouillir avec de l'alun & du tartre, & on la met enfuite dans un bain de teinture, compofé d'une fubftance jaune, telle que le bois jaune ou la farrette, ou la géneftrole, &c. on y ajoute un peu

d'alun. D'autres teignent premièrement le drap
en jaune, & le mettent ensuite dans la cuve,
& ils l'y font passer 3, 4 ou plusieurs tours
plus ou moins, selon la nuance qu'ils veulent
obtenir. Cette dernière méthode ne vaut pas
la première, parce que le drap teint de cette
manière perd communément sa couleur, &
qu'outre cet inconvénient, la cuve en souffre,
car le drap y répand quelques particules des
substances jaunes qu'il contient, & qui peuvent
produire dans la cuve un tel changement, qu'on
ne peut alors plus en tirer une couleur bleue
si parfaite qu'auparavant. C'est pour cela que
quelques-uns sont dans l'usage de ne mettre
le drap teint en jaune dans la cuve, que lorsqu'ils ne veulent plus s'en servir pour teindre
en bleu, & ils montent une nouvelle cuve,
quand ils ont teint en verd dans l'ancienne.
Lorsque le drap a premièrement été teint en
jaune par ce procédé, on peut faire diverses
nuances de verd à volonté, parce qu'il ne s'agit
que de passer plus ou moins long-tems dans
la cuve le drap teint en jaune, car plus long-
tems on l'y passe, plus la couleur verte se fonce.
Lorsque le drap a été préalablement teint en
bleu, on peut également faire diverses nuances, puisqu'on n'a qu'à le teindre en bleu plus
ou moins foncé, & le mettre après cela dans

un bain de teinture jaune plus ou moins chargé;
par ce procédé, on peut aussi faire de bonnes
couleurs vertes de diverses nuances. Les couleurs vertes faites par ces deux procédés sont
généralement réputées les plus solides, quoique
dans le nombre il s'en trouve quelques-unes
qui ne font pas fort solides, fur-tout parmi les
nuances claires ou pâles.

Avec les diverses diffolutions d'indigo, on
teint en verd de plufieurs manières. On se fert
communément de la diffolution d'indigo faite
avec l'huile de vitriol fans mêlange d'autre ingrédient. Pour la couleur verte, on compofe
les bains de teinture de bois jaune ou de farrette, ou d'une autre fubflance jaune, avec laquelle on mêle plus ou moins de diffolution
d'indigo, felon la nuance qu'on veut obtenir.
Quelques-uns teignent premièrement le drap
en bleu clair ou bleu foncé avec la diffolution
d'indigo, & le mettent enfuite dans un bain
jaune, qui communique une couleur verte, qui
tire plus ou moins fur le bleuâtre, felon la
force du bain & le tems de l'ébullition. Cette
dernière méthode ne vaut pas la première, parce
qu'on n'eft pas fi certain de pouvoir diriger à
fon gré la teinture pour obtenir les nuances
qu'on defire, comme on peut le faire par la
première méthode. Outre cela les couleurs ne

font pas fi folides, c'eft pour cela qu'on doit préférer de mêler la diffolution d'indigo en même-tems dans le bain jaune, fur-tout parce qu'on peut convenablement préparer le drap pour cet effet, & compofer le bain de teinture avec plus de probabilité & même de certitude, conformément aux nuances qu'on veut faire.

Comme je fais par expérience qu'on peut faire, par le moyen des diffolutions d'indigo, fur-tout quand elles font bien préparées, des couleurs vertes très-bonnes, paffablement folides, & plus agréables qu'en fe fervant du bleu de cuve, je donnerai plufieurs préparations, dont on peut faire un ufage utile. Des diffolutions d'indigo, celle que je trouve préférable aux autres, eft celle qui a été défignée ci-devant, teinture B. C'eft donc celle-là qui fera employée avec différentes fubftances jaunes & d'autres ingrédiens dans les préparations fuivantes.

VINGT-NEUVIÈME MÉLANGE.

Avec la gaude & la diffolution d'indigo B.

La gaude communique, comme il a été dit à la deuxième fection, de belles couleurs jaunes plus ou moins faturées, ou foibles, ou pâles, fuivant que le drap a été préparé, & les divers ingrédiens qu'on a employés dans les bains de teinture. Mais comme on doit auffi confidérer la qualité de la diffolution d'indigo pour faire les couleurs vertes, & que la diffolution d'indigo *B* s'accorde mieux avec l'alun qu'avec les autres fels qu'on emploie, tant pour la préparation du drap, que pour la compofition des bains de teinture, on doit préparer le drap de préférence avec l'alun, quoiqu'on employe quelquefois d'autres fels, & qu'on puiffe les employer avec plus d'avantage dans les bains de teinture.

N°. C I I I.

Couleurs vertes jaunâtres.

Pour ces couleurs, on prépare 1 livre de drap, en le faifant bouillir pendant 2 heures dans un bain de mordant, compofé de 2 ½ onces d'alun, & repofer pendant 24 heures dans le bain devenu froid.

A. On prépare le bain de teinture avec 5 onces de gaude, qu'on fait bouillir feule pendant 1 heure, on y ajoute enfuite 10 gros de diffolution d'indigo *B*, on remue bien le bain, qu'on fait encore bouillir pendant ¼ d'heure; après cela on y fait bouillir le drap pendant

1 heure; il prend une couleur verte jaunâtre claire, qui tire fur le verd de perroquet.

B. Si on compofe le bain de 5 onces de gaude, 2 ½ onces de tartre & de 10 gros de diffolution d'indigo *B*, & qu'on procède en tout point comme on vient de le prefcrire, le drap prendra une couleur verte, qui tirera un peu moins fur le jaunâtre.

C. Si le bain eft compofé de 5 onces de gaude, d'une once de verd-de-gris & de 2 ½ onces de diffolution d'indigo *B*, le drap prendra une couleur verte faturée, qui tirera encore moins fur le jaunâtre.

Obfervation.

Ces trois couleurs forment diverfes nuances de couleur verte jaunâtre, dont la première *A* du n°. 103 tire le plus fur le jaunâtre. C'eft une jolie couleur, d'une nuance de verd de perroquet, quoiqu'elle foit encore un peu moins foncée que le véritable verd de perroquet. La couleur fuivante *B* du n°. 103 eft un peu plus foncée, & tire moins fur le jaune. Mais il eft entré du tartre dans le bain, qui a affoibli & rendu pâles les parties jaunes de la gaude, & qui a conféquemment fait paroître davantage les parties bleues de l'indigo, & rendu la couleur moins jaune. Si on met plus de diffolution d'indigo dans un pareil bain, & qu'on en emploie 5 onces, on fera une couleur verte bleuâtre; & fi on en met encore plus, par exemple, 10 onces, la couleur fera prefqu'entièrement bleue, de manière cependant qu'elle tirera fur le verd, & fera une nuance tout-à-fait particulière.

La couleur verte C du n°. 103, faite avec du verd-de-gris, eft plus foncée que cette dernière, elle tire encore moins fur le jaune. Le verd-de-gris occafionne ce changement, il fait que la couleur tire plus fur le bleuâtre. Mais il n'en faut pas mettre plus d'une partie fur 5 parties de gaude, fans cela le jaune ainfi que le bleu font trop affoiblis ; mais on peut ménager cet effet, ainfi que celui du tartre pour fe procurer des variétés, en évitant d'augmenter trop ces deux ingrédiens, principalement le verd-de-gris.

N°. C I V.

Couleurs vertes bleuâtres.

Pour ces couleurs, on prépare 1 livre de drap avec de l'alun, comme pour le n°. 103.

$A.$ On compofe le bain de teinture de 5 onces de gaude, de $2\frac{1}{2}$ onces d'alun & de 10 gros de diffolution d'indigo *B*, & on fe conforme à tout ce qui eft preferit pour le n°. 103; le drap prend une jolie couleur verte claire, qui tient le milieu entre celles qui tirent fur le jaunâtre, & celles qui tirent fur le bleuâtre.

B. Si l'on met 2 $\frac{1}{2}$ onces de diffolution d'indigo *B* dans le bain, au lieu de 10 gros, le drap y prendra une couleur verte bleuâtre, qui fera beaucoup plus foncée que la couleur *A*.

C. Si on met 5 onces de diffolution d'indigo *B* dans le bain, le drap y prendra une belle couleur verte foncée, qui tirera fur le bleuâtre.

D. Si on compofe le bain de 5 onces de gaude fans alun, ni autre ingrédient, & qu'on y ajoute 5 onces de diffolution d'indigo *B*, le drap aluné y prendra une couleur verte très-foncée, qui tirera auffi fur le bleuâtre, & qui fera beaucoup plus foncée que la couleur *C*.

Obfervation.

Les couleurs vertes *A*, *B*, *C* du n°. 104, pour lefquelles on a employé de l'alun, font très-agréables, mais elles diffèrent totalement l'une de l'autre. Dans les bains il eft bien entré la même quantité de gaude & d'alun; mais à l'égard de la diffolution d'indigo, la proportion

a

a été changée. La couleur *A* en a eu le moins ; c'eſt pour cela qu'elle eſt auſſi la plus claire, même d'une façon qu'elle tire preſqu'autant ſur le jaunâtre que ſur le bleuâtre ; elle forme une jolie nuance de vert de pomme , elle eſt cependant beaucoup plus ſaturée & plus vive que le vert de pomme ordinaire , qui eſt du genre des couleurs vertes pâles. La couleur *B* a eu le double de diſſolution d'indigo, auſſi elle n'a pas de reſſemblance avec la précédente, car elle eſt plus foncée & verte bleuâtre. La couleur *C* eſt encore plus foncée , mais elle a auſſi eu le double de diſſolution d'indigo que la couleur *B* ; elle forme une jolie nuance des couleurs vertes foncées , qui tirent ſur le bleuâtre. Si l'on met encore plus de diſſolution d'indigo, par exemple, 7 ½ onces au lieu de 5 onces, la couleur ſera entièrement bleue, & on verra à peine qu'elle tire ſur le jaunâtre. Dans cet état, elle ne ſeroit plus agréable & particulière. Si on vouloit faire une couleur verte beaucoup plus foncée avec ce mélange, on n'auroit qu'à augmenter la quantité des ingrédiens ; on peut ſans cela faire une couleur verte encore plus foncée, qui ſeroit très-bonne & très-jolie ; pour cet effet, il ne faut point mettre d'alun dans le bain, & le compoſer de 5 onces de gaude & 5 onces de diſſolution d'indigo.

C c

De cette manière, on fera une couleur verte
pareille à la couleur D du n°. 104. Mais c'est
la plus forte proportion de diffolution d'indigo
qu'on puiffe mettre pour faire une couleur verte
foncée avec le mélange de la gaude & de la
diffolution d'indigo. Si on met plus de diffolution d'indigo que de gaude, la couleur fera
d'un bleu qui ne pourra fervir. Si l'on defire
faire une couleur verte encore plus foncée,
il n'y aura qu'à faire le bain plus fort, & le
compofer pour 1 livre de drap de 7 onces de
gaude & de 7 onces de diffolution d'indigo B;
de cette manière on fera une couleur verte des
plus foncées. Au refte, il faut faire attention
que pour la couleur D il a été employé autant
de gaude & de diffolution d'indigo que pour
la couleur C, qui n'eft pas à beaucoup près fi
foncée que la couleur D; ce qui prouve que
l'alun employé pour la couleur C, & non pour
la couleur D, a affoibli les parties colorantes,
& que la couleur eft conféquemment devenue
plus pâle; on peut bien l'employer utilement,
mais il ne faut pas en mettre une trop forte
quantité, il doit tout au plus former la quatrième ou la cinquième partie de la gaude &
de la diffolution d'indigo enfemble.

N°. C V.

Nuances de couleurs vertes & autres.

Pour ces couleurs on prépare 1 liv. de drap avec de l'alun, comme pour le n°. 103.

A. On compofe le bain de teinture de 5 onces de gaude & de $2\frac{1}{2}$ onces de diffolution d'indigo *B*, & pour le furplus on fe conforme à ce qui eft prefcrit pour le bain *A* du n°. 103 ; le drap prend une belle couleur verte qui tire fur le vert de pré.

B. Si on compofe le bain de 5 onces de gaude, $2\frac{1}{2}$ onces de teinture d'indigo *B* & de 5 onces de plâtre, le drap prendra auffi une belle couleur verte de pré d'une autre nuance qui fera plus foncée que la couleur *A*.

C. Si on prépare le bain avec 5 onces de gaude, $2\frac{1}{2}$ onces de diffolution d'indigo *B* & 1 once de vitriol bleu, on fera encore une autre nuance de couleur verte de pré qui fera toute différente des couleurs *A* & *B* du n°. 105, elle tirera fur le bleuâtre.

D. Si on met $2\frac{1}{2}$ onces de vitriol bleu dans le bain, il en réfultera une couleur verte d'une nuance unique, qui fera plus claire que foncée.

Observation.

La couleur *A* du n°. 105 eſt venue d'un bain compoſé de gaude & de diſſolution d'indigo ſans aucun ingrédient. La préparation du bain a la même propriété à ſon égard, que les bains pour la couleur *A* du n°. 103, & la couleur *D* du n°. 104., dans leſquelles il n'eſt non plus entré que de la gaude & de la diſſolution d'indigo, avec cette différence que pour la couleur *A* du n°. 103, on n'a employé que 10 gros de diſſolution d'indigo, & 5 onces pour la couleur *D* du n°. 104, & 2 ½ onces pour la couleur *A* du n°. 105. Par conſéquent, la différente quantité de diſſolution d'indigo occaſionne cette diverſité de nuances de couleurs vertes, de manière qu'elles n'ont aucune reſſemblance entr'elles, car la couleur *A* du n°. 103 eſt verte jaunâtre; la couleur *D* du n°. 104 verte bleuâtre, & la couleur *A* du n°. 105 eſt verte de pré, ſans incliner ni ſur le bleu, ni ſur le jaune. La première qui eſt verte jaunâtre, eſt la plus claire; la deuxième, qui eſt verte bleuâtre, eſt la plus foncée; & la troiſième tient en quelque façon le milieu entre les deux premières. Ainſi en changeant la proportion de la diſſolution d'indigo, & en

en mettant 1 ½, 2, 3, 4, jufqu'à 4 ½ onces
fur 5 onces de gaude, on fera diverfes nuances
de couleurs vertes, qui inclineront plus ou
moins fur une de ces trois couleurs. On peut
auffi mettre moins de diffolution d'indigo, qu'on
n'en a employé pour la couleur *A* du n°. 103,
par exemple, 1 once, 4 gros ou encore moins;
dans ce cas on fera des couleurs vertes, qui
tireront encore davantage fur le jaune, elles ne
tireront même qu'imperceptiblement fur le verdâtre, & elles formeront des nuances particulières. Mais à l'égard des couleurs vertes fort
jaunes, ou des couleurs jaunes verdâtres, il faut
faire attention qu'elles ne font pas fi folides
que les couleurs parfaitement vertes, parce
que le peu de parties bleues difparoît fucceffivement, de forte qu'il ne refte plus que la couleur jaune. Plus de diffolution d'indigo que de
gaude ne vaut rien, comme il a été dit au
fujet de la couleur *A* du n°. 104, parce que
la couleur devient toujours plus bleue, & enfin
tout-à-fait bleue. On peut cependant en mettre
5 ½ à 6 onces fur 5 onces de gaude, la couleur fera alors verte foncée, & elle tirera beaucoup fur le bleu.

La couleur *B* du n°. 105 eft auffi une couleur verte de pré, mais d'une autre nuance;
elle eft un peu plus foncée que la couleur *A*

du n°. 105, & elle incline déja un peu fur le
bleuâtre, tandis que l'autre incline plutôt fur
le jaunâtre. Comme on a employé la même
quantité de gaude & de diffolution d'indigo
pour les deux, & que pour la couleur *B* on
a employé du plâtre, cela prouve qu'il rend
les parties colorantes de l'indigo plus actives,
ce qui fait que la couleur eft plus foncée &
plus faturée, cette couleur eft auffi encore plus
folide que la couleur *A*. Par conféquent le
plâtre eft un bon ingrédient pour ce mélange.

Les deux autres couleurs vertes *C*, *D* du
n°. 105, faites par le moyen du vitriol bleu,
font totalement différentes des couleurs *A*,
B; la couleur *C* incline feulement fur le vert
de pré, & la couleur *D* peut à peine être
placée dans leur nombre, elles forment toutes
les deux des nuances uniques vertes, & elles
inclinent plus fur le bleu que fur le jaune.
La couleur *C* eft plus foncée que la couleur *D*, de forte que celle-ci eft plutôt au
nombre des couleurs vertes pâles, & celle-là
des couleurs vertes foncées, quoiqu'elles tiennent toutes deux le milieu entre les verts pâles
& les verts foncés. Pour la couleur *C*, on a
employé 1 once de vitriol bleu, & 2 $\frac{1}{2}$ onces
pour la couleur *D*; ce qui fait voir que le
vitriol bleu affoiblit trop les parties colorantes

de la gaude & de l'indigo ; de plus, la couleur D eſt auſſi moins vive que la couleur C, celle-ci n'eſt pas non plus ſi vive que les couleurs A, B. Conſéquemment on peut faire uſage du vitriol bleu, pourvu qu'on n'en mette pas trop, & tout au plus 2 $\frac{1}{2}$ onces ſur 5 onces de gaude & 2 $\frac{1}{2}$ onces de diſſolution d'indigo. Mais à l'égard du mélange de la gaude avec la diſſolution d'indigo, il vaudroit encore mieux n'en mettre que 4 gros, & au plus 1 once ſur la quantité preſcrite de gaude & de diſſolution d'indigo, parce qu'il faut toujours ſonger à l'acide vitriolique contenu dans la diſſolution d'indigo, lequel affoiblit déjà un peu les parties colorantes de la gaude, & même celles de l'indigo.

TRENTIÈME MÉLANGE.

Avec la ſarrette & la diſſolution d'indigo B.

La ſarrette eſt auſſi une plante qui communique, comme il a été dit à la deuxième ſection, des couleurs jaunes paſſablement ſolides, mais elles ſont plus ou moins vives ou pâles, ſelon la qualité des ingrédiens qu'on lui mêle. L'alun eſt regardé comme le meilleur, tant pour la préparation du drap, que pour la compoſition des bains de teinture mêmes ; cependant l'ufage du tartre, du vitriol bleu & du vert-de-gris n'eſt pas indifférent.

Nº. CVI.

Couleurs vertes jaunâtres, & vertes bleuâtres.

Pour ces couleurs on prépare 1 liv. de drap avec de l'alun, comme pour le nº. 103.

A. On compoſe le bain de teinture de 5 onces de farrette, qu'on fait bouillir ſeule pendant 1 heure; on y ajoute enſuite 10 gros de diſſolution d'indigo *B*; on remue le bain, qu'on fait encore bouillir pendant ¼ d'heure; alors on y fait bouillir le drap pendant 1 heure; il prend une couleur verte jaunâtre.

B. Si on met 2 ½ onces de diſſolution d'indigo *B* dans le bain, le drap y prendra une belle couleur verte, qui approchera beaucoup des couleurs vertes de pré.

C. Le drap ſimplement trempé dans l'eau pendant une nuit, ſans autre préparation, prend dans un ſemblable bain une couleur verte bleuâtre.

D. Si on prépare le bain de teinture avec 10 onces de farrette, 5 onces de diſſolution d'indigo *B*, le drap aluné bouilli dedans pendant 1 heure, prend une belle couleur verte bleuâtre.

E. Si on remplit le reſtant de ce bain avec de l'eau chaude, & qu'on y faſſe bouillir une 2ᵉ pièce de drap alunée pendant 1 ½ heure, elle prendra une couleur verte jaunâtre claire, qui tirera ſur le vert de perroquet.

Obſervation.

La ſarrette, mêlée avec la diſſolution d'indigo *B*, communique des couleurs vertes d'autres nuances que les couleurs qui proviennent du mélange de la gaude. Les cinq couleurs ſpécifiées au nº. 106 ſont toutes faites dans des bains compoſés uniquement de ſarrette & de diſſolution d'indigo ſans autre ingrédient ; mais elles diffèrent entr'elles. Les couleurs *A, B* ont bien la même quantité de ſarrette, mais on a employé moins de diſſolution d'indigo pour la couleur *A* que pour la couleur *B* ; c'eſt pour cela que la première eſt verte jaunâtre, qui comparée à la couleur verte jaunâtre *A* du nº. 103, eſt cependant beaucoup moins jaune, & qui forme conféquemment une nuance toute différente ; elle reſſemble au vert de perroquet foncé. La couleur *B*, pour laquelle on a employé le double de diſſolution d'indigo, diffère totalement de la couleur *A*, elle ne tire ni ſur le jaune ni ſur le bleu, & c'eſt une jolie

nuance d'une couleur verte de pré, elle est un
peu plus foncée que la couleur verte de pré *A*
du n°. 105 produite avec la gaude. La couleur *C*, qui est une couleur verte bleuâtre
d'une nuance particulière, est toute différente
de la couleur *B* du n°. 106, cependant les
bains pour les couleurs *B* & *C* ont été préparés de la même manière; mais pour la couleur *B*, le drap a été aluné, tandis qu'il a été
simplement trempé dans l'eau pour la couleur *C*.
Les parties d'alun contenues dans le drap se
font dissoutes en partie dans le bain, lorsque
le drap y est entré, & elles ont agi sur les
parties colorantes, tant de la sarrette, que sur
celles de l'indigo, mais particulièrement sur les
dernières, qui sont déjà affoiblies par l'acide
vitriolique; de sorte que pour obtenir un vert
sans se servir d'alun, il faut employer une plus
petite quantité de dissolution d'indigo; mais le
vert n'est ni si beau ni si solide que lorsqu'on
a fait usage d'alun.

Les couleurs *D*, *E* du n°. 106 sont faites
dans le même bain, de façon cependant qu'on
a eu soin de mettre dans ce bain la même
quantité de sarrette & de dissolution d'indigo
qu'il en est entré dans les deux bains des couleurs *B* & *C*. De sorte que le bain pour les
couleurs *D* & *E* est très-fort & suffisant pour

y teindre deux pièces de drap alunées, en faisant bouillir la première pendant 1 heure, & en remplissant la chaudière avec de l'eau chaude pour y faire bouillir la deuxième pendant 1 $\frac{1}{2}$ à 2 heures. La première pièce prend une belle couleur verte saturée *D* du n°. 106, elle tire un peu sur le bleuâtre, & elle forme une nuance d'une belle couleur verte de pré foncée. La deuxième diffère totalement de la première, c'est une couleur verte jaunâtre très-claire *E* du n°. 106, qui tire sur le vert de perroquet, & qui est très jolie. Une grande quantité des parties colorantes de l'indigo se sont attachées à la première pièce, de même qu'une quantité considérable des parties jaunes de la sarrette; aussi la première couleur est-elle plus foncée & plus solide que la seconde, quoique celle-ci ne manque pas de solidité.

N°. CVII.

Couleurs vertes bleuâtres d'autres nuances.

Pour ces couleurs, on prépare 1 livre de drap avec de l'alun, comme pour le n°. 103.

A. On compose le bain de teinture de 5 onces de sarrette, & de 2 onces de tartre, qu'on fait bouillir ensemble pendant 1 heure; on y ajoute ensuite 2 $\frac{1}{2}$ onces de dissolution d'indigo B, on remue le bain, qu'on fait encore bouillir pendant ¼ d'heure ; le drap aluné, bouilli dans ce bain, prend une couleur verte bleuâtre.

B. Si au lieu de tartre, on met 2 onces d'alun dans le bain, le drap y prendra une belle couleur verte, qui tirera un peu fur le bleuâtre.

C. Si on prépare le bain avec 10 onces de farrette, 4 onces d'alun & 5 onces de diffolution d'indigo B, le drap aluné y prendra une couleur verte foncée bleuâtre.

D. Le reftant du bain étant renouvellé avec de l'eau chaude, communiquera à une deuxième pièce de drap, qu'on fera bouillir dedans pendant 5 à 6 quarts-d'heure, une belle couleur verte claire.

Obfervation.

On fait ces quatre couleurs vertes par le moyen du tartre & de l'alun employés dans les bains de teinture. Elles forment des nuances différentes des couleurs fpécifiées au n°. 106 ; & elles different auffi confidérablement entre elles-mêmes. Le tartre employé dans le bain de teinture A du n°. 107 change tellement le bain compofé de farrette & de diffolution d'indigo, qu'il en réfulte une couleur verte, qui tire très-fenfiblement fur le bleuâtre. Le drap fimplement humeđé d'eau ne prend pas une couleur verte dans un bain pareil, mais une couleur bleue. Le tartre en eſt la cauſe, parce qu'il atténue & affoiblit tellement les parties colorantes de la farrette, qu'elles font entière-ment couvertes par les parties colorantes de l'indigo, & qu'il ne peut en réfulter une cou-leur verte. Comme la couleur *A* du n°. 107 a été communiquée a du drap aluné, l'action du tartre a été modérée, & il en eſt encore réfulté une couleur verte, qui tire beaucoup fur le bleu. Ainſi on peut employer le tartre dans le mélange de la farrette avec la diſſo-lution d'indigo; mais il eſt néceſſaire de préparer le drap avec de l'alun, & de ne mettre au plus que quatre parties de tartre dans le bain de teinture, fur 10 parties de farrette, & 5 par-ties de diſſolution d'indigo, fans cela la cou-leur feroit trop bleue; au contraire, moins de tartre, par exemple, $\frac{1}{2}$ once, 1 à 1 $\frac{1}{2}$ once fur la quantité prefcrite de farrette & de diſſo-lution d'indigo, procureroit toujours de bonnes & jolies couleurs vertes bleuâtres de diverfes nuances.

L'alun eſt un ingrédient très-bon pour les bains de farrette & de diſſolution d'indigo, comme on le voit par la couleur *B* du n°. 107, qui eſt une belle couleur verte faturée, & qui

ne tire que peu fur le bleuâtre. Elle n'a aucune
reſſemblance avec la couleur *A*, & elle approche beaucoup des jolies couleurs vertes de
pré. Le drap ſimplement humecté d'eau, bouilli
dans un ſemblable bain, prend une belle couleur verte bleuâtre, beaucoup plus foncée que
la couleur *B* du n°. 107, qui forme une nuance
toute différente ; car la couleur *B* tire très-peu
fur le bleuâtre, & l'autre y tire ſenſiblement.
Par conſéquent, on emploie avec avantage
l'alun dans les bains de teinture, compoſés de
farrette & de diſſolution d'indigo, ſoit que le
drap ait été préparé avec de l'alun, ou ſimplement trempé dans l'eau, la préparation avec
l'alun eſt cependant préférable, parce que les
couleurs qui en réſultent ſont plus ſolides.

    Les couleurs *C* & *D*, qui ſont auſſi des beaux
verts, viennent d'un bain compoſé de la même
manière que celui de la couleur *B* avec de la
farrette, de la diſſolution d'indigo & de l'alun,
& en même proportion, ſinon que celui de
ces deux couleurs a été préparé avec le double
de ces mêmes ingrédiens pour le rendre aſſez
fort pour ſervir à deux pièces de drap. Par ce
procédé, on a auſſi l'avantage de faire deux
couleurs différentes de très-bonne qualité ; la
première pièce eſt teinte d'une belle couleur
verte bleuâtre *C* du n°. 107, qui approche un

peu de la couleur *A* ; mais elle est beaucoup plus foncée , & conséquemment d'une autre nuance. La couleur *D* du n°. 107, appliquée à la deuxième pièce de drap, diffère totalement de la couleur *C* , car c'est un vert clair qui approche des verts de pomme. Cette manière d'opérer , que j'ai aussi indiquée à l'égard du mélange de la gaude avec la dissolution d'indigo , est très-recommandable , parce qu'elle procure des couleurs agréables & solides.

N°. CVIII.

Couleurs vertes de pré , & vertes foncées.

Pour ces couleurs, on prépare 1 liv. de drap avec de l'alun, comme pour le n°. 103.

A. On compose le bain de teinture avec 5 onces de farrette & 1 once de vitriol bleu, qu'on fait bouillir ensemble pendant 1 $\frac{1}{2}$ heure ; on y ajoute ensuite 2 $\frac{1}{2}$ onces de dissolution d'indigo *B* , on remue le bain , qu'on fait encore bouillir pendant quelques minutes; le drap aluné bouilli dans ce bain pendant 1 heure , prend une couleur verte , qui tire sur le verd de pré.

B. Si on prépare le bain avec 10 onces de farrette , 2 onces de vitriol bleu & 5 onces de dissolution d'indigo *B* , le drap aluné bouilli

dedans pendant 1 $\frac{1}{2}$ heure, prendra une couleur verte beaucoup plus foncée que la précédente.

C. Si le bain eft compofé de 5 onces de
farrette, 1 once de vert-de-gris & 2 $\frac{1}{2}$ onces
de diffolution d'indigo B, & qu'on obferve les
manipulations prefcrites pour la couleur A du
n°. 108, le drap y prendra une couleur verte
de pomme foncée.

Obfervation.

Le vitriol bleu & le vert-de-gris font auffi
de bons ingrédiens pour le mêlange de la farrette avec la diffolution d'indigo, car ils procurent non-feulement des nuances agréables de
couleur verte, mais auffi des couleurs folides.
Le vitriol bleu employé pour la couleur A
forme 1 partie fur 5 parties de farrette, & 2 $\frac{1}{2}$
parties de diffolution d'indigo. J'ai trouvé cette
proportion la meilleure pour ce mêlange. Si on
met plus de vitriol bleu, on fait à la vérité
de bonnes couleurs, mais elles ne font pas
vives, au contraire, elles font un peu mattes,
& cela felon la quantité qu'on en met; de plus,
il faut faire attention que plus on en met dans
le bain, plus il devient corrofif, c'eft pour cela
qu'il faut l'employer avec modération.

Le

Le bain de teinture B eſt de la même qualité que celui de la couleur A. Quant à l'eſpèce des ingrédiens & à leur proportion, ils
ſont préparés tous les deux avec 5 parties de
ſarrette, $2\frac{1}{2}$ parties de diſſolution d'indigo &
1 partie de vitriol bleu. La différence eſt que
le bain B eſt compoſé du double de chacune
de ces ſubſtances, ce qui le rend plus fort,
& dans cet état il communique au drap une
couleur verte très-ſaturée, qui eſt plutôt au
nombre des couleurs vertes foncées que des
claires, & qui differe totalement de la couleur
verte de pré A.

La couleur verte C, faite avec le vert-de-
gris, eſt auſſi une bonne couleur verte de pré,
mais elle differe de la couleur verte de pré A,
parce qu'elle tire ſur le jaunâtre, tandis que
la couleur A tire ſur le bleuâtre. A l'égard
du vert-de-gris, il faut avoir attention de
n'en pas mettre plus de 1 partie ſur 5 parties de ſarrette, & $2\frac{1}{2}$ parties de diſſolution
d'indigo, ſans cela les couleurs feront pâles &
mattes, & même encore plus mattes qu'avec
le vitriol bleu.

D d

TRENTE-UNIÈME MÉLANGE.

Avec la géneſtrole & la diſſolution d'indigo B.

La géneſtrole communique auſſi de bonnes couleurs jaunes, ſur-tout lorſque le drap eſt préparé avec de l'alun, & qu'on en emploie auſſi dans les bains de teinture. Ce ſel ſervira donc à préparer le drap deſtiné à être teint avec le mélange de la géneſtrole & de la diſſolution d'indigo B ; l'alun uni au tartre eſt auſſi favorable.

N°. CIX.

Couleurs vertes jaunâtres, & vertes bleuâtres.

Pour ces couleurs, on prépare 1 liv. de drap avec de l'alun, comme pour le n°. 103.

A. On compoſe le bain de teinture de 5 onces de géneſtrole, qu'on fait bouillir ſeule pendant 1 $\frac{1}{2}$ heure ; on y ajoute enſuite 10 gros de diſſolution d'indigo B, on remue le bain, & on le fait encore bouillir pendant $\frac{1}{4}$ d'heure ; on y fait enfin bouillir le drap aluné pendant 1 heure ; il prend une couleur verte jaunâtre.

B. Si l'on met 2 $\frac{1}{2}$ onces de diſſolution d'indigo B dans le bain, le drap y prendra un beau vert de pré.

C. Si on prépare le bain de teinture avec 10 onces de géneſtrole & 5 onces de diſſolution d'indigo *B*, le drap bouilli pendant 1 heure prendra une couleur verte foncée, qui tirera un peu ſur le bleuâtre.

D. Si on remplit le reſtant du bain avec de l'eau chaude, une deuxième pièce de drap bouillie dedans pendant $1\frac{1}{2}$ heure, prendra une belle couleur verte claire.

E. Si le bain eſt compoſé de 5 onces de géneſtrole, de 2 onces d'alun & de $2\frac{1}{2}$ onces de diſſolution d'indigo *B*, le drap y prendra une belle couleur verte bleuâtre.

F. Si on compoſe le bain de 10 onces de géneſtrole, 4 onces d'alun & 5 onces de diſſolution d'indigo *B*, le drap aluné y prendra auſſi une couleur verte bleuâtre.

G. Si on remplit le reſtant du bain avec de l'eau chaude, une deuxième pièce de drap alunée bouillie dedans pendant $1\frac{1}{2}$ heure, prendra une couleur verte claire.

Obſervation.

Les couleurs indiquées ci-deſſus ſont toutes très-jolies, & elles diffèrent conſidérablement des couleurs vertes produites avec la gaude & la ſarrette. La couleur verte jaunâtre *A* du n°. 109, tire beaucoup plus fur le jaune que les couleurs *A* du n°. 103 & *A* du n°. 106, & elle reffemble au jaune vert de perroquet clair. La couleur verte de pré *B* forme une très-jolie nuance, & eft une couleur très-faturée, qui eft plutôt du nombre des couleurs vertes de pré foncées, que de celui des claires. C'eft une couleur verte parfaite, qui ne tire ni fur le jaunâtre ni fur le bleuâtre. La couleur verte foncée *C* differe de la couleur *B* en tous points, car elle eft beaucoup plus foncée, & elle tire fur le bleuâtre. La couleur verte claire *D*, fortie du même bain, eft auffi très-jolie, elle approche beaucoup des couleurs vertes de pomme. Ces deux couleurs ont été faites dans le même bain, qui eft de même nature, quant à la proportion des ingrédiens, que celui de la couleur *B*, duquel il ne differe que parce que la quantité des ingrédiens a été doublée.

Si l'on ajoute un autre ingrédient dans le bain, il en réfultera encore d'autres nuances; par exemple, l'alun procure la couleur verte bleuâtre *E* du n°. 109, qui eft d'une nuance très-agréable. Cette couleur reffemble beaucoup à la couleur *F* du n°. 109, à l'exception que cette dernière eft encore plus foncée & plus faturée. Les bains pour les couleurs *E* & *F* font abfolument de même nature, fi ce n'eft

que les doses de celui de la couleur *F* sont
doublées, c'est pour cela que la première pièce
qu'on y teint en sort néceffairement chargée
d'une couleur plus saturée. La couleur verte
claire *G* du n°. 109, sortie du même bain,
forme une très-jolie nuance des couleurs vertes
de pomme, & elle est du nombre de ces espèces qui tirent sur le bleuâtre, ce qui prouve
que l'alun occasionne une variation notable dans
les bains de teinture, composés de genestrole
& de dissolution d'indigo, puisqu'il en résulte
des couleurs de nuances tout-à-fait différentes.
2 parties d'alun sur 5 parties de genestrole &
2 ½ parties de dissolution d'indigo, sont suffisantes pour procurer de bonnes couleurs. Une
plus grande quantité d'alun ne paroît pas convenable, parce qu'alors les couleurs deviennent
plus bleuâtres & plus mattes, & conséquemment moins jolies. Au contraire, moins d'alun,
par exemple, 1 partie sur 5 parties de genestrole, fournit toujours de bonnes couleurs.

N°. C X.

Couleurs vertes bleuâtres.

Pour ces couleurs, on prépare 1 livre de
drap en le faisant bouillir pendant 1 heure
dans un bain composé de 2 onces d'alun &

de 1 once de tartre, & repofer pendant une nuit dans le bain devenu froid.

A. On prépare le bain de teinture avec 5 onces de géneftrole, qu'on fait bouillir feule pendant 1 ½ heure; on y ajoute enfuite 5 onces de diffolution d'indigo *B*, on remue le bain, qu'on fait encore bouillir pendant 1 quart-d'heure; après cela on y fait bouillir le drap pendant 1 heure; il prend une couleur verte bleuâtre.

B. Si on ajoute 2 onces de tartre à ce même bain, le drap de même préparation y prendra une couleur verte bleuâtre, qui paroîtra prefque bleue.

Obſervation.

Le tartre change confidérablement les bains compofés de géneftrole & de diffolution d'indigo, il affoiblit tellement les parties colorantes de la géneftrole, qu'elles font incapables de faturer fuffifamment celles de l'indigo; ce qui occafionne à la vérité une couleur verte, mais qui diffère de toutes les couleurs vertes mentionnées jufqu'à préfent; elle tire beaucoup plus fur le bleu, & on la nomme une couleur verte bleue. Si les parties colorantes de la géneftrole n'avoient pas beaucoup de vertu, la couleur verte bleuâtre *A* du n°. 110 paroîtroit presque toute bleue. La couleur B du n°. 110 tire encore plus sur le bleu; elle sort d'un bain dans lequel il est entré du tartre. Il n'en est pas entré dans le bain A, le drap a seulement subi un changement par sa préparation avec de l'alun & du tartre. Comme on a employé du tartre & de l'alun dans le bain B, & qu'en outre le drap qu'on y a teint a été préparé aussi avec du tartre & de l'alun, le bain, ou plutôt la substance colorante de la génestrole qu'il contient, a nécessairement été encore plus affoiblie, & cela a occasionné la production d'une couleur presque bleue, qui est cependant telle qu'on ne peut la mettre au nombre des couleurs réellement bleues, parce qu'elle tire trop sur le vert. Néanmoins elle forme une nuance si particulière, qu'étant comparée à toutes les couleurs vertes spécifiées jusqu'à présent, elle paroît bleue, & elle tient pour ainsi dire le milieu entre les couleurs bleues & les couleurs vertes. Il faut aussi considérer qu'elle n'est pas si foncée que la couleur A, parce que le tartre a aussi affoibli les parties colorantes de l'indigo, c'est pour cela que la couleur n'est pas si saturée, & conséquemment plus pâle. Cela annonce qu'il faut faire un usage modéré du tartre à l'égard du mélange de la génestrole avec la dissolution

d'indigo, tant pour que les couleurs ne foient
pas trop bleues, que pour qu'elles ne foient pas
trop affoiblies. Si on veut faire des couleurs
pâles de cette efpèce, on peut certainement
réuffir par cette voie ; on n'a qu'à diminuer la
quantité des ingrédiens employés pour les deux
couleurs *A* & *B* du n°. 110, & ne mettre,
par exemple, pour 1 livre de drap, que 2 $\frac{1}{2}$
onces de géneftrole & 2 $\frac{1}{2}$ onces de diffolution
d'indigo, ou encore moins, par exemple, 2 onces de chacune ; on fera des couleurs vertes
bleues très-pâles d'une nuance agréable. Pour
ces couleurs, il faut cependant que le drap foit
préparé avec 2 parties d'alun & 1 partie de
tartre.

TRENTE-DEUXIÈME MÉLANGE.

Avec la camomille & la diffolution d'indigo B.

Quoique la camomille ait une foible énergie
tinctoriale, elle communique cependant des
couleurs jaunes d'une nuance unique ; c'eft pour
cette raifon qu'on peut faire un mélange de la
camomille avec la diffolution d'indigo, parce
qu'il fournit des couleurs vertes de nuances
particulières, qui font totalement différentes
des couleurs vertes qui proviennent de la gaude,
de la farrette & de la géneftrole. Comme la

fubftance colorante de la camomille fupporte l'alun & le tartre, on peut faire ufage de ces fels, tant pour la préparation du drap, que pour le bain de teinture; cependant le vitriol bleu, & encore d'autres fels, font employés avec fuccès dans les bains de teinture.

N°. C X I.

Couleurs vertes pâles, & vertes bleuâtres.

Pour ces couleurs, on prépare 1 liv. de drap avec de l'alun, comme pour le n°. 103.

A. On compofe le bain de teinture de 5 onces de camomille, qu'on fait bouillir feule pendant 1 heure; on y ajoute enfuite 10 gros de diffolution d'indigo *B*, on remue le bain, qu'on fait encore bouillir pendant quelques minutes; on y fait enfin bouillir le drap aluné pendant 1 heure; il prend une couleur verte pâle.

B. Si on met 2 $\frac{1}{2}$ onces de diffolution d'indigo *B* dans le bain, le drap aluné y prendra une couleur verte, qui tiendra le milieu entre les couleurs vertes foncées & les vertes claires, & elle tirera fur le bleuâtre.

C. Un bain compofé de 5 onces de camomille, de 2 $\frac{1}{2}$ onces de diffolution d'indigo *B*

& de 2 onces de tartre, communique au drap une jolie couleur verte bleuâtre.

D. Si au lieu de tartre, on met 1 once de vitriol bleu dans le bain, le drap y prendra une femblable couleur verte bleuâtre, qui fera un peu plus bleue & plus foncée.

E. Si on prépare le bain avec 5 onces de camomille, 5 onces de diffolution d'indigo *B* & 2 onces d'alun, 1 liv. de drap préparé avec de l'alun & du tartre, comme pour le n°. 110, bouilli dans ce bain pendant 1 heure, prendra une jolie couleur verte d'une nuance unique.

Obfervation.

La couleur verte pâle *A* du n°. 111 eft au nombre des couleurs vertes de pomme pâles, elle forme cependant une nuance particulière. La couleur verte bleuâtre *B* eft auffi une nuance particulière, elle eft plus faturée & plus foncée que la couleur *A*, malgré cela bien confidérée elle n'eft pas au nombre des véritables couleurs vertes foncées. La couleur *C*, qui tire auffi fur le bleu, eft un peu plus foncée. Dans cette cir-conftance, le tartre occafionne le même chan-gement qu'on a obfervé dans le mélange de géneftrole & de diffolution d'indigo ; c'eft·à-dire, qu'il affoiblit la fubftance colorante de la camomille, ce qui empêche les parties de l'indigo de s'en faturer fuffifamment, & de-là la production d'une couleur verte tirant davantage fur le bleu; mais c'eft une très-jolie couleur d'une nuance unique; le tartre doit conféquemment être regardé comme avantageux pour ce mélange, fur-tout lorfque le drap eft préparé avec de l'alun feul. Il faut cependant obferver la proportion convenable du tartre, relativement à celle de la camomille & de la diffolution d'indigo, & on doit mettre tout au plus 2 parties de tartre fur 5 parties de camomille & 5 parties de diffolution d'indigo. On peut dans tous les cas en mettre moins; & malgré cela, on fera des nuances qui différeront de la couleur D du n°. **III**.

Le vitriol bleu eft auffi un bon ingrédient pour ajouter à la camomille pour faire des couleurs vertes, c'eft par fon intermède qu'on a fait la couleur verte bleue D du n°. **III**, elle tire encore plus fur le bleu que la couleur C, & elle eft auffi tellement foncée, qu'elle forme également une nuance particulière. Comme la camomille, unie au vitriol bleu, communique déjà, ainfi que je l'ai fait connoître dans le premier volume de mes Effais & Remarques, page 315, au drap aluné une couleur

verte jaune, il n'eſt pas douteux que la couleur verte ne doive prendre plus facilement un
œil de couleur verte bleue, lorſqu'on emploie
en même-tems de la diſſolution d'indigo dans
un bain compoſé de camomille & de vitriol
bleu. Mais il faut avoir ſoin de ne mettre que
1 partie de vitriol bleu ſur 5 parties de camomille, parce qu'une trop grande quantité rendroit la couleur plutôt matte que bleue; c'eſt
pour cela qu'il vaut mieux en mettre moins;
par exemple, 1 partie ſur 6 à 7 parties de
camomille.

La couleur verte *E* du n°. 111 forme une
nuance unique & très-jolie, elle eſt plutôt au
nombre des couleurs vertes claires que des
foncées. On l'obtient par le moyen de l'alun
employé dans le bain, & du tartre allié à l'alun
pour préparer le drap. Le tartre employé à la
préparation du drap ne peut cependant diriger
la couleur ſur le bleu, parce que l'alun contenu
dans le bain de teinture s'y oppoſe. Quoi qu'il
en ſoit, ce procédé donne une bonne & jolie
couleur d'une nuance particulière, qui ne tire
ni ſur le jaune ni ſur le bleu, & qui eſt réputée une couleur verte parfaite. Si l'on veut
mettre moins d'alun qu'on n'en a employé pour
la couleur *E* du n°. 111, cela eſt praticable,
mais l'on obtiendra alors d'autres nuances

moins on emploiera d'alun dans les bains de teinture, plus elles tireront fur le bleu (a).

TRENTE-TROISIÈME MÉLANGE.

Avec le bois jaune & la diffolution d'indigo B.

On fait, comme il a été dit à la deuxième fection, de très-jolies couleurs jaunes avec le bois jaune, elles font différentes, & plus ou moins vives ou pâles, fuivant la préparation du drap & la qualité des ingrédiens qu'on emploie dans les bains de teinture. Pour ce mélange, on peut préparer le drap avec de l'alun feul, ou avec de l'alun & du tartre, de

---

(a) M. Poerner décrit encore d'autres procédés par lefquels on peut obtenir d'autres nuances de verd bleuâtre par le moyen du bouillon blanc, du fénugrec & du curcuma employés avec la teinture d'indigo B. Ces procédés font entièrement analogues à ceux qui précèdent. Il mêle dans quelques-uns du vitriol de cuivre, & le drap eft préparé par l'alunation. On a penfé que leur defcription ne produiroit que des longueurs inutiles, d'autant plus que les couleurs que l'on obtient par le moyen de ces ingrédiens, ne peuvent être que fugitives, parce que le jaune qui entre dans leur formation fe détruit promptement, & l'on a à reprocher au vert de Saxe, fait par les meilleurs procédés, d'être peu folide.

Les procédés fupprimés font l'objet du 36ᶜ, 37ᶜ & 39ᵉ mélange, & des numéros 115, 116 & 119 de l'original.

même qu'avec du tartre & de la diffolution d'étain, ou enfin avec de l'alun, du tartre & de la diffolution d'étain ; dans les bains de teinture, on peut fe fervir préférablement de l'alun ou du tartre ; le plâtre eft auffi avantageux.

N°. C X I I.

Couleurs vertes jaunâtres, vertes de pré, & vertes foncées.

A. Pour 1 livre de drap, on prépare le bain de teinture avec 5 onces de bois jaune, qu'on fait bouillir feul pendant $1\frac{1}{2}$ heure ; on y ajoute enfuite 10 gros de diffolution d'indigo *B*, on remue le bain, qu'on fait encore bouillir pendant $\frac{1}{4}$ d'heure ; on y met enfin le drap aluné, comme pour le n°. 103, & on l'y fait bouillir pendant $1\frac{1}{2}$ heure ; il prend une couleur verte jaunâtre faturée.

B. Le drap préparé comme pour le n°. 1, bouilli dans un bain femblable, prend une couleur verte jaunâtre, mais elle tire fur le bleuâtre.

C. Le drap aluné, bouilli dans un bain compofé de 5 onces de bois jaune, & de $2\frac{1}{2}$ onces de diffolution d'indigo *B*, prend une couleur verte de pré faturée.

D. Le drap aluné, bouilli pendant 1 heure

dans un bain, fait avec 10 onces de bois jaune
& 5 onces de diffolution d'indigo *B*, reçoit
une couleur verte très-foncée.

E. Une deuxième pièce de drap aluné , &
bouillie pendant 1 ½ heure dans le reftant de
ce bain , qu'on remplit avec de l'eau chaude ,
prend une couleur verte claire , qui tire fur le
vert de pré.

Obſervation.

Ces couleurs vertes faites avec le bois jaune
font très-agréables , elles font différentes , &
encore plus faturées que les couleurs produites
avec la gaude, la farrette & les fleurs de bouillon blanc. La couleur verte jaunâtre *A* du
n°. 112 eft beaucoup plus faturée & plus foncée que la couleur *A* du n°. 106 , faite avec
la gaude , elle forme une nuance particulière
de vert de perroquet. La couleur verte jaunâtre *B* du n°. 112 differe de toutes les couleurs vertes jaunâtres dont on a fait mention ,
parce qu'elle tire fur le bleuâtre. Comme fon
bain eft le même que celui de la couleur *A*,
& que la différence ne provient que de la préparation du drap, qui a été faite avec de l'alun
pour la couleur *A*, & avec du tartre & de la
diffolution d'étain pour la couleur *B*, ce qui
fait que cette dernière tire plus fur le jaune ,

cela prouve que la feule caufe de cette différence provient du tartre & de la diffolution
d'étain, qui ont plus affoibli les parties colorantes de l'indigo, & en conféquence les parties
jaunes ont eu plus d'apparence.

La couleur verte de pré C du n°. 112 eft
une très-belle couleur, elle eft plus foncée que
claire, & elle diffère des couleurs vertes de
pré A, C du n°. 105 produites avec la gaude,
& des couleurs vertes de pré B du n°. 106, &
A du n°. 108, qui font faites avec la farrette,
parce qu'elle eft plus faturée & plus foncée.

La couleur verte foncée D du n°. 112 diffère
totalement des couleurs vertes foncées C, D,
du n°. 104, faites avec la gaude, parce qu'elle
eft beaucoup plus foncée, & qu'elle tire moins
fur le bleu. Elle diffère encore davantage de
la couleur verte très-foncée F du n°. 115 *,
obtenue avec les fleurs de bouillon blanc, qui
quoique très-foncée, ne l'eft pas tant que la
couleur D du n°. 112, & qui tire d'ailleurs
beaucoup plus fur le bleu que celle-ci, qui eft
une des meilleures couleurs vertes foncées, &
qui forme une nuance particulière.

La couleur verte claire E du n°. 112 tire
véritablement fur le verd de pré, mais elle

* *Nota.* Ce numéro du texte a été fupprimé par les
Editeurs.

differe

diffère entièrement de toutes les couleurs vertes
de pré, elle forme une nuance unique, à-peu-
près femblable à la couleur de l'herbe naiffante.

N°. CXIII.

Couleurs vertes d'autres nuances.

Pour ces couleurs, on prépare 1 livre de drap
avec l'alun feul, ou avec l'alun & le tartre,
ou avec l'alun, le tartre & la diffolution d'é-
tain, ou avec le tartre & la diffolution d'étain
fans alun.

A. On compofe le bain de teinture de 5 onces de bois jaune, & 2 onces d'alun, qu'on fait
bouillir enfemble pendant 1 heure; on y ajouté
enfuite 2 $\frac{1}{2}$ onces de diffolution d'indigo *B*,
on remue le bain, qu'on fait encore bouillir
pendant quelques minutes; on y fait enfin
bouillir du drap aluné, comme pour le n°. 103;
il prend une couleur verte bleuâtre.

B. Le drap préparé avec 2 onces d'alun, &
1 once de tartre, bouilli dans un bain femblable, prend une très-belle couleur verte d'une
nuance particulière.

C. Le drap préparé comme pour le n°. 1,
bouilli dans un bain pareil, prend une couleur
verte bleuâtre, qui eft d'une nuance toute différente de la couleur *A.*

E e

D. Si on prépare le bain de teinture avec
5 onces de bois jaune , 2 onces de tartre &
2 ½ onces de diffolution d'indigo *B* , le drap
aluné comme pour le n°. 103, bouilli dedans,
recevra une belle couleur verte d'une nuance
unique.

E. Si le bain eſt compoſé de 5 onces de
bois jaune, de 5 onces de plâtre & de 10 gros
de diffolution d'indigo *B* , le drap préparé
avec 1 once d'alun , 1 once de tartre & 4 gros
de diffolution d'étain, prendra en bouillant dans
ce bain une couleur verte jaunâtre faturée.

F. Si au lieu de 10 gros de diffolution d'indigo *B* , on en met 2 ½ onces dans un pareil
bain , le drap préparé comme le dernier, prendra dans ce bain une couleur verte d'une nuance
particulière , qui tirera fur le jaunâtre.

Obſervation.

Ces couleurs different beaucoup de celles
du n°. 114 ; elles font auſſi toutes différentes
des autres couleurs vertes faites avec la gaude,
la farrette, &c. & elles forment des nuances
particulières. Elles font toutes des couleurs
agréables qui peuvent fervir , fur-tout parce
qu'elles fe foutiennent bien à l'air, elles perdent
bien un peu avec le tems, mais elles ne diſparoiſ-

fent pas totalement. La couleur verte bleuâtre *A*
du n°. 113 eft très-faturée; elle eft plus foncée
que claire, & de plus, elle a beaucoup de
vivacité. La couleur verte *B* du n°. 113 eft
une jolie couleur verte parfaite, qui ne tire ni
fur le jaune, ni fur le bleu, & qui tient le
milieu entre les couleurs foncées & les claires;
elle eft en même tems d'une efpèce unique.
La couleur verte bleuâtre *C* du n°. 113 eft
auffi une jolie couleur plus foncée que claire;
elle differe des vertes bleuâtres, parce qu'elle
tire davantage fur le bleu. Elle eft auffi différente de la couleur verte bleue *C* du n°. 106,
faite avec la farrette, parce qu'elle tire un peu
plus fur le bleuâtre, & qu'elle eft plus foncée
& plus agréable; au contraire, elle eft un peu
moins bleue que la couleur verte bleue *A* du
n°. 110, faite avec la géneftrole, à laquelle
elle reffemble d'ailleurs beaucoup. Mais elle
differe totalement de la couleur verte bleue *B*
du n°. 110, qui provient auffi de la géneftrole,
parce qu'elle n'eft pas à beaucoup près fi bleue;
elle eft auffi moins bleue que les couleurs vertes
bleues *C, D* du n°. 111, faites avec la camomille, & que la couleur verte bleue *C* du n°. 115
(du texte), faite avec les fleurs de bouillon blanc;
conféquemment elle forme une nuance unique,
& elle eft d'un bel afpect. Pour ces trois cou-

leurs A , B , C du n°. 113 , le bain a été
véritablement le même, mais le drap a été préparé différemment. Pour la couleur A, il a été
préparé avec l'alun feul; pour la couleur B ,
avec de l'alun & du tartre; & pour la couleur C,
avec du tartre & de la diffolution d'étain : ces
diverfes préparations font caufe qu'on fait trois
couleurs toutes différentes, dont la couleur A
mérite la préférence, quoiqu'elles foient toutes
les trois agréables ; la couleur B eft plus
jolie que la couleur C ; par conféquent l'alun
eft le meilleur ingrédient pour la préparation
du drap , & également pour les bains de teinture faits avec le mélange du bois jaune & de
la diffolution d'indigo B ; les autres préparations ne font cependant pas à méprifer, parce
qu'on fait par leur moyen des nuances particulières de couleurs vertes.

La couleur verte D du n°. 113 eft auffi très-
belle. Le tartre employé dans le bain de teinture paroît être un ingrédient avantageux, mais
feulement lorfque le drap eft préparé avec de
l'alun, comme il l'étoit pour la couleur D.

Le bain E du n°. 113 , compofé de plâtre,
communique une couleur verte jaunâtre particulière, elle reffemble au vert de ferin. La couleur F differe de celle-ci , quoique fon bain
ait été préparé avec les mêmes ingrédiens que

celui de la couleur E, & que le drap ait auffi été préparé avec de l'alun, du tartre & de la diffolution d'étain; mais on a employé le double de diffolution d'indigo dans le bain pour la couleur F, c'eft pour cela que la couleur eft néceffairement moins jaune, malgré cela elle tire encore fur le jaunâtre, & elle fait une couleur particulière d'une nuance agréable, qui incline plus vers les couleurs claires, que vers celles qui font foncées.

Les procédés décrits aux numéros *112*, *113*, procureront non-feulement une grande variété de couleurs vertes, mais ils pourront encore s'appliquer dans plufieurs autres circonftances.

NEUVIÈME SECTION.

Couleurs qui réfultent de divers autres mélanges,
& de quelques procédés particuliers.

Dans cette dernière fection, j'indiquerai les procédés pour quelques couleurs qui réfultent des mélanges du jaune & du noir; du bleu & du noir; du rouge, du jaune & du bleu; du rouge, du jaune & du noir; du rouge, du bleu & du noir; du jaune, du bleu & du noir; & enfin du rouge, du jaune, du bleu & du noir, lefquels feront fuivis d'un fupplément pour quelques couleurs, qu'on extrait de certains ingrédiens de teinture. Je ne donnerai que quelques exemples fur chaque fubflance, parce qu'il eft poffible de varier à l'infini ces couleurs, & que les procédés qui feront décrits fuffiront pour guider ceux qui voudront fe procurer des nuances nouvelles.

TRENTE-QUATRIÈME MÉLANGE.

Couleurs qui réfultent du jaune & du noir.

Pour ce mêlange, on emploie la noix de galle & les fubftances qui colorent en jaune; par exemple, la farrette, le bois jaune & le vitriol vert en même-tems; mais on ne prépare le drap qu'en l'humectant d'eau.

N°. CXIV.

Couleurs grifes noirâtres, grifes, & brunes jaunâtres.

A. Pour 1 livre de drap, on compofe le bain de teinture de $2\frac{1}{2}$ onces de noix de galle & de $2\frac{1}{2}$ onces de farrette, qu'on fait bouillir enfemble pendant 1 heure; on y ajoute enfuite $2\frac{1}{2}$ onces de vitriol vert, on fait encore bouillir le tout pendant $\frac{1}{2}$ heure, obfervant de remuer de tems en tems le bain. On fait bouillir dans ce bain le drap humecté d'eau pendant $1\frac{1}{2}$ à 2 heures ; il y prend une couleur grife noirâtre, qui eft plutôt du nombre des foncées que des claires, & elle tire en même tems un peu fur le rougeâtre.

B. Si on met 5 onces de farrette dans le bain, au lieu de $2\frac{1}{2}$ onces, le drap prendra une couleur grife plus foncée que claire, qui tirera à peine fur le jaunâtre.

C. Si le bain eft compofé de $2\frac{1}{2}$ onces de noix de galle, 5 onces de farrette & 5 onces de vitriol vert, le drap prendra auffi une couleur grife noirâtre fort reffemblante à la couleur *A*, elle fera feulement un peu plus foncée, & elle tirera à peine fur le rougeâtre.

D. Si on prépare le bain avec 5 onces de noix de galle, $2\frac{1}{2}$ onces de farrette & 5 onces de vitriol vert, le drap prendra une couleur grife noirâtre, qui reffemblera beaucoup à la couleur *A*, mais elle fera un peu plus foncée.

E. Si le bain eft compofé de $2\frac{1}{2}$ onces de noix de galle, $2\frac{1}{2}$ onces de bois jaune & de $2\frac{1}{2}$ onces de vitriol vert, le drap y prendra une couleur grife noirâtre affez femblable aux couleurs *A* & *D*, mais encore plus foncée, & tirant beaucoup moins fur le rougeâtre.

F. Si on met 5 onces de bois jaune dans ce

bain, le drap y prendra une couleur grife noi-râtre, qui tiendra le milieu entre les foncées & les claires, & elle tirera fur le jaunâtre.

G. Si on prépare le bain avec 2 $\frac{1}{2}$ onces de noix de galle, 5 onces de bois jaune & 5 on-ces de vitriol vert, la couleur grife noirâtre fera d'une nuance agréable & particulière, elle fera plus foncée que claire.

H. Si on compofe le bain de 5 onces de noix de galle, 2 $\frac{1}{2}$ onces de bois jaune & de 5 onces de vitriol vert, on fera la même couleur que la précédente, mais elle fera plus claire.

J. Un bain compofé de 1 once de noix de galle, de 5 onces de bois jaune & de 2 $\frac{1}{2}$ onces de vitriol vert, communique au drap une couleur brune jaunâtre foncée d'une nuance particulière.

K. Si au lieu de bois jaune, on met 5 on-ces de farrette dans ce dernier bain, la couleur fera auffi brune jaunâtre, mais beaucoup plus claire.

Obſervation.

On voit par ces couleurs qu'on fait des cou-leurs grifes & brunes jaunâtres avec le mêlange du jaune & du noir, lefquelles forment des nuances toutes différentes des couleurs grifes

& brunes jaunâtres, qu'on fait par l'intermède du vitriol vert avec la noix de galle feule, ou la farrette, ou le bois jaune feul. Quand on augmente la quantité de la noix de galle dans le bain, au-delà de celle de la farrette ou du bois jaune, la couleur grife eft plus noirâtre & rougeâtre; mais fi on augmente celle de la farrette ou du bois jaune, elle eft plus jaunâtre. Cela dépend auffi beaucoup de la quantité du vitriol vert, qu'on ajoute dans les bains. 1 partie de vitriol vert, fur 2 parties, tant de noix de galle que de farrette, ou de bois jaune, ne rend pas les couleurs fi foncées que 2 parties de vitriol vert, fur 2 parties de ces ingrédiens. Si l'on met encore moins de vitriol vert, les couleurs feront encore plus claires. La diverfité de proportion de la noix de galle & de la farrette, ou du bois jaune, produit auffi une différence entre les nuances. Parties égales de noix de galle & de farrette, ou de bois jaune, produifent des couleurs grifes, qui tirent fur le rougeâtre; 2 parties de farrette ou de bois jaune communiquent des couleurs grifes, qui tirent fur le jaunâtre. Plus on met de fubftance jaune, & moins on met de noix de galle, plus les couleurs deviennent brunes jaunes ou jaunâtres, & finiffent même par n'être plus grifes; telles font les couleurs I, K du

n°. 114, pour lefquelles on n'a employé qu'une
partie de noix de galle, fur 5 parties de farrette ou de bois jaune. Il faut auffi confidérer
la qualité des couleurs jaunes, & s'attendre à
faire une autre nuance, chaque fois qu'on mêle
de la noix de galle & du vitriol vert avec une
autre fubftance jaune, de forte que la nuance
qu'on obtient differe felon la fubftance jaune
dont on fait ufage.

TRENTE-CINQUIÈME MÉLANGE.

Couleurs qui réfultent du bleu & du noir.

Pour ce mélange, on emploie auffi la noix
de galle & le vitriol vert, & on peut, ou
préalablement teindre le drap dans la cuve, &
le paffer enfuite dans un bain compofé de noix
de galle & de vitriol vert, ou on peut ajouter
de la diffolution d'indigo *A* ou *B* dans un pareil bain. Je donnerai quelques procédés pour
cette dernière méthode. Pour ce mélange, on
humecte uniquement le drap avec de l'eau.

N°. CXV.

Couleurs grifes bleuâtres.

A. Pour 1 livre de drap, on compofe le
bain de teinture de 2 $\frac{1}{2}$ onces de noix de galle,

qu'on fait bouillir seule pendant 1 heure ; on y ajoute après cela 2 ½ onces de vitriol vert, on continue de faire bouillir encore pendant ½ heure ; on y verse ensuite 10 gros de dissolution d'indigo *A*, on remue le bain, qu'on fait encore bouillir pendant quelques minutes. Enfin on fait bouillir le drap pendant 1 ½ heure dans ce bain ; il y prend une couleur grise bleuâtre, qui tire sur le rougeâtre.

B. Si on met 2 ½ onces de dissolution d'indigo *A* dans le bain, la couleur sera également grise rougeâtre, mais elle sera d'une autre nuance, & plus foncée.

C. Si on prépare le bain avec 2 ½ onces de noix de galle, 2 ½ onces de vitriol vert & 10 gros de dissolution d'indigo *B*, le drap y prendra une couleur grise bleue, qui sera plus foncée que claire.

D. Si on compose le bain de 5 onces de noix de galle, de 5 onces de vitriol vert & de 10 gros de dissolution d'indigo *A*, le drap recevra une couleur grise bleuâtre plus foncée que claire, d'une nuance particulière, qui tirera sur le violet.

Observation.

Les couleurs qu'on fait avec le mélange de la noix de galle, du vitriol vert & des dissolu-

tions d'indigo font différentes, felon l'efpèce
de diffolution d'indigo qu'on y emploie. La diffolution d'indigo *A* eft compofée, comme il
a été dit page 181 & la fuivante de cette inftruction, feulement d'huile de vitriol, d'indigo
& d'eau ; mais dans la diffolution d'indigo *B*,
il entre encore un peu de potaffe. Cette dernière communique une autre propriété à la
diffolution d'indigo, faite avec l'acide vitriolique, de forte que lorfqu'on emploie la diffolution d'indigo *B* dans les bains de teinture,
compofés de noix de galle & de vitriol vert,
les couleurs font beaucoup plus bleues que
celles pour lefquelles on a employé la diffolution d'indigo *A*, faite avec l'acide vitriolique
feul ; cela provient de la potaffe, qui eft un
fel alkali, qui s'unit avec l'acide vitriolique ;
elle change tellement le vitriol vert contenu
dans le bain, qu'il ne peut plus communiquer
une couleur noire avec la noix de galle, par
conféquent elle occafionne néceffairement la
production d'autres nuances de couleurs bleues
grifes. Quand on emploie la diffolution d'indigo *B* dans ce mélange, il ne faut pas oublier
que la potaffe qu'elle contient, quoique déjà
changée par fon union avec l'acide vitriolique,
affoiblit beaucoup la teinture noire, qui provient de la noix de galle & du vitriol vert,

c'est pour cela qu'il faut toujours mettre moins de diſſolution d'indigo *B*, que de diſſolution d'indigo *A*, dans le mélange de la noix de galle & du vitriol vert. La couleur *C* du n°. 115 en eſt une preuve convaincante, elle ſort d'un bain compoſé de 2 ½ onces de noix de galle, de 2 ½ onces de vitriol vert, & de 10 gros de diſſolution d'indigo *B*, ce qui rend la couleur beaucoup plus bleue, & toute différente de la couleur *A* du n°. 115, pour laquelle on a employé la même quantité de noix de galle & de vitriol vert, & auſſi 10 gros de diſſolution d'indigo *A*. Si on met 2 ½ onces de diſſolution d'indigo *A*, on fera une couleur griſe bleuâtre, ſemblable à la couleur *B* du n°. 115, qui ſera d'une nuance toute différente; mais ſi on met 2 ½ onces de diſſolution d'indigo *B*, avec la même quantité de noix de galle & de vitriol vert, on fera une couleur toute bleue, qui différera véritablement un peu des couleurs bleues produites avec la diſſolution d'indigo *B* ſeule, ſans noix de galle & ſans vitriol vert, ce ſera cependant une couleur parfaitement bleue. Cela prouve clairement qu'il faut mettre beaucoup moins de diſſolution d'indigo *B* dans les bains compoſés de noix de galle & de vitriol vert, que de diſſolution d'indigo *A*, & qu'on doit en attendre

d'autres espèces de couleurs grises bleuâtres.
De plus, il faut remarquer que par ce moyen
on peut varier le mêlange de la noix de galle &
du vitriol vert avec les dissolutions d'indigo
de diverse manière, & qu'on peut aussi changer
la proportion de la noix de galle & du vitriol
vert de plusieurs façons, soit en mettant tantôt
plus, tantôt moins de vitriol vert ou de noix
de galle, ce qui produira encore plusieurs espèces de couleurs grises bleuâtres.

TRENTE-SIXIÈME MÉLANGE.

Couleurs qui résultent du rouge, du jaune & du bleu.

Quoiqu'il semble d'abord qu'on ne puisse
faire aucune couleur extraordinaire avec le
mêlange du rouge, du jaune & du bleu, néanmoins un observateur attentif verra & con-
viendra qu'il existe des couleurs naturelles qui
tirent sur le bleu, le vert & le rouge, & quelquefois sur le jaune en même-tems, comme
on le voit fréquemment dans le plumage des
oiseaux, particulièrement du genre des canards,
de même que sur la surface de quelques eaux
vitrioliques dormantes. Quoique l'art ne puisse
pas toujours imiter la nature, il arrive cependant que ceux qui s'occupent soigneusement

des recherches fur les mélanges & les propriétés
des corps, découvrent une voie, qui conduit
à diverfes productions qui imitent la nature.
Parmi la quantité de mélanges qu'on peut faire
avec le rouge, le jaune & le bleu, je décrirai
feulement deux procédés, un pour le mélange
de la cochenille, du bois jaune & de la diffolution d'indigo B, l'autre pour le mélange du
bois de fernambouc, de la diffolution d'indigo B & du bois jaune, ou de la farrette.
Quoiqu'on puiffe fimplement humecter le drap
avec de l'eau pour cette efpèce de mélange,
on fera cependant toujours mieux de le préparer comme pour le n°. 103, avec 2 ½ onces
d'alun pour 1 liv. de drap. Le tartre & l'alun
font les meilleurs ingrédiens à ajouter aux bains
de teinture.

N°. C X V I.

*Couleurs rouges verdâtres, vertes rougeâtres
bleuâtres, & brunes verdâtres rougeâtres.*

A. On compofe le bain de teinture de 1 once
de cochenille, de 5 onces de bois jaune &
de 2 onces de tartre, qu'on fait bouillir enfemble pendant 1 heure; on y ajoute enfuite
10 gros de diffolution d'indigo B; on remue
le bain, qu'on fait encore bouillir pendant ¼

d'heure; on y fait bouillir pendant 5 à 6 quarts d'heure le drap aluné, qui prend une couleur particulière changeante verte & rouge, mais inclinant fur-tout fur le vert.

B. Si on met 2 ½ onces de diſſolution d'indigo *B* dans un pareil bain, le drap prendra une couleur verte bleuâtre foncée, qui tirera fur le rougeâtre.

C. Si le bain eſt compoſé de 5 onces de fernambouc, 5 onces de bois jaune, 2 ½ onces de tartre & 2 ½ onces de diſſolution d'indigo *B*, on fera une très-jolie couleur brune de marons foncée changeante, rougeâtre & verdâtre.

D. Si on compoſe le bain de 5 onces de bois jaune, 2 ½ onces de fernambouc, 2 ½ onces d'alun & 2 ½ onces de diſſolution d'indigo *B*, le drap y prendra une couleur verte bleue foncée, qui tirera fur le rougeâtre.

Obſervation.

Les couleurs *B.*, *D* du n°. 116 reſſemblent beaucoup aux couleurs de quelques plumes du col & des aîles des canards, leſquelles font d'un vert bleu unique, qui tire en même-tems fur le rougeâtre. La couleur *C* du n°. 116 reſſemble à quelques plumes du col & de la queue de certains coqs domeſtiques, qui paroiſſent

roissent sur-tout brunes, & qui tirent en même-
tems sur le rougeâtre & le verdâtre. La couleur *A* du n°. 116 est d'une espèce unique.
Cela prouve certainement qu'on peut faire des
couleurs de nuances particulières avec le mêlange du rouge, du jaune & du bleu ; il faut
cependant faire attention, relativement à la
préparation des bains, d'observer la proportion
convenable des ingrédiens, afin de n'en pas
trop mettre d'une espèce, & trop peu de
l'autre, sans cela la dernière deviendroit presqu'insensible ; cela peut néanmoins se pratiquer
quelquefois à dessein, parce qu'il en résulte
une nuance particulière, qu'on ne pourroit obtenir par le mélange du rouge & du bleu, du
rouge & du jaune, du jaune & du bleu. L'on
peut encore beaucoup varier les proportions,
obtenir un grand nombre de couleurs, & pré-
voir les résultats de ces différens mélanges,
pourvu qu'on sache éviter de mêler ensemble
les substances qui se détruisent ou se nuisent
mutuellement.

Trente-septième Mélange.

Couleurs qui résultent du rouge, du jaune &
du noir.

Ce mélange exige de préférence la noix de

galle & le vitriol verd ; mais à l'égard des fubftances jaunes , quoiqu'elles ne foient pas in-
différentes , & qu'elles procurent des nuances
particulières , on peut les choifir à volonté.
La préparation des bains de teinture pour les
couleurs fuivantes , qui pour ce moment ferviront feulement d'exemple & d'éclairciffement,
fe fera avec la cochenille & le bois jaune, de
même qu'avec le fernambouc & le bois jaune,
& auffi avec le fernambouc & la farrette ; il
entrera en même-tems de la noix de galle &
du vitriol verd dans chaque mêlange. Le drap
ne doit être qu'humeété d'eau.

N°. C X V I I.

Couleurs grifes rougeâtres , & grifes brunâtres.

A. Pour 1 livre de drap , on compofe le
bain de teinture de 1 once de cochenille , de
2 $\frac{1}{2}$ onces de bois jaune , & de 2 $\frac{1}{2}$ onces de noix
de galle , qu'on fait bouillir enfemble pendant
1 heure ; on y ajoute enfuite 2 $\frac{1}{2}$ onces de
vitriol verd , on remue le bain , qu'on fait encore bouillir pendant $\frac{1}{2}$ heure ; & enfin on fait
bouillir le drap dans ce bain pendant 1 heure ;
il y prend une couleur grife , qui tient le milieu entre le clair & le foncé , & qui tire fur
le rougeâtre.

B. Si on prépare le bain avec 2 ½ onces de noix de galle, 2 ½ onces de bois jaune, 2 ½ onces de fernambouc, & 2 ½ onces de vitriol verd, le drap y prendra une couleur grife rougeâtre plus foncée que claire, qui fera d'une autre nuance que la couleur *A.*

C. Si le bain eſt compoſé de 1 once de noix de galle, de 2 ½ onces de fernambouc, de 5 onces de ſarrette & de 2 ½ onces de vitriol verd, le drap y prendra une couleur grife jaunâtre ou bleuâtre d'une nuance unique.

Obſervation.

Avec ces mêlanges, on fait principalement des couleurs grifes & brunâtres, qui different totalement des autres couleurs grifes, & qui tirent tantôt ſur le jaunâtre, tantôt ſur le brunâtre, tantôt ſur le rougeâtre, ſuivant la qualité de la ſubſtance qui teint en rouge, & des ſubſtances jaunes qu'on emploie dans le mêlange, & ſuivant la proportion de la noix de galle & du vitriol verd qu'on met en uſage, relativement à celle des ſubſtances rouge & jaune. Par exemple, ſi l'on avoit mis plus de noix de galle, & moins de ſarrette dans le bain *C*, la couleur n'auroit pas été grife jaunâtre, mais grife noirâtre ; de même les cou-

leurs *A*, *B* du n°. 117 auroient été nécessairement plus claires, & auroient incliné davantage
fur le rouge, fi l'on avoit diminué la quantité
de la noix de galle & du vitriol verd, relativement à celle de la cochenille & du bois
jaune, ou à celle du fernambouc & du bois
jaune. Au contraire, les couleurs deviennent
plus fombres & moins rougeâtres, lorfqu'on
augmente la quantité du vitriol verd, fans changer celle de la noix de galle, pourvu que
la quantité du vitriol verd n'excède pas celle
de la noix de galle & du bois jaune enfemble,
& qu'on en mette plutôt un peu moins. Au refte,
il n'eft pas à propos de mettre trop de noix
de galle dans ce mélange, parce que cela di-
minueroit la force teignante de la cochenille
& du fernambouc, cependant beaucoup plus
celle de la cochenille que celle du fernambouc,
& dans ce cas on feroit des couleurs qui ne
différeroient pas beaucoup de celles qu'on fait
avec la noix de galle & le vitriol verd feuls.
1 partie de cochenille fur 5 parties de bois
jaune, 5 parties de noix de galle & 5 parties
de vitriol verd, eft la jufte proportion qui
permet à la cochenille d'exercer encore fa vertu
teignante; moins de cochenille, & une plus
grande quantité des trois autres ingrédiens feroit
un mauvais effet; quant au bois jaune, on peut

en augmenter la quantité, fur-tout en variant celle de la noix de galle & du vitriol verd. Mais généralement il faut avoir attention, relativement aux mêlanges de la noix de galle & du vitriol verd avec les fubftances rouge & jaune, de mettre plutôt moins que trop des deux premiers ingrédiens, & quoique l'on mît un peu plus de vitriol verd, il faut avoir foin de ne mettre qu'une petite portion de noix de galle, même feulement la troifième partie du vitriol verd, parce que fans cette précaution, on peut être affuré qu'on feroit des couleurs toutes différentes de celles qu'on fait avec la noix de galle & le vitriol verd.

Trente-huitième Mélange.

Couleurs qui réfultent du rouge, du bleu & du noir.

La noix de galle, ou le bois de campêche, ou les deux conjointement, de même que le vitriol verd, font indifpenfablement néceffaires pour ce mêlange; mais à l'égard des fubftances qui teignent en rouge, on peut faire ufage ou de la cochenille, ou du fernambouc, ou de la garance, quoiqu'on faffe avec chacune de ces fubftances, en les employant avec le bleu & le noir en même-tems, des nuances particulières, & toutes différentes de couleur grife noirâtre ou bleuâtre. A l'égard des diffolutions d'indigo, on peut employer celles *A* & *B*; comme la première ne contient pas de fel alkali, elle eft préférable pour ce mêlange. Les procédés fuivans indiquent la préparation de quelques bains de teinture avec la noix de galle, le bois de campêche, le vitriol verd, le fernambouc & la diffolution d'indigo *A*. Le drap n'a befoin d'autre préparation que d'être humeclé d'eau.

N°. CXVIII.

Couleurs plombées, grifes bleuâtres & violettes.

A. Pour 1 livre de drap, on prépare le bain de teinture avec 2 ½ onces de noix de galle & 2 ½ onces de fernambouc, qu'on fait bouillir enfemble pendant 1 heure; on y ajoute enfuite 2 ⅓ onces de vitriol verd, on remue le bain, qu'on fait encore bouillir pendant ½ heure; on y ajoute enfuite 2 ½ onces de diffolution d'indigo *A*, & on y fait bouillir le drap pendant 1 ½ heure; il prend une couleur grife bleuâtre foncée, qui tire un peu fur le rougeâtre, & qui eft femblable à la couleur du plomb.

B. Si on compofe le bain de 2 ½ onces de noix de galle, de 5 onces de fernambouc, de

5 onces de vitriol verd & de 2 $\frac{1}{2}$ onces de diffolution d'indigo A, le drap prendra une couleur grife bleuâtre très-foncée, qui approchera
beaucoup du bleu, & qui tirera fur le rougeâtre.

C. Si le bain eft compofé de 1 once de noix
de galle, 5 onces de fernambouc, 3 onces de
vitriol verd, & 2 $\frac{1}{2}$ onces de diffolution d'indigo A, le drap prendra une couleur grife
bleuâtre plus foncée que claire, qui tirera fur
le rougeâtre.

D. Si on prépare le bain avec 2 $\frac{1}{2}$ onces de
bois de campêche, 5 onces de fernambouc,
2 $\frac{1}{2}$ onces de vitriol verd & 2 $\frac{1}{2}$ onces de
diffolution d'indigo A, le drap recevra une
couleur violette tres-foncée d'une nuance unique, qui approchera de la couleur de pourpre.

E. Si le bain eft compofé de 2 $\frac{1}{2}$ onces de
bois de campêche, 2 $\frac{1}{2}$ onces de fernambouc,
2 $\frac{1}{2}$ onces de vitriol verd & 2 $\frac{1}{2}$ onces de diffolution d'indigo A, le drap prendra une cou-
leur grife bleuâtre très-foncée, qui approchera
de la couleur B du n°. 118, mais elle en différera, parce qu'elle reffemblera encore plus
au bleu foncé, & qu'elle ne tirera pas fur le
rougeâtre.

F. Si on compofe le bain de 1 $\frac{1}{2}$ once de
noix de galle, 1 $\frac{1}{2}$ once de bois de campêche,

1 $\frac{1}{2}$ once de fernambouc, 1 $\frac{1}{2}$ once de vitriol
verd & 1 $\frac{1}{2}$ once de diſſolution d'indigo *A*,
le drap y prendra une couleur griſe bleuâtre
plus foncée que claire, qui tirera un peu ſur
le rougeâtre, & qui différera de la couleur *C*
du n°. 118, parce qu'elle ſera plus claire &
plus griſe, & qu'elle tirera beaucoup moins ſur
le rougeâtre.

Obſervation.

Ces couleurs ſont paſſables à la vérité, elles
ſont un peu foncées, c'eſt par cette raiſon
qu'elles ſont aſſez ſolides, & qu'elles ſe conſervent long-tems ſans perdre. Si on ne veut
pas qu'elles ſoient ſi foncées, on n'a qu'à diminuer la quantité de la noix de galle, & ſur-tout
celle du vitriol verd, & les autres drogues en
même-tems, elles ſeront alors beaucoup plus
claires. Si on ne diminue que la quantité de la
noix de galle & du vitriol verd, on fera des
nuances, telles qu'eſt la couleur violette *D* du
n°. 118, pour laquelle on n'a pas employé de
noix de galle, mais du bois de campêche à ſa
place, & pour laquelle on a de plus doublé
la quantité du fernambouc. A l'égard de la
diſſolution d'indigo *A*, il faut faire attention
de n'en pas mettre plus de 1 partie ſur 3 parties de noix de galle, de fernambouc & de

vitriol verd enfemble , afin que la couleur ne
foit pas trop bleue. Au contraire, on peut
dans tous les cas en mettre moins , puifqu'une
feule partie fur 4 à 5 parties des autres ingrédiens , communique toujours une couleur qui
tire fenfiblement fur le bleu. Le mêlange du
rouge, du bleu & du noir , fournit de bonnes
couleurs ; & fi au lieu de fernambouc, on
emploie de la cochenille ou de la garance, on
fera encore plufieurs couleurs de toutes autres
nuances , cependant celles de la garance tireront moins fur le rougeâtre , & plus fur le
bleuâtre , & celles de la cochenille tireront
d'une manière agréable fur le rouge, lorfqu'elle
ne fera pas couverte par les autres ingrédiens.

TRENTE-NEUVIÈME MÉLANGE.

Couleurs qui réfultent du jaune, du bleu & du noir.

Ce mêlange exige auffi préférablement la noix
de galle & le vitriol verd. Du refte, on peut
y employer diverfes fubftances jaunes , & la
diffolution d'indigo *A* de préférence ; on hu-
meéte fimplement le drap d'eau.

N°. CXIX.

Couleurs grifes verdâtres.

A. Pour 1 livre de drap, on compofe le bain de teinture de 2 ½ onces de noix de galle & de 5 onces de bois jaune, qu'on fait bouillir enfemble pendant 1 heure; on y ajoute enfuite 2 ½ onces de vitriol verd, & on fait encore bouillir le tout pendant ½ heure; après cela on y ajoute 2 ½ onces de diffolution d'indigo *A*, on remue le bain, & on y fait enfin bouillir le drap pendant 1 heure; il prend une couleur grife bleuâtre, qui tient le milieu entre les foncées & les claires, & qui tire à peine fur le verdâtre.

B. Si on compofe le bain de 1 once de noix de galle, 5 onces de farrette, 1 once de vitriol verd & 2 ½ onces de diffolution d'indigo *A*, le drap prendra une couleur grife plus claire que foncée, qui tirera fur le verdâtre.

Obfervation.

Avec ce mêlange, on fait des couleurs fort extraordinaires. Quand on met trop peu des fubftances jaunes, les couleurs deviennent prefque toutes bleues. Par exemple, fi on met

feulement 2 $\frac{1}{2}$ onces de bois jaune, au lieu de
5 onces, comme on les a mis dans le bain A,
on fera une couleur bleue foncée, qui tirera
un peu fur le verdâtre. 1 partie de diffolution
d'indigo A fur 3 parties de noix de galle, de
bois jaune & de vitriol verd enfemble, eft
trop forte, fi on veut que la couleur ne foit pas
bleue; ce procédé pour faire des couleurs bleues
n'eft pas bon, parce qu'elles tirent fur le verdâtre, & qu'elles ne forment pas de jolies
nuances. Il vaut mieux ne mettre que 1 partie
de diffolution d'indigo A fur 5 à 6 parties des
autres ingrédiens. On peut auffi varier avec
fuccès la proportion de la noix de galle, des
fubftances jaunes & du vitriol verd, & faire
par ce moyen diverfes nuances de couleur grife;
par exemple, pour la couleur grife verdâtre D
du n°. 119, on n'a employé que 1 partie de
noix de galle fur 5 parties de farrette. Voici
la règle pour la proportion ordinaire, qu'on
peut obferver à l'égard du mêlange de la noix
de galle & du bois jaune, ou d'une autre
fubftance jaune avec la diffolution d'indigo A;
il faut mettre le double de la fubftance jaune,
lorfqu'on met parties égales de noix de galle
& de diffolution d'indigo A; mais il faut mettre
autant de vitriol verd que de noix de galle;
on peut cependant mettre moins de vitriol

verd, cela fait toujours meilleur effet dans cette circonstance que si on en mettoit trop, parce que si on n'a pas cette précaution, les couleurs deviennent trop foncées, & il est facile qu'elles soient bleues.

QUARANTIÈME MÉLANGE.

Couleurs qui résultent des quatre couleurs primitives.

Ce mélange paroît vraiment n'être pas praticable, lorsqu'on réfléchit que parmi tant de couleurs l'une doit détruire l'autre dans le mélange, ou au moins la changer tellement, qu'il lui est alors impossible de produire son effet naturel. Mais lorsqu'on réfléchit en même-tems que la nature aussi bien que l'art allie souvent ensemble des mélanges, desquels on n'espéreroit pas de bons effets, & qu'il en résulte néanmoins souvent des productions d'une espèce particulière, & des propriétés auxquelles on ne s'attendoit pas, il n'est pas étonnant qu'on s'occupe de faire des mélanges des quatre couleurs primitives pour faire des nuances particulières avec ces couleurs. Mais comme il faudroit passer les bornes qu'on s'est prescrites dans cette instruction, j'indiquerai seulement quelques procédés qui pourront servir de guide

à ceux qui voudront fe procurer par le mêlange du rouge, du noir, du bleu & du jaune,
des nuances dont on peut fe procurer un
nombre indéterminé, en variant les fubftances
qui donnent les couleurs & leurs proportions.
Pour ce mêlange, on humecte fimplement le
drap avec de l'eau; & dans les bains de teinture, on ne met pas d'autre ingrédient que le
vitriol verd, quoiqu'on puiffe y en employer
d'autres, & donner auffi différentes préparations
au drap.

Nº. C X X.

Couleurs grifes de diverfes nuances.

A. Pour 1 livre de drap, on prépare le bain
de teinture avec 1 once de noix de galle,
5 onces de farrette, & 2 $\frac{1}{2}$ onces de fernambouc, qu'on fait bouillir enfemble pendant
1 heure; enfuite on y ajoute 2 onces de vitriol
verd, & on fait encore bouillir le tout pen-
dant $\frac{1}{2}$ heure; après cela on y verfe 2 $\frac{1}{2}$ onces
de diffolution d'indigo *A*; on remue le bain,
& on y fait bouillir le drap pendant 5 à 6 quarts-
d'heure; il y prend une couleur grife, qui
tient le milieu entre les foncées & les claires.

B. Si on compofe le bain de 2 $\frac{1}{2}$ onces de
noix de galle, 2 $\frac{1}{2}$ onces de bois jaune, 2 $\frac{5}{2}$

onces de fernambouc, 5 onces de vitriol verd
& 2 ½ onces de diffolution d'indigo *A*, le drap
en bouillant dedans pendant 1 heure, prendra
une couleur grife noirâtre, qui tiendra le milieu
entre les foncées & les claires, & qui tirera fur
la couleur plombée.

C. Si on remplit le reftant du bain avec de
l'eau chaude, une feconde livre de drap bouilli
dedans pendant 1 ½ heure, prendra une couleur grife noirâtre, qui tirera fur le rougeâtre.

D. Si le bain eft compofé de 2 ½ onces de
noix de galle, 2 ½ onces de fernambouc, 5 onces de bois jaune, 5 onces de vitriol verd
& de 5 onces de diffolution d'indigo *A*, 1 liv.
de drap bouilli dedans pendant 1 heure recevra
une couleur grife bleuâtre plus foncée que
claire, qui tirera fur le verdâtre.

E. Si on remplit le reftant du bain avec de
l'eau chaude, une deuxième pièce de drap
bouillie dedans pendant ½ heure, prendra une
couleur grife noirâtre, qui tirera fur le jaunâtre.

F. Si on compofe le bain de 2 ½ onces de
noix de galle, 5 onces de bois jaune, 5 onces
de fernambouc, 5 onces de vitriol verd &
5 onces de diffolution d'indigo *A*, 1 livre de
drap bouilli dedans pendant 1 heure prendra
une couleur verte foncée grife claire.

G. Si on remplit le reſtant du bain avec de l'eau chaude, une deuxième livre de drap bouillie dedans pendant 1 $\frac{1}{2}$ heure prendra une couleur griſe noirâtre, qui tirera ſur le jaunâtre ; elle reſſemblera un peu à la couleur *E* du n°. 120, mais elle ſera plus foncée.

Obſervation.

L'on ne peut obtenir de couleur parfaitement noire ſans employer avec la noix de galle le vitriol verd ; mais ce vitriol ne fait pas des couleurs parfaitement rouges & jaunes avec les ſubſtances qui donnent ces couleurs, & même les nuances qu'il produit varient ſelon ſes proportions ; ainſi l'on ne doit pas regarder les couleurs qu'on obtient par les procédés qui viennent d'être décrits, comme un produit du mêlange des quatre couleurs primitives ; mon intention a été ſeulement pour le préſent de faire appercevoir qu'on pouvoit obtenir ainſi un grand nombre de couleurs, qu'on ne pouvoit ſe procurer par le mêlange ſeul du bleu, du rouge & du jaune.

SUPPLÉMENT.

Couleurs qui résultent de diverses substances colorantes, faites par des procédés particuliers.

Les procédés particuliers pour traiter presque tous les ingrédiens de teinture sont si différens, qu'il seroit à propos de donner une explication circonstanciée pour chacune séparément ; ce qui seroit trop étendu pour cet ouvrage, sur-tout lorsqu'on considère que les divers procédés pour une seule substance colorante exigent une explication & une description détaillée & exacte, afin que ceux qui exercent la profession de teinturiers puissent d'abord les exécuter en grand sans faire de nouveaux essais ; mais pour ne pas passer entièrement sous silence cette espèce de procédés, je vais en décrire quelques-uns.

Nº. CXXI.

Diverses couleurs avec la garance.

Pour ces couleurs, on prépare diversement le drap avec l'alun, ou avec le tartre & la dissolution d'étain, ou avec du vitriol blanc, ou en l'humectant simplement d'eau ; mais dans les bains de teinture, il faut employer le tartre seul, feul, ou le tartre & la diffolution d'étain ; on y emploie auffi le vitriol blanc.

A. Pour 1 livre de drap, on prépare le bain de teinture avec 5 onces de garance & 3 onces de tartre, qu'on fait bouillir enfemble pendant ½ heure ; on y met enfuite le drap aluné, comme pour le n°. 103 ; on l'y fait bouillir pendant 1 heure, il prend une couleur rouge jaunâtre, qui reffemble au rouge de feu.

B. Si on compofe le bain de 5 onces de garance & de 2 onces de tartre, 1 livre de drap préparé avec du tartre & de la diffolution d'étain, comme pour le n°. 1, bouilli dedans pendant 1 heure, prendra une couleur jaune rouge, qui tirera fur le jaune de feu.

C. Si le bain eft compofé de 3 ½ onces de garance, 1 ½ once de tartre, & de 10 gros de diffolution d'étain, le drap préparé avec du tartre & de la diffolution d'étain, y prendra une couleur femblable à la précédente, mais plus foncée.

D. Si on compofe le bain de 5 onces de garance & de 2 ½ onces de vitriol blanc, le drap fimplement humecté d'eau y prendra une couleur brunâtre rougeâtre, qui tirera fur la couleur de chevreuil. Le drap préparé avec 1 ½ once de vitriol blanc y prendra auffi une couleur femblable, mais un peu plus claire.

G g

Observation.

Ces couleurs peuvent toutes s'exécuter en grand, elles font connoître qu'on peut encore traiter la garance avec d'autres ingrédiens, & qu'avec elle feule, fans mêlange d'une autre fubftance colorante, on peut faire des couleurs rouges ordinaires, de même que d'autres couleurs qui font bonnes; on voit auffi par ces procédés qu'on peut préparer le drap de diverfe manière, lorfqu'on a l'intention de faire d'autres couleurs que des rouges avec la garance.

N°. CXXII.

Diverfes couleurs avec le fernambouc.

Pour ces couleurs, on peut non-feulement fimplement humeter le drap d'eau, mais auffi le préparer avec du tartre & de la diffolution d'étain, de même qu'avec du vitriol blanc; & dans les bains de teinture, employer auffi le tartre & la diffolution d'étain, ou le tartre & l'alun, & auffi les vitriols vert & blanc.

A. Pour 1 livre de drap, on prépare un bain de teinture avec 5 onces de fernambouc, qu'on fait bouillir feul pendant 1 heure; on y ajoute enfuite 2 ½ onces de vitriol vert, & on continue de faire bouillir pendant $\frac{1}{4}$ heure; le drap simplement humecté d'eau, bouilli dans ce bain pendant $1\frac{1}{2}$ heure, prend une couleur grise, qui tire sur le rougeâtre.

B. Si le bain est composé de 5 onces de fernambouc, & de $2\frac{1}{2}$ onces de tartre, qu'on fait bouillir pendant $\frac{1}{2}$ heure ensemble; si on verse ensuite $2\frac{1}{2}$ onces de dissolution d'étain en agitant le bain, & si on y fait enfin bouillir pendant 1 heure 1 livre de drap préparé avec du tartre & de la dissolution d'étain, comme pour le n°. 1, il y prend une belle couleur orange vive, qui tire sur le rougeâtre, & qui est d'une nuance unique.

C. Si on compose le bain de $3\frac{3}{4}$ onces de fernambouc, 10 gros de tartre & 10 gros d'alun, qu'on fait bouillir ensemble pendant 1 heure, 1 livre de drap aussi préparé, comme pour le n°. 1, bouilli dedans pendant 1 heure, prendra une couleur rougeâtre jaunâtre, qui approchera de la couleur de feu.

D. Si le bain est composé de 5 onces de fernambouc & de $2\frac{1}{2}$ onces de vitriol blanc, qu'on fait bouillir ensemble pendant 1 heure, 1 livre de drap préparé avec $1\frac{1}{2}$ once de vitriol blanc, bouilli dans ce bain pendant 1 heure, prendra une couleur foncée rouge de sang. Le drap simplement humecté d'eau y prendra une couleur rouge foncée, mais elle fera plus pâle, & elle n'aura pas à beaucoup près autant de vivacité.

Observation.

Lorsqu'on veut teindre avec le fernambouc & le vitriol vert, il faut simplement humecter le drap d'eau, & ne mettre que 1 partie de vitriol vert sur 2 parties de fernambouc, ou même encore un peu moins, sans cela les couleurs deviennent trop claires, & mattes en même-tems. Mais lorsqu'on emploie le fernambouc avec le vitriol blanc, il vaut mieux préparer le drap avec du vitriol blanc en même-tems. Dans ce cas les couleurs sont plus vives que quand le drap a été seulement trempé dans l'eau. D'ailleurs on peut voir par les deux couleurs très-vives *B*, *C* du n°. 122, qu'on peut faire diverses autres couleurs que des rouges avec le fernambouc, tant en préparant diversement le drap, qu'en employant divers sels dans les bains de teinture.

N°. CXXIII.

Diverses couleurs avec le bois jaune.

Pour ces couleurs, on prépare le drap en l'humectant simplement d'eau, & pour le second procédé, on le prépare avec le vitriol blanc. Dans les bains de teinture, on emploie le vitriol vert & le vitriol blanc.

A. Pour 1 livre de drap, on compose le bain de teinture de 5 onces de bois jaune, qu'on fait bouillir seul pendant 1 heure ; on y ajoute ensuite 3 onces de vitriol vert, on remue le bain, qu'on fait encore bouillir pendant ½ heure ; le drap simplement humecté d'eau, bouilli dans ce bain pendant 1 heure, prend un brun jaune, qui tire un peu sur le verdâtre.

B. Si on prépare le bain avec 5 onces de bois jaune & 4 gros de vitriol blanc, qu'on fait bouillir ensemble pendant 1 heure, le drap préparé par l'ébullition de 1 ½ heure dans un bain composé de 1 ½ once de vitriol blanc, & bouilli dans ce bain pendant 1 heure, prend une couleur jaune saturée, qui tire un peu sur le bleuâtre.

Observation.

Lorsqu'on emploie le vitriol vert avec le bois jaune, la meilleure méthode est de n'en mettre que 1 partie sur 2, 3 à 4 parties de bois jaune, parce que dans ce cas les couleurs se soutiennent mieux à l'air, que lorsqu'on en met trop. Outre cela les couleurs tirent aussi

davantage fur le jaunâtre; malgré cela les couleurs jaunes faites par ce procédé font toujours
fombres, & elles tirent plus ou moins fur le
brun. Au contraire, avec le vitriol blanc, on
fait des couleurs parfaitement jaunes, qui tirent
bien peu fur le brunâtre. Mais pour cela il faut
que le drap foit auffi préparé avec du vitriol
blanc, & en mettre en même-tems dans le
bain de teinture, ou le compofer de bois jaune
feul. Des deux manières on fera diverfes couleurs jaunes qui pourront fervir. Ces bains font
encore plus avantageux, lorfqu'on emploie en
même-tems d'autres fubftances colorantes qui
s'accordent avec le vitriol blanc.

N°. CXXIV.

Couleurs brunâtres avec le fantal.

Pour ces couleurs, on fait bouillir le drap
dans l'eau feule, & repofer pendant une nuit
dans l'eau refroidie.

A. Pour 1 livre de drap, on compofe un
bain de teinture avec 5 onces de bois de fantal
rouge pilé ou moulu, & $2\frac{1}{2}$ onces de vitriol
vert, qu'on fait bouillir enfemble pendant
1 heure; on y fait enfuite bouillir le drap
pendant $1\frac{1}{2}$ heure, il y prend une couleur brunâtre, qui approche de la couleur du chevreuil.

B. Si on met 5 onces de vitriol vert dans le bain, on fera une couleur brunâtre, qui fera un peu plus claire.

N°. CXXV.

Couleurs avec l'orfeille.

Pour ces couleurs, on prépare 1 livre de drap avec de l'alun, ou avec du tartre & de la diffolution d'étain, ou on l'humecte feulement avec de l'eau.

A. On compofe le bain de teinture de 10 onces d'orfeille, & de 1 ½ once de tartre, qu'on fait bouillir enfemble pendant ½ heure; on y met enfuite le drap fimplement humecté d'eau, on l'y fait bouillir pendant ¼ d'heure ou 1 heure, il y prend une couleur rougeâtre bleuâtre, qui approche beaucoup de la couleur des giroflées rouges bleuâtres.

B. 1 livre de drap préparé avec du tartre & de la diffolution d'étain, comme pour le n°. 1, bouilli dans un femblable bain, prend une couleur rouge, qui reffemble à la couleur amaranthe.

C. Le drap aluné, comme pour le n°. 103 bouilli dedans, prend une couleur femblable, qui eft un peu plus pâle, & qui n'eft pas fi vive.

N°. CXXVI.

Couleurs oranges avec le rocou.

Pour ces couleurs, on fait bouillir le drap dans l'eau feule, & repofer pendant 24 heures dans le bain d'eau devenu froid.

On compofe le bain de teinture de 4 onces de rocou & de 4 onces de fel ammoniac, qu'on fait bouillir enfemble pendant $\frac{1}{2}$ heure ou $\frac{1}{4}$ d'heure ; on y fait bouillir le drap pendant 1 heure ; il y prend une très-belle couleur orange.

Obfervation.

Le bois de fantal, l'orfeille & le rocou ont des ingrédiens dont on ne fait pas ufage dans toutes les teintureries, parce que les couleurs qui en proviennent ne font pas folides ; celles de l'orfeille & du rocou fur-tout font très-paffagères ; à la vérité celles du fantal ne le font pas autant, elles changent cependant beaucoup à l'air, excepté celles qu'on fait par l'intermède du vitriol vert, comme on a fait celles du n°. 124, lefquelles font paffablement folides ; elles peuvent fervir, fur-tout parce qu'elles forment des nuances brunâtres très-jolies. Quant aux couleurs du n°. 125, pro-

duites avec l'orfeille, & celles du n°. 126, produites avec le rocou, elles font véritablement
très-jolies & agréables, mais en même-tems
trop fugaces pour pouvoir en confeiller l'ufage.
A l'égard de l'orfeille, il faut remarquer
qu'elle nous parvient dans l'état d'une pâte ,
tantôt plus, tantôt moins liquide ; les couleurs dont on vient de parler ont été faites
avec une pâte très-liquide. Dans les deuxième
& troifieme volumes de mes Effais & Remarques fur l'art de la teinture, je me fuis fort
étendu fur l'article de l'orfeille, du rocou &
du bois de fantal, j'ai fait connoître leurs mêlanges, leurs fubftances & leurs propriétés, j'ai
auffi communiqué de nombreux effais, qui font
fuffifamment connoître fi l'on doit efpérer de
pouvoir en extraire des couleurs utiles & folides.

F I N.

TABLE

De ce qui eſt contenu dans ce Volume.

PREMIÈRE PARTIE.

SECONDE PARTIE.

Fin de la Table.

Fautes à corriger.

PAGE 24, *ligne* 2, n'aura, *lifez* il n'aura

Page 47, *ligne* 11, de même que quand on a verfé ce mélange, afin de faire cefler le bouillonnement, *lifez* & de verfer ce mélange fans le laiffer bouillir dans le premier vafe qui contient de la garance

Page 51, *ligne* 1, convenablement de poids, *lifez* d'un poids fuffifant

Page 58, la note doit fe rapporter au N°. X, & non au N°. IX.

Page 70, *ligne* 7, un plus claire, *lifez* un peu plus claire

Page 169, *ligne* 1, dans la couleur, *lifez* dans la cuve

Page 212, *ligne* 2, celle de la couleur, *lifez* la qualité de la couleur

Page 267, *ligne* 15, la force de cochenille, *lifez* la force de la cochenille

Page 310, *ligne* 8, & d'autres de nuances, *lifez* & d'autres nuances

commence par numéro avec la nouvelle législature. Les premières pages contiennent des observations rapides sur la légitimité de cette assemblée, considérée relativement à celle de la précédente. L'auteur y prouve d'une manière précise l'illégalité de l'une & de l'autre.

Voici l'ordre des matières traitées dans ce journal.

1° Les séances de l'assemblée.

2° Les progrès du *mal français* chez les autres peuples, leurs nouvelles politiques, littéraires, & en un mot, les nouvelles étrangères.

3° Les nouvelles de province, ou, pour parler dans le sens de la révolution, celles des départements, districts, municipalités, &c. & tout ce qui est digne de fixer l'attention ou la curiosité générale.

4°. Les nouvelles de Paris, savoir ce qui concerne le roi, la reine, la famille Royale, ministres, les ambassadeurs, &c, la ... des députés au manège, les événemarquables dans l'ordre spirituel ...aire, &c. tels que les fêtes, ... la conduite du nouveau ... ... catholique, apos-

manœuvres perfides des faux-pasteurs, prétendus constitutionnels; la police, les mœurs, les singularités, les troubles, les emprisonnemens, jugemens intéressans des tribunaux & généralement toute l'histoire journalière de Paris, sans oublier l'analyse, ou l'annonce des bons ouvrages, surtout de ceux relatifs à la révolution.

Un seul Dieu, un seul Roi, voilà notre devise. Elle renferme une invitation à tous les vrais amis de l'*Autel*, du *Trône* & de la *Patrie*, de coopérer à notre travail.

La Collection de cet Ouvrage est composée de huit volumes; le prix est de 24 liv. *port franc.*

Ce journal paroit les mardi, jeudi & samedi. On s'abonne chez *Laurens* jeune, libraire-imprimeur du Clergé de France, rue saint-Jacques, N°. 37, à raison de 6 liv. 12 sols pour 52 numéros, de 12 pages in-12 chacun, 12 liv. pour 104 N°s & 18 liv. pour 156 Nos. imprimés en caractère petit romain & philosophie. Port franc par la poste, par tout le royaume.

On est prié d'affranchir toutes lettres de demandes &t envois d'argent.

Le bénéfice de ce journal est destiné aux pauvres.

A. V. I. S.

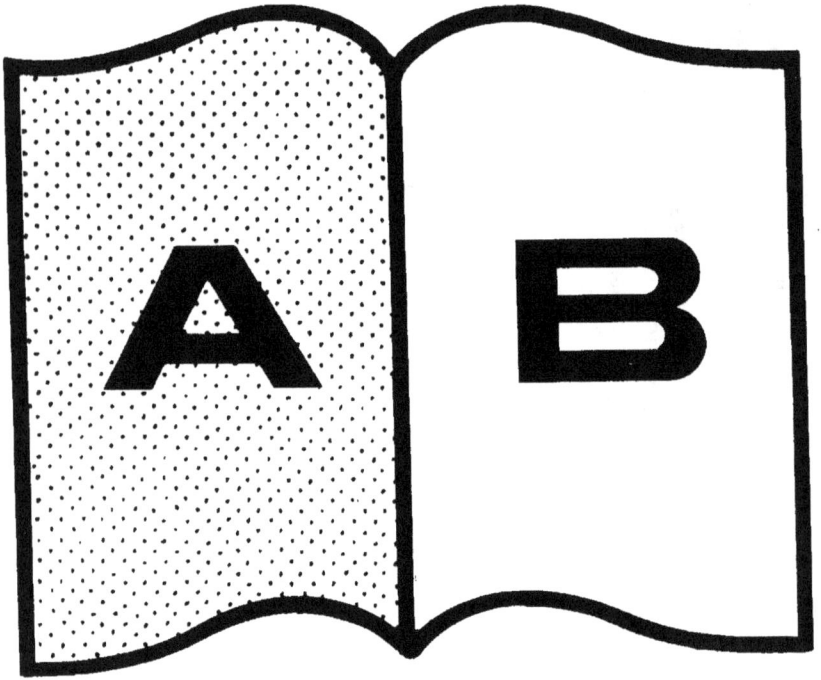

Contraste insuffisant

NF Z 43-120-14

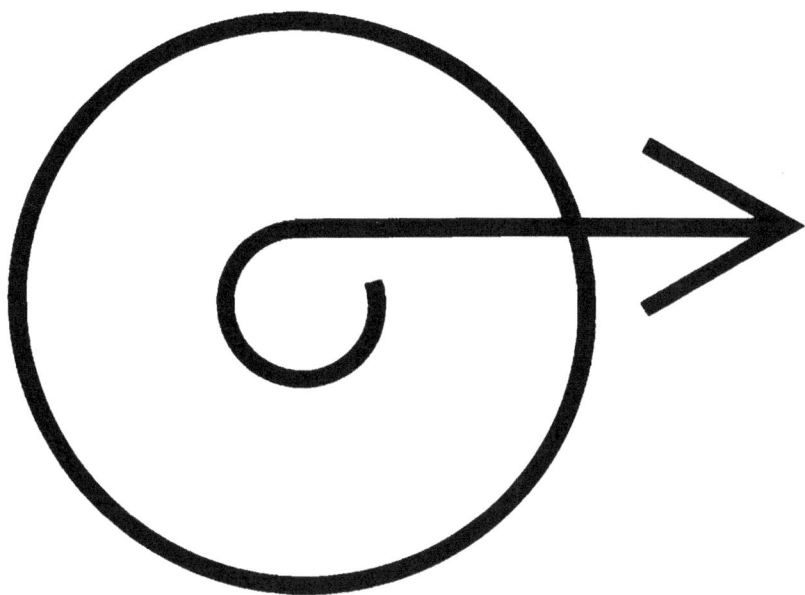

Fin de bobine

NF Z 43-120-3

www.ingramcontent.com/pod-product-compliance
Lightning Source LLC
Chambersburg PA
CBHW031610210326
41599CB00021B/3127